뮤지엄, 공간의 탐구

근현대 건축가 11인의 뮤지엄과 건축 정신

뮤지엄,
공간의 탐구

이관석 지음

경희대학교 출판문화원

목 차

프롤로그: 뮤지엄과 건축가의 역할 8

1부. 건축가의 개별 의지가 반영된 근대적 뮤지엄의 탄생

프랭크 로이드 라이트의 유기적 건축으로서의 뮤지엄 16

형태 대 기능 17

치열했던 논쟁과 변명 20

르코르뷔지에의 '무한성장박물관'과
성취된 세 박물관에서의 변주 26

문다네움, '광범위한 성장의 전당' 28

'무한성장박물관' 개념의 형성과 확립 30

뮤지엄 건축에서의 선결 조건, 동선 | 이상적인 단면 탐색, 자연광과 동선의 연계 |
단순 입방체 내 자유로운 평면에 의한 근대적 공간

실현된 세 미술관에서의 변주 37

아마다바드 시립미술관에서의 폭염 대응 | 도쿄 국립서양미술관, 빛과 동선의 일체화 |
폭우를 고려한 찬디가르 미술관의 천창, 구조 방식과 전시공간

미스 반데어로에의 '보편적 공간' 개념으로서의 미술관 50

투명한 뮤지엄 52

융통성 있는 전시공간 55

미스 건축의 일관성과 뮤지엄에서의 난제들 61

근대건축의 거장들이 현대 뮤지엄 건축에 끼친 영향 64

'이상적인 단위전시공간'의 관점으로 다시 보기 65

직각의 당연함을 거스른 유기적 뮤지엄 67

단면에서의 이상적인 단위전시공간 | 라이트가 후대 뮤지엄에 끼친 영향

무한성장박물관의 상관적 공간연속체 77

상관적 공간연속체로서의 이상적인 단위전시공간 | 르코르뷔지에의 뮤지엄이 후대에 끼친 영향

자유롭고 열린 뮤지엄 82

투명한 단위전시공간의 이상적 극대화 | 미스가 후대 뮤지엄에 끼친 영향

2부. 건축가 정신과 현대 뮤지엄 건축

제임스 스털링의 도시 맥락적 뮤지엄 90

세 미술관의 대지 조건과 도시 맥락을 위한 고려 93

노르트라인베스트팔렌 미술관 | 발라프리하르츠 미술관 | 슈투트가르트 주립갤러리 신관

세 미술관 계획안에 나타나는 공통 요소 102

'들린 광장'의 존재 이유 | 내부공간의 양면성 | '도시적 조경'으로서의 외부공간 |
도시와의 조화와 기여

한스 홀라인과 아라타 이소자키의 이념적 뮤지엄 114

홀라인 건축의 이원성과 압타이베르크 미술관 116

종합 예술작품으로서의 미술관 건축 | 형태와 재료의 혼합물인 외부 |
내부에서의 이원적 공간구성

이소자키의 분열적 절충주의와 로스앤젤레스 현대미술관 123

외부에서의 분열적 절충주의 | 내부의 미니멀리즘

홀라인과 이소자키의 미술관이 갖는 공통적 특성과 의미 131

형태상의 첫째 역설: 랜드마크로서의 드러냄 |
형태상의 두 번째 역설: 시각적 분절, 파편화와 하강하는 진입

전시공간에서의 역설, 차별성과 일관성 139

차별성: 다양한 현대 예술품과의 조응 | 일관성: 전시 집중을 위한 배려

리처드 마이어의 백색 뮤지엄 ········ 146

뮤지엄 건축과 연관된 마이어의 건축 철학 ········ 147

자연광: 최우선의 재료 | 색채: 자연광의 효과를 높이는 배경으로서의 백색 |
동선유발 요소: '건축적 산책'

마이어의 뮤지엄에 공통적으로 나타나는 건축 특성 ········ 153

눈길을 끄는 입구 홀 | 동선, 내·외부가 교차되는 건축적 산책의 장 |
자연광과 백색으로 얻은 모노톤 공간의 깊이감

안도 다다오의 반反통례적 뮤지엄 ········ 168

뮤지엄 건축과 연관된 안도의 건축 철학 ········ 172

지역적 모더니즘 | 기하학적 구성 | 노출콘크리트와 자연광

안도 뮤지엄의 공통적인 건축 특성 ········ 178

접근: 인도되지만 자유롭게 오르는 산책 | 진입: 감상의 마음을 준비하는 하강 |
단순 기하학이 조합된 형태 | 내부 구성 | 보편화된 안도의 개성

앙리 시리아니의 연속적 근대공간으로서의 뮤지엄 ········ 200

뮤지엄 건축을 위한 세 가지 가정 ········ 202

뮤지엄 내부에서의 자연광 | 뮤지엄 계획의 선결 조건인 동선 | '공간적 초점'으로서의 입구 홀

아를 고대사박물관에 나타난 삼각형 평면의 의미 ········ 206

삼각형의 현대적 상징성 | 대지와 프로그램에 응답하다 | 삼각형 평면의 문제점과 해결책 |
전시공간을 위한 초기 구상

아를 고대사박물관에서 근대공간으로서의 전시공간 ········ 211

동선: '계획된 선택' | 전시공간에서의 '자유로운 평면' | 자연광: '빛을 만들어라' |
전시계획과 건축적인 전시가구 | 치열한 작가정신의 발로

제1차 세계대전 역사관의 공간 특성 ········ 224

고통의 중심지 | 닫힌 직각과 빛의 직각으로 확장되는 공간 | 개방적 폐쇄공간, 폐쇄적 개방공간

제1차 세계대전 역사관에서 빛과 공간 연속체로서의 전시공간 ········ 232

자연으로서의 빛 | 안내자로서의 빛 | '평화의 작품'

노먼 포스터의 뮤지엄에 나타나는
기술적 이미지와 맥락적 조화 240

노먼 포스터의 건축관 243
기술 중시 | 맥락과 지역성 중시

포스터 뮤지엄의 기술적 이미지 양상과 맥락적 조화 방안 248
신축 뮤지엄에서의 기술적 이미지 | 신축 뮤지엄에서의 맥락적 조화 | 리노베이션 뮤지엄에서의 기존 배려와 기술적 이미지 | 증축 뮤지엄에서의 기존 배려와 기술적 이미지 | 범주별 기술적 이미지와 주변 배려의 상호 연관성

프랭크 게리의 대중화된 문화로서의 뮤지엄 278

게리의 건축관과 그의 뮤지엄들 282
로스앤젤레스 건축가 | 조각적 건축, 파편화와 단일성 | 이면성, 정형과 비정형의 조합

게리의 뮤지엄들이 현대 뮤지엄 건축에 갖는 의미 296
콜라주 뮤지엄의 복합적 구성 | 조각적 형태: 랜드마크 역할을 하는 환경예술로서의 뮤지엄 | 뮤지엄의 역할 변화, 대중적인 위락매체로서의 뮤지엄 | 대중적 공간성과 전시공간 특성 | 문화의 대중화에 기여하는 게리의 뮤지엄들

에필로그: 뮤지엄 건축의 발전을 이끈 건축가 정신 318

주 323
참고문헌 340
그림 출처 347

프롤로그

뮤지엄과 건축가의 역할

현대 뮤지엄은 문화유산이 갖는 문화적 연속성을 바탕으로, 오브제의 전시와 입력된 데이터를 통한 구체적인 정보에 의지하면서 사회 구성원과 공동체의 발전을 추구한다. 또한 오늘날 인간이 제기한 다양한 질문에 답하기 위해 변화의 창조 과정인 인간의 모든 문화와 활동을 전부 반영하는 새로운 임무도 부여받았다. 뮤지엄이 실물로 완성되기까지 오랜 시간 많은 관계자의 각별한 정성과 노력이 들어가게 된다. 현대 사회에 필요한 역할을 하고 있는 뮤지엄의 새로운 목적과 그 영역이 계속 확장되어가고 있는데, 이러한 사명은 건축이라고 불리는 문화적인 모습으로 공간적으로 번안된다. 이때 온갖 요구사항과 까다로운 조건, 땅의 특성 등을 감안하면서 최선의 뮤지엄을 형태와 공간으로 구현해야 하는 건축가의 역할이 굉장히 중요하다.

오늘날 뮤지엄은 건축적 탐구의 블루오션이다. 이론적·철학적 담론들이 풍성해지면서 다수의 공모전이 진행되고 각종 매체에 작품들이 발표되고 있다. 1970년대 이후의 뮤지엄은 현대건축의 주요 흐름을 반영하는 매력적인 유형으로 등장했다. 사회의 심미적·역사적 가치를 구현하면서도 기능적·표현적 예술로서 자리잡은 이중적 본성으로 많은 이의 이목을 끌었다. 빛 아래에서 드러나 고양된 감각으로 느껴지는, '전시된 오브제를 돋보이게 하는 공간 만들기'라는 건축가의 과제는 건축 계획의 핵심이 됐다. 하지만 다른 건축 유형들과 달리, 유독 뮤지엄을 구상할 때 건축가들은 자신의 착상을 구체화하는 데 믿고 참조할 만한 공감대가 부족함을 깨닫곤 한다. 이는 관련 연구나 선례가 부족해서가 아니라 타 유형과 구별되는 뮤지엄 건축의 특성 때문이다.

뭔가를 보여준다는 공통된 존재 이유를 지녔으면서도 현대 뮤지엄 건축은 종잡을 수 없을 만큼 다면적이고, 그것을 평가할 공인된 잣대도 없는 상황이다. 형태와 공간에서 과도하리만큼 조형적인 면모가 과시되는 뮤지엄이 있는 반면에 또 어떤 뮤지엄은 극도의 단순성에 머물기도 하는 등, 양극단의 태도가 거리낌 없이 공존한다. 뮤지엄의 핵심 장소인 전시공간에 대한 팽팽한 이견도 그렇다. '중성적 공간과 이와 반대되는 표현적 공간 중 어느 것이 전시품을 잘 보여주는 데 더 유리한가?'라는 기초적인 질문에 대한 정답조차 유감스럽게도 없다. 제기된 지 오래된 물음이지만 이견은 기차 철로만큼이나 평행선을 달린다.

그럼에도 건축적 사고와 작품성에서 인정받는 건축가들이 각자 다른 생각으로 제시한 형태와 공간에서 나름의 가치가 발견되는 것이 흥미롭다. 건축가 중에서 일생에 하나 또는 그 이상의 뮤지엄을 건축해본 이는 소수에 불과하다. 뮤지엄을 계획해본 건축가도 그보다 훨씬 많은 다른 유형의 건물들을 다룬다. 건축가에게 뮤지엄은 자신이 풀어나가야 할 여러 건축 유형 중 하나일 뿐이다. 그러므로 뮤지엄에서도 자신의 건축을 하기 마련이다. 건축가는 오랜 기간 수련을 통해 체화된 자신의 건축 철학을 바탕으로 뮤지엄 건축 특유의 요구들을 풀어나간다. 이때 자신의 개성을 살리면서 그것이 타인에게도 수용될 수 있도록, 최소한 건축주의 승인은 얻을 수 있도록 보편화할 방안을 찾아간다. 어떤 방향을 잡든 건축가의 계획 능력이 건물의 수준을 좌우한다.

그렇다면 뮤지엄 건축은 어떻게 고안될까? 건축가마다 다른 접근법을 취하는 뮤지엄 건축을 어떻게 이해하고 평가할 수 있을까? 건축을 분석하고 가치를 따지는 방법은 여러 가지다. 집의 구조를 읽어내는 세 가지 관점을 뮤지엄 건축에 적용해보면 이 책의 관점과 방향을 파악할 수 있다.

먼저 사용자 중심의 관점이다. 사람이 점유해 사용하는 용도로 건물을 지을 때 사용자를 배려하는 것은 당연하다. 그런데 뮤지엄은 상근직원보다 훨씬 많은 불특정 다수가 건물을 이용한다. 외부에서 온 관람객들은 이동하면서 전시물을 감상하므로 한곳에 오래 머물지도 않는다. 따라서 어떻게 관람객을 편안하게 이동시키며 전시물을 잘 보게 할 수 있을지가 뮤지엄의 최대 관심사다. 이때 유입된 자연광이 공간을 풍성하게 한다면 금상첨화다. 이 책에서 뮤지엄 건축의 핵심과제일 뿐 아니라 건축의 본질적 과제라 할 수 있는 동선과 자연광이 자주 거론되는 이유다.

두 번째로 작품 중심의 관점이다. 이 방안은 건축 그 자체로 건축을 이해하게 하는데, 형태 요소들 사이에 숨겨진 구성 질서를 찾는 재미가 쏠쏠하다. 프로그램과 대지 조건, 지어진 결과물만으로 개별 건축물을 들여다보면서 하나의 건물을 동선, 공간, 피막, 구조 등으로 구분해 발상과 실행, 그 결과와 의미를 질문해보고 스스로 답을 찾아보는 것이다. 이 읽기 과정을 통해 좋은 건축은 부분부터 전체까지 결코 형태 놀음이 아님을, 독단적인 감각의 배설물이거나 우연의 산물이 아님을 깨달으면서 세세한 부분까지 건축가의 의지가 담겨 있음을 알게 된다. 건축설계를 공부하기에 좋은 방법이기도 하다.

세 번째는 이 책에서 주목하는 작가 중심의 관점이다. 여기서는 어떤 건물을 이해하기 위해 그 건물을 설계한 건축가의 삶과 사상, 이론과 함께 당시의 사회, 정치, 경제 상황도 고려해 개별 건축물이 사유·구축되는 배경을 파악한다. 한 인간의 지난 성장 과정을 알면 오늘날의 그를 이해하는 데 도움이 되는 것과 같은 이치다. 건축가를 이해함으로써 그가 계획한 작품들의 근간에 흐르는 공통의 맥을 짚어보는 것은 개별 작품을 제대로 알아가는 데 요긴하다. 한 건축가에 의해 생산된 여러 결과물이 의미 있는 수준이라면, 그것들에 가해진 변조와 파격은 물론이고 의도적 왜곡도 작품의 성격을 드러내는 주제와 균형을 이루기 마련이다.

이 책이 작가 중심으로 뮤지엄을 읽는다고 해서 다른 두 관점을 소홀히 여기는 것은 아니다. 책에 거론된 뮤지엄들은 모두 가치를 인정받아 국내외 주요 건축 관련 매체들에 소개됐다. 이런 뮤지엄들을 지으면서 건축가가 최소한 자의적으로 사용자를 배려해 일정 수준 이상의 전시환경을 마련하고자 고심했을 거라고 추측할 수 있다. 이 책에서 언급한 각 뮤지엄의 특성에 대한 설명은 해당 뮤지엄에 대한 상세한 작품 중심의 읽기 결과물이다.

특정 건축물을 발주하는 건축주의 존재를 무시해서는 안 된다는 주장도 있을 수 있다. 실제로 건물이 지어지는 원인 제공자인 의뢰인의 의도와 취향은 어떤 건물이 되는가에 상당한 영향을 미친다. 뮤지엄 건축으로 좁혀보면 구겐하임 재단Solomon R. Guggenheim Foundation이 발주한 세 곳의 구겐하임 미술관이 눈에 띈다. 뮤지엄 건축에 해당하는 화산활동 유럽센터Volcania: The European Centre of Volcanism, Hans Hollein, St-Ours-les Roches, 1994-2002도 건축주의 취향이 반영된 결과다. 이 센터는 전문가들로 구성된 심사위원단이 초청공모전에서 1등으로 뽑은 작품을 밀어내고, 최종 선택권이 있는 그 지역 행정수반이 지명한 당선작으로 건설됐다. 뒤에 다시 거론하겠지만, 이런 사례들은 건축주의 기호가 건축가 선정을 좌우함을 보여준다. 이처럼 건축가 선정은 건축주의 권리지만, 이때도 실제 어떤 뮤지엄이 되는가는 여전히 건축가의 몫이다.

최근 사례인 카타르 국립박물관National Museum of Qatar, Doha, 2008-2019을 살펴보자. 프랑스 건축가 장 누벨Jean Nouvel, 1945-은 2002년에 처음 이 박물관의 설계를 위임받은 후, 상당 부분이 땅속에 묻히고 일부가 지상 이곳저곳에 조형적으로 솟은 대지 미술작품land art work 같은 지중地中 박물관을 계획했다. 이 구상은 건축주의 동의하에 진행됐다. 하지만 도중에 카타르의 최고 권력 지형에 변화가 있었고, 새로운 후계자는 비싼 설계비를 더 주고 확연히 눈길을 끌 수 있는 색다른 박물관을 요구했다. 2008년에 설계를 다시 시작한 장 누벨은 석고 결정gypsum crystal의 꽃 군락을 연상시키는 조형적인 박물관을 다시 제안하고 승인받았다. 이 최종안은 건축가가 메마른 사막에서 작지만 아름답고 강렬하게 피어나는 사막장미desert rose에서 영감을 얻었다고 한다. 여기에 장 누벨이 최근에 즐겨 사용하는, 어떤 이미지를 송출하려는 형태와 문신을 한 듯한 표피가 가미됐다.

카타르 국립박물관

건축주의 관념적인 요구에 건축가는 구체적인 형태와 공간으로 화답했다. 장 누벨도 조형성이 돋보이는 건물들을 자주 설계하지만, 카타르 국왕이 그가 아닌 조형적 미를 중시하는 다른 건축가를 선택했다면 동일한 요구를 했어도 결과물은 달라졌을 것이다. 아랍에미리트의 권력자는 아부다비 루브르 미술관Louvre Abu Dhabi,

아부다비 루브르 미술관

아부다비 구겐하임 미술관 모형

2006-2017을 장 누벨에게, 아부다비 구겐하임 미술관Guggenheim Abu Dhabi은 빌바오 구겐하임 미술관Guggenheim Bilbao Museum, 1991-1997을 지은 프랭크 게리F. O. Gehry, 1929-에게 설계를 맡겼다. 두 뮤지엄의 재단이 속한 프랑스와 미국 국적을 가진 건축가들 중 특히 조형성을 추구하는 이들을 선택한 것인데, 두 건축가는 완전히 다른 모습의 뮤지엄을 제시했다.

이처럼 건축가에 따라 뮤지엄은 달라진다. 여기에 뮤지엄 건축을 이해할 수 있는 실마리가 있다. 이 책에서 각 뮤지엄에 적용된 제안들의 근원을 알게 해주는 건축가의 삶과 사상, 건축관을 먼저 이해하면서 건축가의 개성이 본격적으로 적용되기 시작한 근대와 현대의 뮤지엄을 건축가별로 보는 이유이기도 하다. 건축가의 입장에서 보면 건축은 단발성의 개별적 문제를 해결하는 과정이기도 하면서 프로젝트별로 연속성이 있는 고심의 전개 과정이기도 하다. 건축가에게 이전의 경험은 다음 과업의 자양분이다. 수준 있는 건축가라면 언제나 장인 정신을 유지하면서 인간과 세계의 근본 원리와 삶의 본질을 고민한다. 건축가의 확고한 건축 철학이 없이는 물질을 동원해 감동에까지 이르는 정신적 산물인 건축을 지속적·성공적으로 성취하기가 어렵다.

이 책은 1부에서 현대 뮤지엄의 도래를 촉발한, 근대건축의 세 거장에 의해 제시된 근대 뮤지엄에 대한 고찰로부터 시작된다. 건축가의 개인적 건축관이 어떤 뮤지엄이 되는가를 결정하는 가장 중요한 인자임을 알려주는 이 책에서 근대건축 거장 3인의 뮤지엄을 하나씩 먼저 살펴보는 이유는 그들의 강력한 개혁 의지 덕분에 그전까지 뮤지엄 건축에 끈덕지게 들러붙어 있던 고전성을 힘겹게 벗겨낼 수 있었기 때문이다. 근대건축의 이론 정립과 실현에서 획기적 성취를 이룬 시기인 1920년대를 지나 1930년대까지도 대다수의 뮤지엄은 여전히 좌우대칭과 중심 지향적인 구성, 고전적 오더, 기념비적인 기단과 열주, 영광의 계단escalier d'honneur, 내·외부의 장식 같은 고전적 건축 양식의 깊은 늪에서 헤어날 줄을 몰랐다. 그 이전의 고심 단계를 거쳐 1940년대에 들어서야 뮤지엄 건축의 발육부진을 극복하고자 근대건축 거장들이 작심하고 새로운 뮤지엄 계획안들을 제시했고, 1950년대에 그 첫 성취물들이 완공되면서 비로소 근대 뮤지엄 건축이 정착됐다. 사회구성원의 생활양식과 정신적 소산, 즉 의식주를 비롯해 도덕, 풍습, 종교, 학문, 예술 등의 시대적 변화가 실물로 구축되는 것이 건축이다. 뮤지엄 건축도 시대적 소산으로서 뒤늦게 당대의 흐름에 함께하기 시작한 것이다.

하지만 그 과정은 결코 쉽지 않았다. 근대화 물결에 몸을 실은 뮤지엄 건축은 강력한 반동의 파고에 부딪혔다. 심지어 현대건축의 형성을 주도했던 근대건축의 세 거장이 제안한 뮤지엄들마저 후대 건축가들에게 쉽게 받아들여지지 않았다. 그들이 주창한 뮤지엄에 심각한 결함이 있어서 이 유형에서만큼은 영향력을 잃었다는 것이 최근까지의 정설이었다. 이 견해에 동조하는 이들은 근대에 들어 뮤지엄 건축 역사에 단절이 있었다고 주장한다. 이 책의 1부는 필연의 연속인 건축이 고전에서 근대를 거치지 않고 현대로 건너뛰었다고 보는 이런 속설을 뒤집고, 시대정신에 뒤처졌던 뮤지엄 건축이 마침내 시대를 선도하던 거장들의 과감한 제안에 힘입어 본궤도에 들어섰음을 강조한다.

이를 위해 근대건축의 세 거장이 제안한 근대적 뮤지엄의 건축적 특성을 각 장에서 제시한 후 마지막 장에서 그들의 뮤지엄을 '이상적인 단위전시공간'이라는 개념으로 다시 읽는다. 그들의 숙고가 고전 뮤지엄에서 현대 뮤지엄으로 넘어가는 데 가교 역할을 했음을 밝히기 위함이다. 근대건축 거장들이 오랜 기간 고심한 각자의 개성 있는 건축적 사고가 뮤지엄 계획에 반영되어 마침내 뮤지엄 건축에서의 고전성을 떨쳐냈음을 확인할 것이다.

2부에서는 근대건축 거장들의 과감한 제안에 직·간접적으로 영향받은 현대 건축가들의 건축 철학이 낳은 오늘날의 뮤지엄 건축을 살펴본다. 여기서 언급하는 여덟 명의 건축가는 모두 현대건축의 주요 리더들이다.[1] 시기적으로는 '제3세대 뮤지엄' 시기라고 일컬어지는 1970년대부터 건립된 뮤지엄들을 대상으로 포스트모던post-modern,[2] 네오모던neo-modern,[3] 후기근대late-modern[4]와 해체주의deconstructivism[5]에 이르기까지 다양한 현대건축 경향에 해당하는 뮤지엄들을 망라한다.

현대건축의 정수로서 현대문화의 다면성을 온몸으로 표출하는 현대 뮤지엄 건축은 오늘날 건축가의 예술적 기질을 가장 자극하는, 현대건축의 실험장이다. 근대건축의 세 거장이 시도했던 것처럼, 건축가의 개성이 뮤지엄 건축에서 가장 선명하게 드러나곤 한다. 1970년대는 근대건축의 정신이 뒤늦게나마 뮤지엄 건축에 접목되는 와중에 생긴 뮤지엄의 공간구성 프로그램과 전시기법, 건축 양식 자체의 다양화 여파로 인해 뮤지엄 건축이 꿈틀대기 시작한 변혁기였다. 그 후 전 세계적으로 문화의 중요성을 깨닫고 휴가와 여행이 보편화되면서 뮤지엄은 양과 질에서 폭발적인 성장을 거듭했다. 이때부터 현대 뮤지엄의 점증하는 기능적·표현적 복잡성을 수용하기 위해 다양한 방식으로 건축적 형식이 표현되기 시작했다. 이 시기 이후 여덟 명의 현대 건축가는 자신의 건축정신을 온전히 담아낸 뮤지엄들을 남겼다.

건축 역사가와 이론가의 시선을 바탕으로 하면서도 건축을 설계하는 건축가의 시각으로 뮤지엄을 관찰하는 이 책은 건축가들이 뮤지엄을 계획할 때 내리는 무수한 판단의 근거로 평소의 건축관을 건축가별로 제시하며 그 결과물의 건축적 특성을 드러낸다. 한 건축가가 계획한 여러 뮤지엄이 프로그램과 규모, 장소가 모두 다름에도 그 안에 공통의 논리적·표현적인 사고가 담겨 있음을 확인하고, 그것이 각 뮤지엄 건축에 어떻게 적용됐는지를 살펴보면서 건축가의 건축 철학이 현대 뮤지엄 건축에서 갖는 의미를 제시한다. 건축가의 깊은 사유와 실체화 능력이 생체 유지에 꼭 필요한 영양소인 무기질처럼 건축을 살리는 영양분임을 흥미진진하게 확인할 수 있을 것이다. 근대와 현대 뮤지엄 건축을 대표하는 작품들에서 성취된, 발상의 바탕부터 시작해 높은 완성도까지를 건축가별로 들여다보며 뮤지엄 건축의 발전을 이끈 건축가 정신의 산물을 찾아 떠나는 노정의 첫 발걸음을 떼어보자.

Museum, Exploration of Space

1부

건축가의 개별 의지가 반영된 근대적 뮤지엄의 탄생

프랭크 로이드 라이트

Frank Lloyd Wright

Frank Lloyd Wright

프랭크 로이드 라이트의 유기적 건축으로서의 뮤지엄

형태 대對 기능

뮤지엄 디자인에 접근할 때 오늘날까지도 여전히 존재하는 두 가지 주요 시각이 1930년대에 형성되기 시작했다. 그중 하나는 뮤지엄 디자인을 최종적인 표현 대상으로 보는 시각이다. 이때 뮤지엄 디자인은 건축가들이 형태 부여자로서 각자의 독창성을 표현하도록 부추긴다. 뮤지엄 건물 자체가, 반드시 기념비적일 필요는 없지만 인상적인 예술작품이 되는 것이다. 그 반대의 시각은 뮤지엄을 본래 중성적인 것으로, 철저하게 기능적인 틀로 본다.

1950년대까지 70년간 미국 건축을 대표하는 건축가였던 프랭크 로이드 라이트Frank Lloyd Wright, 1867-1959가 말년에 설계한 뉴욕 구겐하임 미술관Guggenheim Museum, New York, 1943-1959은 뮤지엄 건축에서 형태가 기능을 지배하는 최초이자 대표적인 사례다. 그전까지의 뮤지엄들에서 유사한 경우를 찾을 수 없는, 처음부터 아주 센 놈이 나선 것이다. 뉴욕의 수직적인 상자형 건물들 사이에서 도시적 조형물로 존재하는 이 미술관은 움직임의 끊임없는 공간적·시각적 관계를 촉발하는 극단적인 유기적 건축organic architecture[1]이다.

이 미술관은 라이트가 평생 주목했던 평면 연구의 연장선상에 있다.[2] 건축가 경

뉴욕 구겐하임 미술관

고든 스트롱 계획안

력 초기에 그는 장방형의 평면에 몰두했다. 그 이후에는 세 가지 기본 형태인 원, 삼각형, 정사각형이 특별한 의미를 생성할 수 있다는 사실에 관심을 집중했다.[3] "정사각형은 안정성을, 삼각형은 열망을, 원은 무한을 뜻한다."[4]는 그의 유언에서 원형의 뉴욕 구겐하임 미술관에서 그가 찾으려 했던 궁극적인 지향을 엿볼 수 있다.

뉴욕 구겐하임 미술관의 형태를 이룬 나선형 경사로의 전례를 라이트의 이전 작업에서 찾을 수 있다. 그가 1925년에 미국 메릴랜드주州 슈거로프 산Sugarloaf Mountain 정상에 짓고자 구상했던, 천문대와 레스토랑 및 경치 전망대를 담고 있는 거대한 나선형 구조물인 고든 스트롱Gordon Strong이 그것이다. 고든 스트롱 계획안에서 방문자들은 차를 타고 외부에 노출된 나선형의 차량용 경사로를 통해 건물의 정상부까지 올라가 차를 맡긴다. 그 후 방문자는 줄곧 주변의 경치를 감상하며 보행자용 경사로를 통해 걸어서 내려간다. 차는 주차 대리인에 의해 아래로 옮겨진다. 뉴욕 구겐하임 미술관에서는 나선형 경사로가 내부로 들어왔다. 라이트는 고든 스트롱 계획안의, 단면의 모습이 구球의 절반 윗부분에 해당하는 중심공간에서 중앙으로 집중되는 내부공간을 실현하는 질서를 읽었다. 또한 원의 중심을 도는 하나의 중심선, 즉 원주의 주변을 흐르는 움직임을 발견했다.

동심원 구성을 따라 원을 그리는 체계는 강한 중심성을 부여한다. 이때 커다란 중심공간이 생겨나고 반지 모양의 원주가 이 중심공간을 둘러싼다. 이 방법은 중심공간과 그 주변 사이에 확실한 차이를 가져온다. 후기 르네상스 시대를 대표하

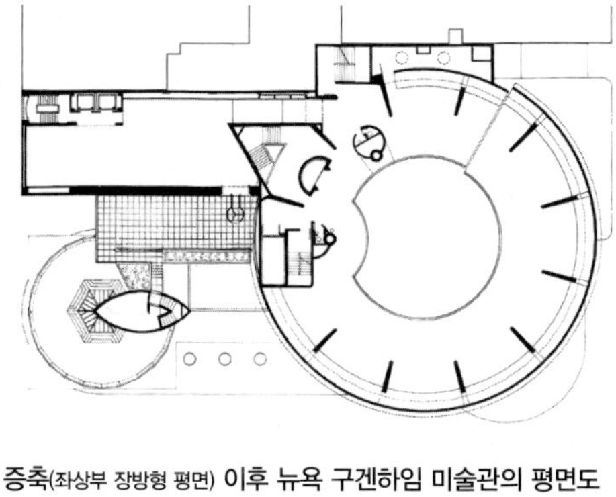

증축(좌상부 장방형 평면) 이후 뉴욕 구겐하임 미술관의 평면도

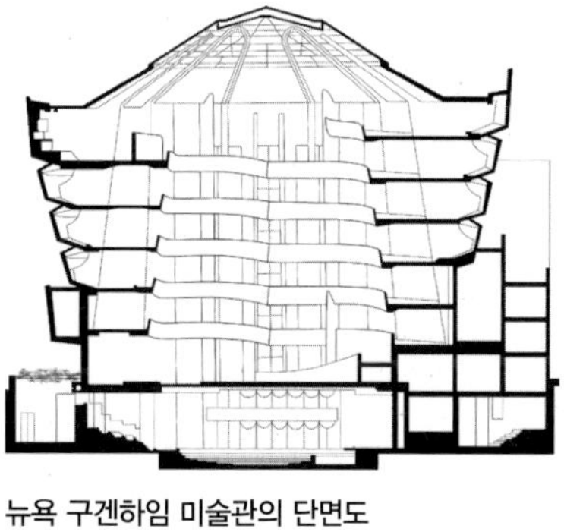

뉴욕 구겐하임 미술관의 단면도

로비 주택, 시카고

뉴욕 구겐하임 미술관의 비워진 중심공간과 천창

는 건축가 팔라디오Andrea Palladio, 1508-1580는 9분법分法 평면 체계(3×3)를 즐겨 사용했다. 라이트도 경력 초기부터 9분법 평면을 활용했는데, 시간이 지날수록 가운데의 중심공간은 점차 더 크고 밝으며 열린 공간이 됐다. 라이트는 추상 화가이자 뉴욕 구겐하임 미술관의 초대 관장인 리베이Hilla Rebay에게 보낸 편지에서 "뮤지엄은 바닥에서 위까지 좋은 비례를 지닌, 유일하고 여유 있으며 넓게 펼쳐진 층이 위와 아래 모든 곳에서 유동하는, 바퀴가 달려 회전하는 안락의자가 돼야 한다. 아무데서도 멈춤이 없고 위로부터 화려하게 조명되는 칸막이 전시벽도 없는…"[5]이라고 썼다. 뉴욕 구겐하임 미술관의 나선형 자체가 순환이라는 주제에 의해 자유로움을, 부드럽고 유동적이고 연속적인 느낌을 준다. 위로 올라가며 더 넓어지는 이 나선형은, 40년 전 그가 설계해 유럽의 근대 건축가들에게 큰 영향을 미친 로비 주택Robie House, Chicago, 1909-1910에서 내부공간의 축들이 창문들을 넘어 프레리Prairie 평원의 지평선으로 쭉 뻗어나갔듯이, 하늘을 향해 확산된다.

치열했던 논쟁과 변명

독특한 모습의 뉴욕 구겐하임 미술관은 깜짝쇼로 태어난 찰나적 형태의 유희가 아니라 라이트가 전 생애를 바친 연구의 결과물이었다. 하지만 너무나 별난 제안이어서 완공하기까지의 오랜 시간 동안 뮤지엄 역사에서 보기 드물게 많은 논쟁을 불러왔다. 미국 근대건축의 대부였던 라이트는 자신의 필생 역작임에도 무수한 반대에 부딪힌 이 미술관이 그림과 조각품의 조화로운 전시를 허용하지 않는다는 비난에 조금도 동의할 수 없었다.

뉴욕 구겐하임 미술관의 나선형 경사로와 전시공간

이 미술관에 대한 우려를 들어보면 그렇게 걱정할 수도 있겠다는 생각이 들기도 한다. 그만큼 파격적이었기 때문이다. 전시공간이자 이동로인 경사로의 기울어진 바닥과 5° 뒤로 기운 채 휘어진 벽은 그림을 걸고 보는 장소로서의 적합성 여부에 대해 수그러들지 않는 논쟁을 일으켰다. 6개 층을 휘감아 돌며 원형으로 배치된 12개의 기둥에 맞춰 40여 개의 구역으로 나뉜 430미터 길이의 나선형 경사로 안에 마련된 전시공간은 기능적으로 불편하게 여겨졌다. 그림과 조각 전시를 위한 경사진 바닥과 굽은 벽이라는 개념은 감상하기 위한 시각적 응시에 필요한 직선의 평탄한 배경과는 거리가 멀어 차가운 경멸의 대상이 되기도 했다. '정말 그림을 수용하기 위해 고안된 것인가?'라는 의구심이 가득했다. '스스로 주요 예술작품이 된 건물이 그 안에 전시된 모든 것을 약화시키지 않을까?'라는 염려도 컸다. 12개의 기둥에 캔틸레버cantilever[6]로 지지되는, 회전하는 경사로가 미술관을 구성해 구조적으로도 대담했다. 그러나 라이트의 생각은 달랐다. 1949년의 편지는 그의 의도를 드러낸다.

"약간 기울어지고 시선을 위해, 그리고 빛을 향해 가볍게 위를 지향하는, 나선형으로 휘면서 상승하는 움직임에 맞춰 그림은 그 자체로 가치를 발한다. 그림들은 상투적인 방법으로 걸려 있지 않다. 대신 살짝 휜 이 육중한 벽에 의해 생성된 움직임을 우아하게 따른다. 이 큼직한 순환 상승 안에서 그림은 건축의 한 요소로서 끼워진 것으로 인식된다. 건물의 성격 자체가 하나의 '배경'에 해당하는 건축이다. 곡벽에서 띄워진 채 걸려 있는 그림의 평탄한 면은 가문家紋이 위에 새겨진 도장처럼 생생한 금은보석 같아 보인다. 정확하게 말하면, 그림 스스로가 성찰한다. 변화가 없는 오래된 건축의 몰상식한 방과 다른 곳에서 그림이 전시된 적이 거의 없었다. 여기서는 건물 내부에서 창안된 조화롭고 유동적인 고요함 안에서, 유리한 조건 안에서 스스로 새로운 그림으로 보일 것이다."[7]

뉴욕 구겐하임 미술관은 변경 가능성이 없는 전시공간의 경직성으로 인해 비판을 받기도 했다. 이상이 현실이 된 완벽한 연속성은 성취됐지만, 동선은 강제적이었다. 근대공간의 또 다른 특성인 융통성과 다양성의 결핍으로 인해 크기와 중요도가 다른 작품들을 전시할 수 있는 여건을 마련하기가 어려웠다. 초기에 이 미술관을 주로 중간 크기의 작품들을 전시하는 곳으로 계획했던 것이 이 지적에 대한 변명이 될 수는 있다. 라이트는 계획 당시에 받았던 전시품 리스트를 보고 현재의 공간 크기면 전시에 문제가 없을 것으로 생각했다며 억울해했다. 그럼에도 추후 정책 변화에 대응하기 위해 전시공간에 얼마간의 융통성을 부여하는 것이 상식에 가까운데, 뉴욕 구겐하임 미술관의 형식에서는 그것이 여의찮았다.

또한 라이트의 선택은 전시 기획자들이 수평적인 전시 순서뿐 아니라 수직적인 관계도 고려하지 않을 수 없게 강요했다. 방문자들이 중앙공간 건너편에 있는 경사로의 여러 층을 한눈에 볼 수 있기 때문이다. 어떤 이들은 이런 상황을 수평적인 공간 흐름에 추가된 수직적인 연속성이라며 긍정적으로 보기도 하지만, 실제 전시 계획에는 상당한 부담이 됐다.

내부에서 불충분한 자연광의 변화, 외부의 색과 짜임새texture, 플라스틱 관으로 설계됐으나 소방법규 때문에 거부된 내부의 둥근 천장에 대한 비판도 있었다.[8] 건물의 시공 막판에 있었던 변경과 불화가 이런 결점들의 원인이라는 견해도 나왔다. 숱한 논란으로 인해 미술관의 공기工期가 계속 지연되면서 개관 6개월 전에 라이트가 사망해 그의 의도대로 마무리되지 않은 것이다. 1991년부터 다음 해까지의 임시 휴관 기간 동안 라이트의 원래 아이디어에 가까운 보수가 진행되어 오늘날에 이르렀다.

뉴욕 구겐하임 미술관이 형태의 특별함으로 방문객을 유인하기는 하지만, 그들을 장시간 붙들어놓지는 못한다는 지적도 있었다. "이 미술관은 뉴욕 시민들이 잠깐 시간을 내어 들르는 곳이자, 대부분 시간에 쫓기는 여행자들이 잠시 찾는 미술관일 수 있다. 방문객에게 각인되는 역동성을 자극하는 기울어진 바닥이 혁신적인 것은 분명하지만, 그것의 유일한 효력은 최단 시간의 방문기록을 남기게 하는 것 뿐이다."[9]라는 비아냥도 들었다. 라이트는 전시품들 앞에 놓인 몇 개의 의자들이 그려진 스케치로 방문객의 휴식을 표현했다. 하지만 이 미술관의 바닥을 지배하는 경사로의 기동성은 쉼터에 필요한 안정성을 쉽게 허락하지 않았다.

뮤지엄에 잠깐 들르는 방문객이 많아지는 것은 도심에 위치한 뮤지엄의 특징이자 숙명이다. 이런 뮤지엄은 사람들이 간단한 식사를 하거나 커피를 마시거나 짧은 만남을 위해 들르는 장소 역할도 한다. 이런 상황을 이해한 미국 건축가 벤투리 Robert Venturi, 1925-2018는 방문객들이 점심을 먹기 위해 단 20분 만에 뮤지엄을 거쳐 갈 수도 있다고 말했다.[10] 이것을 예술에 대한 경박한 태도로 보지 않고 오히려 예술이 우리의 일상에 들어오는 것으로 여겼다. 맨해튼 5번가에서 센트럴 파크와 맞닿아 있는 뉴욕 구겐하임 미술관은 이런 역할을 긍정적으로 받아들인다. 루브르 박물관 지하의 레스토랑과 카페테리아, 상점들이 더 이상 전시를 보러 온 사람들만을 위한 곳이 아닌 것과 마찬가지다.

예술사학자이자 뉴욕 구겐하임 미술관의 큐레이터였던 스벤슨L. A. Svendsen, 1915-1994은 이 미술관이 동선의 문제에 매력적인 해결책을 제시하면서 방문객의 피로를 확실히 줄였다고 항변했다. 그의 관찰에 따르면 방문은 보통 1시간 정도 지속되며, 마지막에 방문객들이 피곤해하지 않는다는 것이다. 뉴욕 구겐하임 미술관은 당시 최신 경향이었던 '국제주의 양식International Style'[11]을 따라 뒤에 다시 소개될, 1939년에 6층으로 건설된 뉴욕 근대미술관New York Museum of Modern Art, P. Goodwin & E. D. Stone[12]과 함께 여러 층의 전시공간을 가진 뮤지엄의 탄생을 선도했다. 이런 경우 방문객은 엘리베이터를 타고 위로 올라간 후, 걸어 내려오면서 작품을 감상한다. 중앙의 밝고 장대한 공간이 상대적으로 더 작고 어두운 곳에 걸린 작품을 감상하는 데 방해가 된다는 지적에 대해서는, 두 눈으로 양쪽을 동시에 볼 수 없는 방문객이 전시품 감상에 집중할 것인지 아니면 맞은편의 내부공간을 볼 것인지 선택하면 된다고 대변했다.

뉴욕 구겐하임 미술관의 증축 방안을 보여주는 라이트의 스케치

뉴욕 구겐하임 미술관에 대한 또 하나의 우려는 향후 증축 가능성에 대해서였다. 살아 있고 성장하는 뮤지엄이라면 당연히 증축을 감안해야 하는데, 라이트의 계획안은 이미 완결된 모습이었다. 이 의혹에 대해 라이트는 뒤쪽 건물과의 사이에 남은 빈터에 폭은 좁지만 10층의 상자형 건물을 끼워 넣는 스케치를 남겼다. 이후 실제로 이 스케치를 참조해 미국 건축가 과스메이Charles Gwathmey, 1938-2009가 그 자리에 층고가 높은 8층의 얇은 상자형 전시공간을 증축1985-1992했다.

건축가이자 건축비평가 블레이크Peter Blake, 1920-2006는 지금까지 거론된 뉴욕 구겐하임 미술관의 논쟁점을 다음과 같이 요약했다. "구겐하임 재단은 건축적 조각인 전설적인 작품—라이트에 의해 성취된 조형성과 완강한 연속성으로 완료된 이색적인 작품—을 쟁취했는데, 이제는 그 안에 그림들을 보일 장소를 만들어내기 위해 심사숙고해야 한다."[13]

이와 같은 여러 문제점에도 불구하고 뉴욕 구겐하임 미술관이 후대 뮤지엄 건축에 끼친 영향은 적지 않다. 이 미술관은 근대 뮤지엄의 가장 두드러진 특성인 동선circulation의 중요성을 일깨웠으며, 동선이 뮤지엄의 공간성 및 생김새와 긴밀히 연계될 수 있음을 보였다. 그 외 후대 뮤지엄 건축에 끼친 영향은 이후에 다시 거론하기로 하겠다. 라이트의 건축 작품 중 유기적 건축의 화려한 피날레로서 뉴욕 구겐하임 미술관이 연출한 굉장한 공간성을 누구도 부인하지 못할 것이다. 외부에서 미술관 안으로 들어서는 방문객은 곧 많은 예술작품을 품은 깜짝 놀랄 만한 빈 공간에 이른다. 이곳에는 규모가 큰 설치작품이 전시되기도 한다. 공중에 떠 있는 경사로의 난간들에 큰 작품들이 걸리기도 한다.

뉴욕 구겐하임 미술관에서 열린 백남준 전시회, 2000년

2000년 2월 새 밀레니엄 시대를 열며 뉴욕 구겐하임 미술관에서 열린 비디오 아티스트 백남준1932-2006 회고전은 로톤다의 전체 높이를 치솟는 마법 같은 녹색 레이저 광선 분수를 선보였다. 미술관의 큰 원형 바닥은 그의 다양한 비디오를 보여주는 수십 개의 텔레비전으로 덮였다. 미 해군이 개발한 또 하나의 레이저 광선은 미술관 천장을 비추며 기하학적 무늬를 수놓았다. 뻥 뚫린 중심공간을 지닌 공간 특성을 십분 활용한 이런 전시는 뉴욕 구겐하임 미술관의 구별된 장점을 보여준다. 이외에 앞으로 살펴볼 아라타 이소자키Arata Isozaki, 1931-와 프랭크 게리 같은 건축가들도 중심공간의 수직성을 활용한 설치작품을 전시했다. 이런 기획전시가 없을 때도 여러 겹의 경사로가 유발하는 깊이감과 상승감은 커다란 천창에서 떨어지는 빛과 함께 구심성의 구성 효과를 배가시킨다.[14]

르코르뷔지에

Le Corbusier

Le Corbusier

르코르뷔지에의 '무한성장박물관'과 성취된 세 박물관에서의 변주

스위스 태생으로 프랑스에서 주로 활동한 르코르뷔지에Le Corbusier, 1887-1965는 건축 실무뿐 아니라 이론적으로도 근대건축의 개화와 현대건축의 도래에 지대한 영향을 미친 인물이다. 〈표 1〉은 박람회를 위한 한시적 전시장을 포함해 오랜 기간 뮤지엄 건축을 끈기 있게 연구한 그의 자취를 보여준다. 뉴욕 구겐하임 미술관이 완공된 1959년에 그는 아마다바드 시립미술관을 이은 자신의 두 번째 미술관인 국립서양미술관을 도쿄에 완공시켰다.[1] 이 미술관은 1928년 문다네움Mundaneum 계획안에서부터 시작된 일련의 뮤지엄 건축 연구가 낳은 결과물이었다. 그 과정을 추적해 르코르뷔지에의 건축 철학이 뮤지엄 건축에 어떻게 적용됐는지 살펴보자. 표에서 파란색 표시한 프로젝트들이 무한성장 개념이 적용된 뮤지엄들이다. 연도가 이탤릭체인 프로젝트들(회색 표시한 칸)만 실현됐으며, 나머지는 계획안으로 남았다.

〈표 1〉 르코르뷔지에가 설계한 뮤지엄

프로젝트 명	장소	연도
세계 박물관(Musée Mondial)	Geneva	1928
현대미술관(Musée d'Art Contemporain)	Paris	1931
프로젝트 C(현대미학센터, Centre d'Esthétique Contemporaine)	Paris	1936
프로젝트 D(새로운 시대관, Pavillion des Temps-Nouveaux)	Paris	*1937*
Pavillon "Bat'a", Exposition Internationale	Paris	1937
무한성장박물관(Musée à croissance illimitée)	Philippeville	1938–1939
"물의 계절", 리에즈 박람회("Saison de l'eau", Exposition de Liège)	Liège	1939
무한성장박물관의 연장延長(Prolongements du Musée à Croissance illimitée)	–	1950
아마다바드 박물관(Museum of Ahmedabad)	Ahmedabad	*1952–1956*
국립서양미술관(National Museum of Western Arts)	Tokyo	*1957–1959*
만국박람회를 위한 필립스 파빌리온(Philips Pavilion for the Universal Exhibition)	–	*1957*
지식박물관(Museum of Knowledge)	Chandigarh	1960–1965
파빌리온 전시관(Un Pavillon d'Exposition)	Stockholm	1962
국제아트센터(International Arts Centre)	Erlenbach	1963
인간의 집(Maison de l'Homme)	Zurich	*1963–1967*
찬디가르 미술관(Chandigarh Government Museum and Art Gallery)	Chandigarh	*1964–1968*
20세기 미술관(Musée du XXe siècle)	Nanterre	1965

문다네움, '광범위한 성장의 전당'

1928년 르코르뷔지에는 자신이 1년 전에 구상했던, 제네바에 건립될 국제연맹 청사를 위한 국제공모전에서 1등을 한 계획안에 감복한 오틀레Paul Otlet, 1868-1944로부터 세계문화센터인 문다네움 계획을 위한 프로그램을 전달받았다. 이 프로그램에는 지적인 업무에 유용하고 유기적 형태에 대응할 수 있는 네 가지 기능인 만물에 관한 문서화(도서관, 만물에 관한 참고문헌 목록과 백과사전을 갖춘 서지학 학회), 세계적 규모의 대학, 뮤지엄, 세계적으로 뛰어난 과학 관련 회사들이 포함되어 있었다. 오틀레는 이 문다네움이 "쓸데없이 덧붙여진 값비싼 장식이 아닌, 건물의 내부기능에 재정이 투입되는 근대건축의 강령을 고취시키는" 작품으로 고안되어야 한다고 주문했다.[2] 여기에 포함된 세계 박물관Musée Mondial이 르코르뷔지에의 첫 뮤지엄 계획안으로, 3년 전인 1925년에 라이트가 계획한 고든 스트롱을 떠올리게 한다.

문다네움 계획안

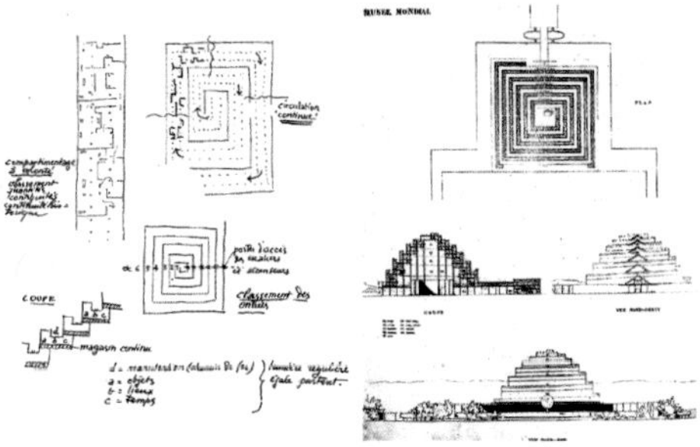

세계 박물관의 평면, 단면과 외관

세계 박물관에서의 발상은 라이트와 마찬가지로 르코르뷔지에가 근대적 미술관의 새로운 전형을 수립하며 동선을 가장 중시했음을 보여준다. 르코르뷔지에는 이집트나 바빌론, 아시리아나 콜럼버스 발견 이전에 아메리카 유적들을 찍은 항공사진,[3] 코르사바드Khorsabad에 소재한 사원이자 천문학 관측소였던 사르곤 2세Sargon II 궁전의 지구라트,[4] 아바스 왕조의 칼리파였던 알무타와킬 모스크Al-Mutawakkil Mosque의 나선형 탑Samarra, 848-852, 북유럽 르네상스의 대표 화가인 브뤼헐Peter Brugel이 1563년에 그린 바벨탑 그림 등에서 휘감아 오르는 나선형 경사로가 전체의 주 동선 역할을 담당하는 것에 주목했다. 나선형은 이론적이기는 하지만 20세기 동선에 대한 중요하고 새로운 도식적 접근법이었다.[5]

세계 박물관의 피라미드에서는 직각으로 꺾이는 정사각형 나선의 흐름을 따라

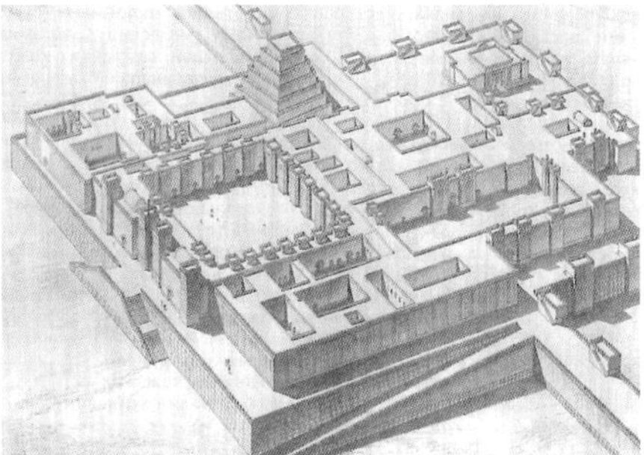

사르곤 2세 궁전

알무타와킬 모스크

뒤에 다시 언급될 세 개의 네이브nave가 나란히 연속적으로 펼쳐진다. 숲속의 나무들 같은 다수의 기둥으로 지지되는 피라미드의 내부 중심부는 비었다. 방문객은 엘리베이터를 타고 피라미드 꼭대기로 올라가 정상부에서 사방으로 펼쳐진 장관을 먼저 경험한다. 거기서부터, 앞에서 언급한 라이트의 천문대나 뉴욕 구겐하임 미술관의 동선처럼, 방문객은 선사 시대부터 오늘날까지 인간의 모험 단계를 발견하면서 점차 넓어지는 나선형 경사로를 걸어 밑으로 내려온다. "이 박물관은 여러 다른 레벨에서 '한 인간'이 작품들과 착상, 위대한 기념물들의 창건자들, 세계적인 규모, 우주 같은 다수와 대면하는, 한복판에서 시작되는 경로처럼 고안됐다. 더 개괄적인 설계도에 의거해 박물관은 그래픽과 깨끗한 이미지들로 역사적 사건들을 전시하고, 풍부한 감정을 유발시키며, 결정을 내려야 할 사람들에게 방향을 지시해야 한다."[6]는 르코르뷔지에의 언급은 그가 과거와 다른 전시공간과 새로운 동선 구성을 염두에 두고 있음을 보여준다.

그러나 역사적 형태를 차용한 까닭에 바벨탑으로 불리기도 한[7] 이 계획안에서 보이는 형식주의적 기념비성은 르코르뷔지에가 아직은 뮤지엄 건축을 전시품을 위한 전당으로 여기는 고전적 시각을 완전히 떨치지는 못했음을 보여준다. 하지만 1930년대에 접어들면서 그는 새로운 꿈을 꾸기 시작했다.

'무한성장박물관' 개념의 형성과 확립

르코르뷔지에는 1931년에 세계 박물관의 나선형은 고수하면서, 같은 시기에 계획한 빌라 사부아Villa Savoye, Poissy, 1928-1931에 활용한 건축이론을 적용해[8] 무한성장 개념을 근간으로 한, 실현 가능성에 중점을 둔 파리 현대미술관 계획안을 제안했다. 이 계획안은 중앙실 주변에 폭 14미터(7미터×2), 길이 7미터, 높이 4.5미터인 전시공간 모듈들이 필로티pilotis[9] 위에 얹힌 채 나선형으로 돌아가며 조합되는 경제적이고 진화하는 구조 시스템으로 구성됐다. 달팽이의 유기적 성장을 닮은 이 계획안은 필로티 위에 단위전시공간 모듈을 올려 여건이 허락하는 대로 계속 덧붙여나가

필로티 위에 얹힌 사부아 주택

는 방식을 택했다.[10] 1930년대 초 세계적인 경제 불황의 여파로 당시 어려웠던 프랑스 경제 여건을 감안해 처음에는 10만 프랑francs으로 중앙부에 가로와 세로의 길이가 14미터(넓이 196제곱미터)이고 2층 높이인 첫 전시실부터 만들고, 이후 기부를 받아 자금이 준비되는 대로 필로티 위에 전시공간 모듈을 나선형으로 덧붙여 나가 총 9,000미터 길이의 전시용 벽면을 갖게 되기까지 성장하는 미술관을 꿈꿨다.

이 미술관은 나선형으로 네 방향 모두에서 차례대로 증축되는 것을 전제로 한다. 따라서 최종 완성되기 전까지는 완결되지 않은 단순하고 무표정한 임시 외벽으로 둘러싸인다. 그로 인해 이 미술관은 필로티 위에 떠 있는 볼륨 아래를 지나 들어가는 내부에서 느껴지는 공간적 질로 승부하는, 르코르뷔지에의 표현을 빌리자면 "내부만 보는"[11] 건축이 된다. 외부에서 거창하게 보이기보다 내부에서 기능적으로 충족되고 공간적으로 풍요함이 느껴지는 뮤지엄을 택한 것이다. 이전의 고전적인 뮤지엄들과는 전혀 다른 발상이었다. 표준화된 기둥과 천장, 고정됐거나 이동 가능한 칸막이를 요소로 한

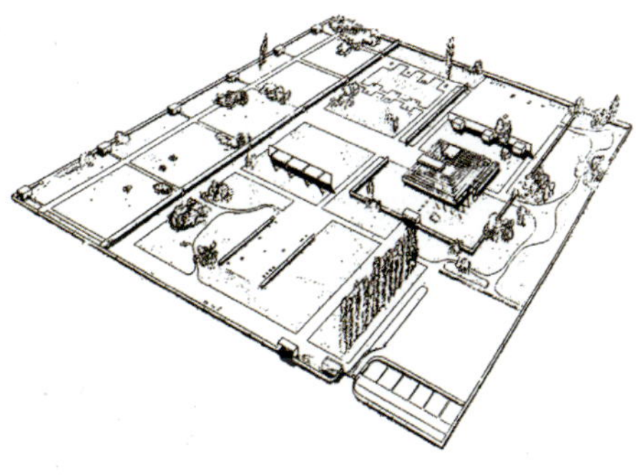

파리 현대미술관 조감도, 르코르뷔지에, 1931년

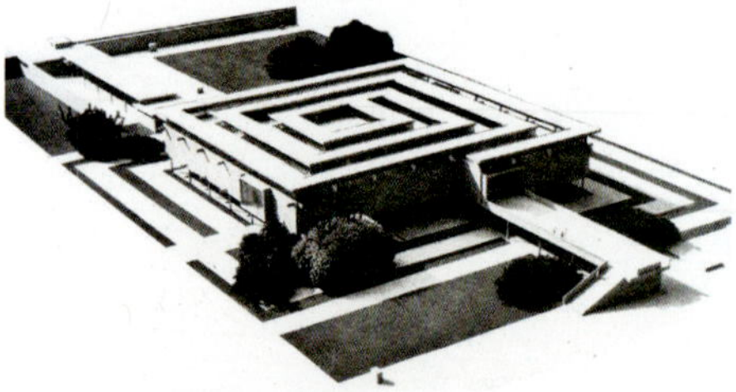

무한성장박물관 모형 사진

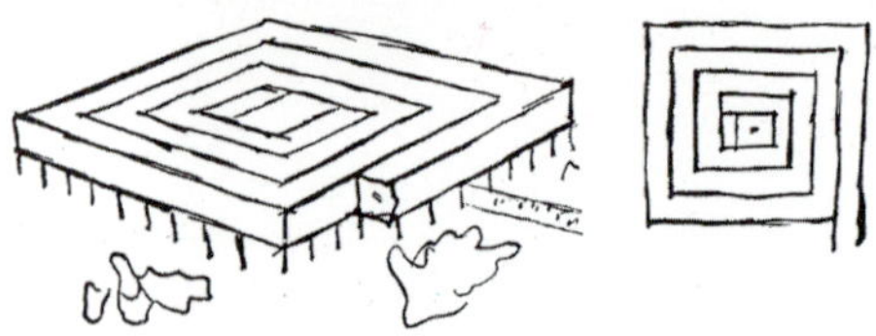

무한성장박물관의 나선형 성장을 보여주는 르코르뷔지에의 스케치

이 계획안은 지극히 경제적이지만 조화롭고 규칙적인 성장의 형태인 나선형의 평면을 기반으로, 원하는 대로 증축이 가능하도록 의도됐다.[12]

1936년에 구상했던 현대미학센터인 C 계획안에 이어서 마침내 1939년에 완성되어 '무한성장박물관Musée à croissance illimitée'으로 명명된, 벨기에 도시 필리프빌Philippeville을 위한 미술관 계획안에서 르코르뷔지에는 십여 년간의 연구 결과인 성장을 위한 해결책으로 건물 요소의 표준화를 완성시켰다. 기둥, 보, 주·야간 조명법 등 모든 것이 황금비를 따라 결정된, 더욱 간편하고 조화로운 무한정의 조합이 가능한 미술관이었다. 무한성장박물관의 건축적 특성은 다음과 같다.

뮤지엄 건축에서의 선결 조건, 동선

세계 박물관 계획안에서 시작된 일련의 뮤지엄 건축 연구는 르코르뷔지에가 뮤지엄 건축에서 동선을 가장 중시했음을 알려준다. 이는 뒤에서 상세히 들여다볼 뮤지엄들로서, 르코르뷔지에의 건축을 깊이 연구해 현대건축에 구현한 프랑스 건축가 앙리 시리아니Henri Ciriani, 1936-가 설계한 아를 고대사박물관Musée de l'Arles Antique, Arles, 1983-1995의 '계획된 자유'와 제1차 세계대전 역사관Historial de la Grande Guerre, Péronne, 1988-1992의 '규정됐으나 자유로운' 나선형 동선의 원형이라 할 수 있다. 여기서 '계획된 자유'란 동선에서 강제와 자유 사이의 적정한 조화를 의미한다. 전체 동선 방향을 명확하게 보여주면서 각 단계에서는 방문객이 자유롭게 거닐 수 있도록 배려하는 것이다.

이러한 방안은 르코르뷔지에의 세계 박물관 계획안에서 이미 예견된 동선상의 특징이었다. 앞서 제시된 그림에서 살펴본 것처럼 세계 박물관의 중심부 정상에서 점차 넓게 돌아가며 내려오는 전시공간인 네이브는 두 개의 기둥 열로 인해 전시물objets=a, 장소lieux=b, 시간temps=c의 세 부분으로 나뉜다. 시계 방향의 점차적 하강이라는 큰 흐름 속에서 자유로운 칸막이 구획으로 인해 지엽적으로는 순로順路의 자유로운 선택이 가능하다. 르코르뷔지에가 이 계획안을 소개한 그림에 거듭 표기한 것처럼, 그는 '동선의 연속성'을 가장 우선시하며 동일한 단면의 연속을 통해 모든 전시 장소에 동일한 방식으로 규칙적인 빛을 유입하고자 했다. 중심부의 빈 공간을 둘러싸는 경사로를 전시공간으로 쓰는 세계 박물관 아이디어는 뉴욕 구겐하임 미술관보다 15년이나 앞선 것이었다.

무한성장박물관 개념을 따른 동선은 외부에서 필로티 하부를 통해 입구 홀로 진입하면서 시작된다. 뮤지엄 같은 공공건물에서 필로티는 들린 볼륨의 아래에서 느껴지는 공간적 긴장감으로 인한 눈길 끌기와 볼륨의 '아랫면sous-face'이 만들어내는 공간 흡인력으로 자연스러운 진입로를 형성하는 데 유리하다. 번잡한 외부와 작품을 감상하는 내부 사이에서 전이공간 역할도 한다. 르코르뷔지에는 "건축은 동선이다!"라고 강조하며, 1927년 자신의 국제연맹청사 계획안에서 건물을 들어올린 필로티가 건물의 전면과 후면이라는 개념 자체를 없애면서 청사 전체에서 보행자의 수평적 통행에 막힘이 없게 하고 자동차의 일방통행과 건물 하부의 주차장 확보를 가능케 할 것이라고 주장했다.[13] 이러한 필로티 효용론이 공적인 건물로서 자연스런 주 입구를 필요로 하는 뮤지엄 건축에 접목됐다.

이렇게 필로티 아래로 들어선 방문객은 입구 홀을 지나 전체 뮤지엄에서 제일 먼저 마주하도록 기획된 중앙전시실에 이르게 된다. 2층 전시공간으로 인도하는 이곳의 경사로는 건축적 산책을 유발한다. 현대 뮤지엄에서 계단의 대체물인 경사로는 산책을 통해 뮤지엄을 깊이 이해하라는 초대이자, 방문을 산책의 즐거움으로

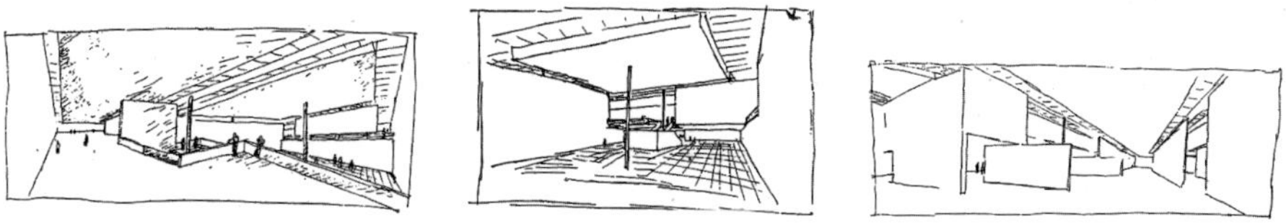

파리 현대미술관 계획안의 내부 투시도

만드는 유발인자다. 이 경사로를 통해 올라온 2층 전시공간에서는, 파리 현대미술관 계획안의 투시도 세 장이 보여주는 것처럼, 르코르뷔지에 건축 특유의 공간성이 발현된다. 여기서 캐비닛cabinet이나 갤러리gallery의 연결로 구성된 과거의 전시공간 형식을 고수하던 전통 뮤지엄의 관성은 사라졌다. 연속적이고 융통성 있는 공간 전개로서 르코르뷔지에가 탐구했던 근대공간의 특징이 전시공간에 그대로 적용됐다. 무한성장박물관으로 명명된, 빌리프빌시를 위한 계획안에서는 내부 칸막이의 높이 조절과 곳곳에 트인 통로로 인해 대각선 방향으로 공간이 계속 확장된다.

이처럼 과거의 기념비적이고 장식적인 외관과 단속적·폐쇄적·고착적이고 일방향성 위주였던 고전적 공간성에서 탈피한 근대적 뮤지엄을 추구한 르코르뷔지에의 염원은 무한성장박물관 개념을 수십 년간 계속 다듬어나가는 끈기의 원천이었다.

이상적인 단면 탐색, 자연광과 동선의 연계

새롭게 구축된 전시공간에 적합한 자연광 유입법도 고심거리였다. 빌라 사부아처럼 1920년대 자신의 건축이론이 망라된 건물에서 르코르뷔지에는 자연광을 다음에 이동해가야 할 쪽으로 유입시켜 빛과 동선의 연계를 도모했다. 실내조명이라는 자연광의 일차적 임무에 더해 다음 갈 곳을 지시하는, 행로를 동반하는 새로운 역할을 부여한 것이다. 그러나 무한성장박물관은 계속 증축될 예정이므로 빌라 사부아와 같은 완결된 기하학적 볼륨 내에서 사전에 치밀하게 설정된 동선을 따라 다양한 방식으로 자연광을 유입시킬 수 없다. 따라서 나선형으로 성장하며 동일하게 반복 증축해도 문제가 없을, 자연광이 적절하게 유입될 수 있는 천창을 지닌 단면과 평면상의 단위전시 유닛을 설정하는 것이 중요했다. 증축할 때마다 반복해 덧붙여지는 이 유닛은 르코르뷔지에가 전시공간에서의 유사한 빛 조건을 용납했음을 전제한다. 실제 지어진, 이후 살펴볼 세 미술관을 위해 르코르뷔지에는 여러 형식의 천창을 구상한 다수의 스케치를 남겼다. 선택될 하나의 단면이 그 미술관의 전체 전시공간에 적용될 것이므로 매우 신중하게 빛 유입 방법을 검토했다.

앞서 언급된 것처럼 무한성장박물관의 전시공간은 폭 14미터, 길이 7미터, 높이 4.5미터의 단위전시 모듈이 전시공간 전반에 걸쳐 나선형으로 전개되는 양상이다. 자연광 유입을 염두에 두고 전시공간의 적절한 폭과 너비, 높이를 고려한 모듈이다. 이것이 증축 때 나선형으로 계속 덧붙여지고, 그 결과 생겨난 전시공간을 이동 가능한 칸막이들로 분할함으로써 전시공간은 이웃한 단위전시공간과의 관계에서 의미를 갖는 '상관적相關的인' 공간연속체로 나타난다. 기둥이 건물의 하중을 감당하므로 무게를 떠받치는 의무에서 해방되어 자유롭게 배치할 수 있는 칸막이들이 조성하는 전후좌우 공간과의 관계에 따라 정의되는 다방향성 공간이다.

무한성장박물관에서 단위전시 모듈이 나선형으로 덧붙여지고 주 동선 또한 그 방향을 따름으로써 결과적으로 나선형으로 배치된 천창 시스템은 주 동선과 동반하게 된다. 동일한 천창이지만 나선형으로 배치된 까닭에 동서남북의 빛이 다 유입되므로 전시공간 내 위치에 따라 광량과 빛의 성격이 다르다. 이 차이는 천창을 따라 그 아래에 설치된 조명갤러리 안에 있는 인공조명으로 보정된다.

단순 입방체 내 자유로운 평면에 의한 근대적 공간

상자형의 무한성장박물관 볼륨은 7미터 간격으로 놓인 다수의 기둥 위에 얹혀 있다. 르코르뷔지에가 1920년대부터 애용했던 '자유로운 평면plan libre' 개념[14]이 뮤지엄 건축에도 어김없이 적용됐다. 그런데 그의 1930년대 뮤지엄 계획안들의 전시공간에서 기둥의 노출 정도는 상당히 다르다. 1931년 파리 현대미술관을 그린 세 장의 내부 투시도를 보면 중앙전시실에 있는 두 개의 기둥만 노출됐다. 1936년의 'C 계획안'에서는 모든 기둥이 노출됐다. 공간을 구획하는 칸막이들은 기둥에 닿지 않은 채 가까이에서 자립해 서 있다. 기둥과 칸막이 각각의 자율성이 확보됐다. 반면에 1939년 필리프빌시를 위한 계획안에서는 다시 중앙전시실의 두 기둥은 노출됐지만 상층 전시공간에서는 기둥 열 대

모든 기둥이 노출됐음을 보여주는 프로젝트 C의 평면도

중심공간에서 2개의 기둥과 2층 전시공간에서 1개의 기둥만 노출됐음을 보여주는, 필리프빌시를 위한 뮤지엄 모형 사진

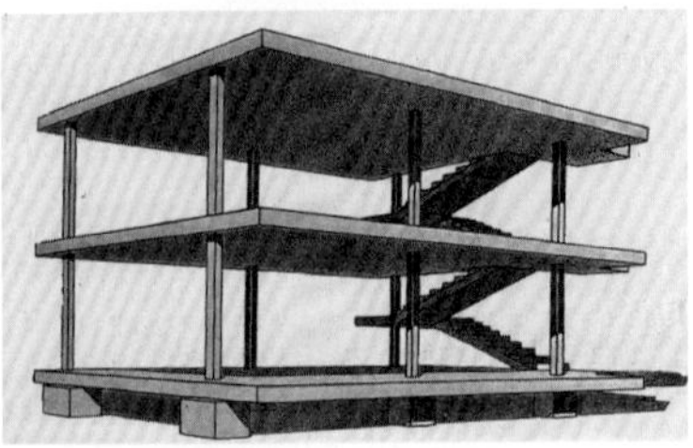

돔이노 구조체계

부분이 전시칸막이에 싸인 채 감춰지고 하나의 기둥만 노출됐다.

전시공간 안의 기둥을 여기서 새삼 거론하는 것은 건물에서 자연스러운 기둥의 존재가 대부분의 전시공간에서는 그렇지 않기 때문이다. 우리는 무심코 전시공간을 거닐지만 그 안에서 기둥을 본 기억은 드물 것이다. 시선을 차단하고 동선을 방해해 전시계획에 불편을 끼칠 수 있다는 선입관 때문에 기둥 노출을 금기시하다시피 하기 때문이다. 그래서 다른 용도의 건물을 뮤지엄으로 개조할 때 비용을 절감하거나 본래의 내부 환경을 보존하기 위해 기둥들을 그대로 두는 경우를 제외하면 전시공간에서 기둥 노출은 흔치 않다.

르코르뷔지에의 뮤지엄 제안은 이제부터 전시공간에서 기둥이 노출될 수 있음을 보여줬다. '돔이노 Dom-ino' 시스템[15]을 근간으로 한 '자유로운 평면' 개념이 적용된 르코르뷔지에 건축 특유의 공간성이 뮤지엄 건축에 투영됐기 때문이다. 곧이어 보게 될, 무한성장박물관 개념에 의거해 지어진 세 미술관의 전시공간에는 다수의 기둥들이 있다. 이 기둥들은 전시나 동선에 아무런 문제가 되지 않으면서 하중 지지의 일차적 사명을 넘어 공간성 측면에서도 존재 이유를 드러낸다. 뒤에 다시 거론하겠지만, 르코르뷔지에의 건축 철학을 계승한 시리아니의 두 뮤지엄에 보이는 '기둥 숲'은 구축의 질서를 시각화하는 기둥을 마치 비가시적인, 부재하는 것으로 여기는 르코르뷔지에의 생각을 증명하는 듯하다.

주변 환경과 무관하게 어디나 입지할 수 있도록 제안했던,[16] 1931년 파리 현대미술관을 위한 내부 투시도는 내력벽의 굴레를 벗어나게 한 기둥 덕분에 무한성장박물관의 무표정한 상자 안에서 공간적 풍성함을 느낄 수 있다. 기존의 고전적 뮤지엄들이 내력벽으로 둘러싸인 고착된 방들의 단속적 이음이었던 데 반해, 이 미술관은 칸막이의 자유로운 배치로 인한 공간의 연속성과 융통성, 가변성, 시선의 대각선적 확장 같은 확연한 차이를 보인다.

1931년 무한성장 개념을 근간으로 한 파리 현대미술관 계획안을 제안한 후 20년이 지난 1951년에 마침내 르코르뷔지에는 이 개념을 따라 아마다바드 시립미술관을 계획할 기회를 얻었다. 연이어 도쿄 국립서양미술관과 찬디가르 미술관(정확히 말하면, 찬디가르에 세워진 펀자브 주정부 미술관)도 의뢰받아 기꺼이 현지 사정에 맞춘 변형을 수용하면서 자신의 꿈을 실현해나갔다.

실현된 세 미술관에서의 변주

아마다바드 시립미술관에서의 폭염 대응

무한성장박물관 개념을 따른 첫 성취물인 이 미술관은 시의회와의 토론 결과 1951년 허드슨Huddeson에서 열렸던 제8차 근대건축국제회의CIAM, Congrès International de l'Architecture Moderne[17]에서 논의됐던 주제에 의거한 도시의 핵심core이자 심장heart으로 기획됐다. 여기서 사람들은 7미터 간격의 기둥 격자에 얹힌 볼륨으로 들어가기 위해 필로티 아래로 진입한다. 자유로운 평면 개념에 근거한 원기둥 격자형 배치라는 구조 방식은 근대공간의 특성을 쉽게 구가할 수 있는 장점과 아울러 가장 저비용의 구축법이어서 예산이 충분치 않았던 아마다바드에 적합했다. 필로티 높이 3.4미터, 천장 높이 3.4미터, 정사각형의 한 변 길이가 50미터로, 동일한 기둥과 동일한 보, 동일한 슬래브 등의 표준요소를 사용해 50×50미터(2,500제곱미터) 크기에서 84×84미터(7,056제곱미터)까지 증축이 가능하도록 설계된 이 미술관은 아마다바드의 기후 상황에 적응해야 했다. 무한성장박물관 개념이 적용된 세 미술관 중 두 개를 인도에 짓게 된 르코르뷔지에는 인도의 낮은 기술력과 부족한 예산, 열악한 기후라는 문제들에 직면했다.

아마다바드 시립미술관

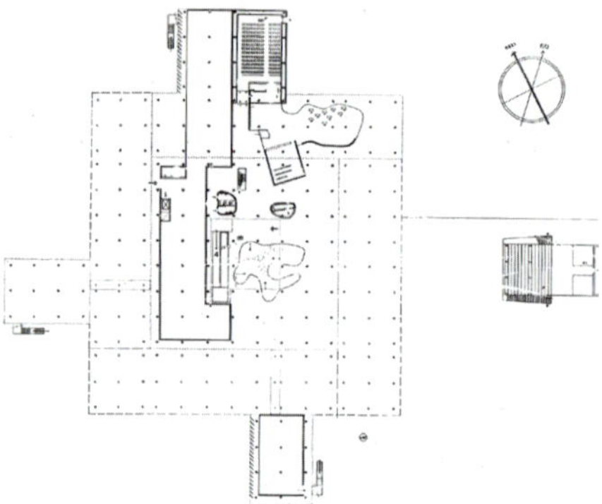

아마다바드 시립미술관의 1층 평면도

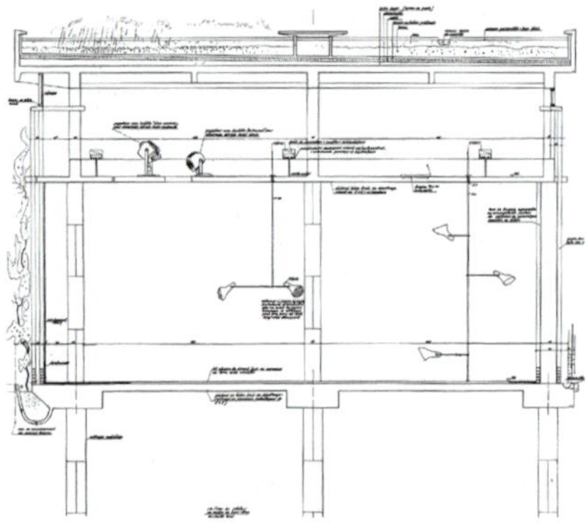

아마다바드 시립미술관의 부분 단면도

아마다바드 시립미술관의 기후조건은 심각했다. 인도 중서부 북위 23.03도에 위치한 아마다바드는 6월 중순부터 9월 중순까지의 몬순 시기를 제외하면 극도로 건조하다. 여름에 해당하는 3월에서 6월까지 최고 평균기온이 43°C까지 올라간다. 겨울에 해당하는 11월과 2월 사이에도 최고 평균기온이 36°C에 이른다. 몬순 때는 인근의 사바르마티강Sabarmati river이 범람하기도 하지만, 다른 기간에는 보통 205제곱킬로미터의 넓이를 차지하는 이 강이 한줄기의 시내로 변할 만큼 가뭄이 자주 든다. 개관시간을 오후 6시 이후로 고려할 정도였던 악조건 때문에 무한성장 박물관의 원칙을 고수하기 어려웠고, 결국 수정이 불가피했다.

가혹한 기후조건에 대한 대응으로 처음 눈에 띄는 것은 필로티 위에 들린 볼륨의 네 외벽 하단에 붙어 있는 화단이다. 이 화단은 상록 만성식물로 외벽을 덮어 저비용으로 단열 효과를 얻는 것이 목적이었다. 하지만 식물의 밀도를 고수하고 재배하는 데 따른 어려움으로 이 화단은 비어 있다. 잦은 급수 등 필요한 관리를 제대로 하지 못했기 때문이다.

아마다바드 시립미술관의 비어 있는, 들린 볼륨의 네 외벽 하단에 붙어 있는 화단

또 하나의 기후 대응책으로 르코르뷔지에는 입구 홀과 중앙전시실이 위치했을 미술관의 필로티 하부 전체를 외부로 만들었다. 자연히 2층 전시실로 오르는 경사로도 외부에 놓였다. 이 미술관의 49개(7×7) 구조 모듈 가운데 중심부의 4개(2×2) 모듈이 제거되어 하늘을 향해서도 뚫려 있다. 그 덕분에 건물 하부의 필로티 공간과 건물 중심부를 관통하는 자연통풍이 가능해졌다. 르코르뷔지에는 튀니지의 베조 주택Villa Baizeau, Carthage, 1929에서 공기의 관류를 고려한 단면을 제안했었다. 아마다바드에 설계한 섬유산업클럽Millowners' Association Building, 1954과 쇼당 주택Villa Shodhan, Ellis Bridge, 1956에서는 열대지방의 기후에 대응하기 위해 긴 그림자를 드리우는 차양brise-soleil을 설치하고 중심부까지 외부를 끌고 들어와 자연통풍을 유발했다. 그는 여기서도 별도의 냉방설비가 아닌 건축 자체로 환경에 대응했

아마다바드 시립미술관의 외부가 된 중심공간과 필로티 하부

섬유산업클럽, 르코르뷔지에, 아마다바드, 1954년

쇼당 주택 모형, 건물의 깊숙이까지 외부가 들어와 있다.

다. 요즘 한참 주목을 받고 있는, 쾌적한 온도 범위를 유지하기 위해 기후를 활용한 패시브 디자인passive design이 적용된 친환경 건축을 하고자 한 것이다. 미술관의 필로티 하부는 강한 햇볕을 피해 사람들이 머무는 장소가 됐다. 그곳에 있는 조형적 오브제인, 노출콘크리트로 축조된 카페테리아와 건조함을 이겨내고 냉각 효과를 주기 위해 물을 담을 수 있는 풀pool은 이러한 건축가의 의도를 확증한다.

이 미술관은 뜨거운 태양을 견디기 위해 천창도 포기했다. 르코르뷔지에가 1951년 9월부터 1952년 말까지 이 미술관을 위한 여러 모양의 천창 단면을 계속 숙고했던 것을 보면[18] 자연광을 중시하는 그에게 천창을 없애는 결정이 쉽지 않았던 모양이다. 넓은 전시공간을 식힐 강력한 냉방설비와 그것의 지속적 가동을 기대할 수 없는 현지 사정이 천창으로의 열기 유입에 대응할 확실한 조처를 고민하게 했을 것이다.

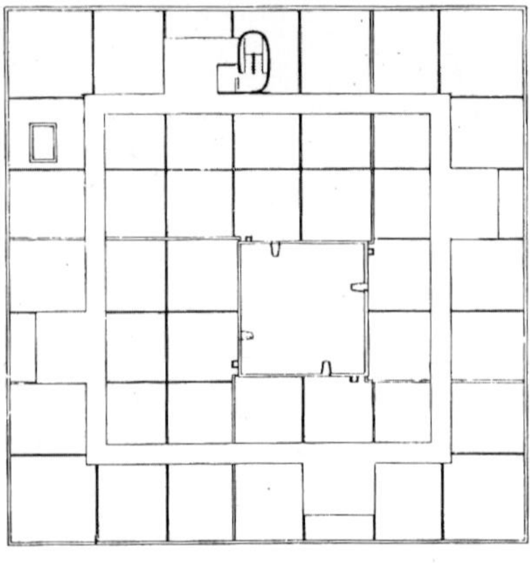

아마다바드 시립미술관 옥상의 수반을 보여주는 평면도

천창이 없는 이 미술관의 옥상에는 대신 낮 동안의 과도한 고온에 맞서 넓이 50제곱미터, 깊이 40센티미터인 수반 45개가 들어섰다. 르코르뷔지에에게 이미 익숙한 옥상 테라스가 여기서는 태양열로부터 건물을 보호하기 위해 담긴 물의 온도를 유지하고 증발을 방지하고자 밀생密生하는 상록 만성식물을 재배하고 잎이나 꽃으로 청·녹·백·황 등의 바둑무늬를 조성한, 기후에 대응한 옥상정원이 됐다.[19] 여기에 또 하나의 조처가 추가됐는데, 전시실 상부의 상당 부분에 전기설비뿐 아니라 단열에도 도움이 될 별도의 층을 두어 전시공간의 열기 차단에 주력했다. 이 단열층의 존재는 그 바닥 슬래브 높이의 외벽에 일렬로 벽돌 두 개 크기의 돌출물이 수평 배치됨으로써 밖으로도 드러났다. 이 돌출물들은 미술관이 더 커질 때를 대비해 향후 연장해가야 할 보의 단부를 파사드 밖으로 빼놓는 무한성장박물관의 배려를 연상시킨다. 천창을 없앤 이러한 지붕 처리는 야간개장을 염두에 둔 것으로, 굳이 뜨거운 자연광을 유입시킬 필요가 없어졌기 때문이기도 하다.

도쿄 국립서양미술관, 빛과 동선의 일체화

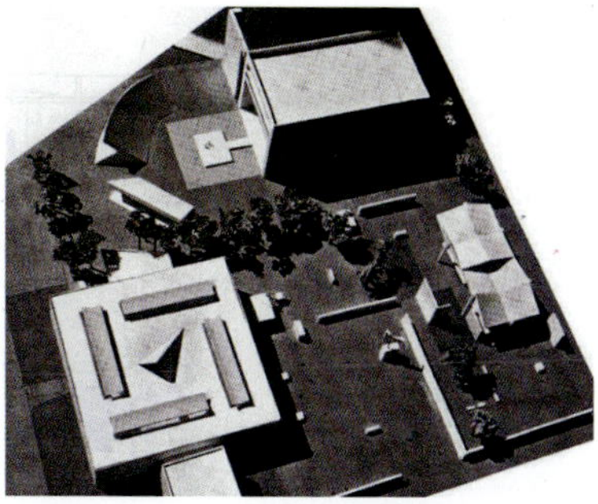

도쿄 국립서양미술관 초기안 모형

도쿄 국립서양미술관 정면

도쿄 국립서양미술관은 제2차 세계대전 중 프랑스 정부가 전리품으로 몰수했던 파리 거주 일본인의 인상파 그림들을 일본 정부에 돌려줄 때 르코르뷔지에가 설계자로 지명되면서 시작됐다. 르코르뷔지에는 도쿄의 우에노 공원 내 절터에 미술관과 함께 극장, 야외공연장, 순회전시장이 포함된 마스터 플랜을 제시했는데, 미술관만 건립됐다. 이 미술관에서 르코르뷔지에는 인도에 건설된 두 미술관이 감당해야 했던 기후 제약에서 벗어나 무한성장박물관의 원래 개념에 충실할 수 있었다.

인도의 두 미술관은 다소 거칠게 제작된 적벽돌로 마감됐지만, 도쿄에서의 외벽은 강자갈이 박힌 콘크리트 패널이다. 아마다바드의 화단이나 찬디가르의 석루조 같은 부가물이 없는 단순하고 기하학적인 볼륨이 격자형으로 배치된 원기둥들 위에 얹혀 있다. 이 미술관을 위해 한때 원기둥 대신 한 방향으로 놓인 벽식 기둥(도면번호 24.751, 날짜 미상)과 원기둥을 하나씩 건너 직교하는 방향으로 놓인 벽식 기둥(도면번호 24.756 & 24.766, 날짜 미상), 이렇게 하나씩 건너

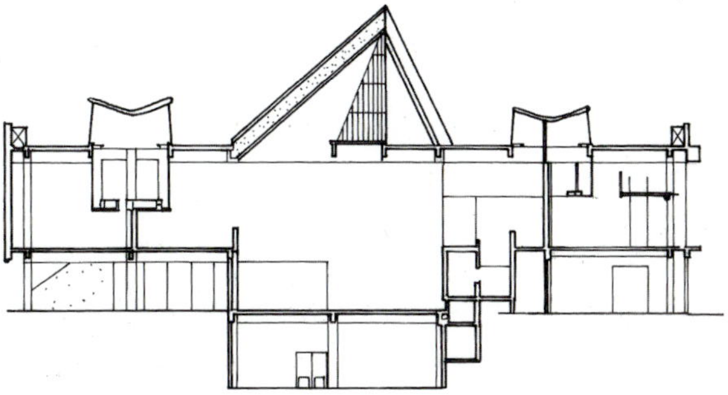

도쿄 국립서양미술관 단면도

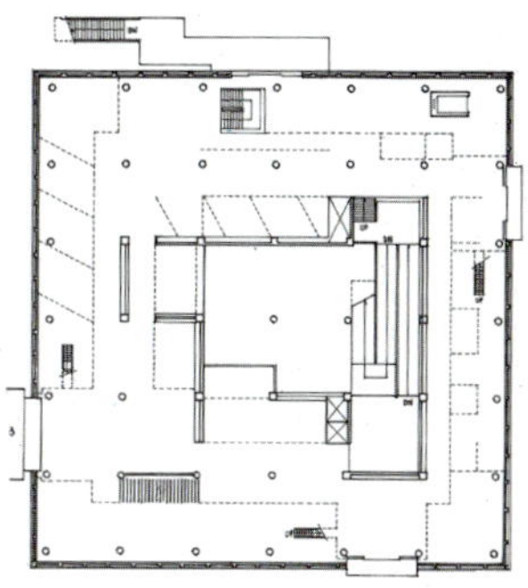

도쿄 국립서양미술관 2층 평면도

띈 벽식 기둥의 양편에 작은 장방형 기둥이 보강된 독특한 형태의 기둥(도면번호 24.749, 24.759, 24.761, 24.765, 날짜 미상)이 검토된 적이 있다. 이러한 기둥체계의 변경은 천창 시스템의 형태 및 배치 방식, 전시공간에서 전시칸막이의 배치와 연동해 검토됐는데, 무한성장박물관 계획안의 천창 형태와 배치 방식이 고수됨으로써 본래의 구조 방식도 유지된 것으로 보인다. 그러나 이때의 숙고는 이후 에를렌바흐 국제예술센터 International Arts Center in Erlenbach, 1962 계획안을 이은 찬디가르 미술관에서 천창이 바뀌면서 새로운 기둥체계로 실현됐다.

1979년과 1998년에 두 번 이 미술관이 증축될 때 르코르뷔지에의 건축 작품을 함부로 변형시킬 수 없어 무한성장박물관 개념을 따른 증축 대신 미술관 뒤편에 새로운 볼륨이 덧붙여졌다. 이곳의 중심전시홀에서는 두 개의 키가 큰 원기둥이 삼각형으로 치솟아 오른 천창을 받치면서 수직성을 강조한다. 2층에 있는 전시공간과의 개구부를 통해 상승하는 대각선적 공간 확장, 빛의 세례를 받으며 방문자를 유도하는 경사로의 산책 유발 등 근대적 공간 특성을 온전히 드러낸다.

도쿄 국립서양미술관의 2층 전시공간에는 나선형 동선을 따라 배치된, 그 안에 인공조명이 설치돼 있는 조명갤러리를 통해 간접자연광을 유입시키는 천창이 있다. 이 미술관의 기둥 간격은 6.35미터(2,500인치)다. 여기서 전시공간 모듈인 폭 12.70미터(5,000인치), 길이 6.35미터가 하나의 단위전시 유닛이 된다. 이처럼 이 미술관은 단위전시 유닛으로 고안된, 천창이 포함된 하나의 단면을 설정하고 이를 정

도쿄 국립서양미술관의 중심에 위치한 19세기 홀

도쿄 국립서양미술관의 19세기 홀에서 2층 전시공간으로 오르는 경사로

도쿄 국립서양미술관의 2층 전시공간

사각형 박스 내 전시공간 전반에 적용했다. 기본 유닛이 나선형으로 반복되어 놓인 전시공간에 이동 가능한 칸막이를 필요에 따라 적절히 배치함으로써 이웃 공간 간의 관계를 설정하는, 무한성장박물관에서의 상관적인 공간연속체의 기본형이 실현됐다.

이곳에서 천창의 나선형 배치는 천창의 길이 방향을 따라 이동로 명시가 가능해 동선과 빛의 동반이라는 장점이 있다. 천창을 따라 그 아래에 설치된 조명갤러리를 통해 들어오는 자연광이 방문객을 인도한다. 이 조명갤러리 밑면에는 검은색이 채색되어 상대적으로 낮은 하부에 긴장감을 더하며, 높이 차이가 있는 공간성을 더 실감 나게 한다.

천창의 배치는 이렇게 정해졌지만, 그 이전에 천창을 위해 르코르뷔지에가 상상할 수 있는 다양한 단면을 구상하며 그린 여러 스케치는 그가 빛 유입방식을 처음부터 재검토했음을 보여준다.[20] 1956년 7월 9일에야 최종 결정된 천창 단면은 자연광을 끌어들이는 조명갤러리 안에 인공 조명기구까지 수용하고, 필요한 경우 이곳 창을 열어 환기하는 것까지 고려했다. 순로를 동반한다는 의미에서 인공조명도 자연조명과 유사한 효과를 내기 위해 자연광 유입구를 따라 자연광을 보좌하는 인공조명이 함께 설치됐다. 계절과 날씨, 주야를 막론하고 일정한 빛을 공급하고 빛과 동선을 일체화하기 위함이다. 도쿄에서 인도의 두 미술관과 달리 조명갤러리를 두고 빛 조절에 더욱 세심한 신경을 쓴 것은 이곳이 특히 빛에 민감한 인상파 그림들을 보여주는 곳이기 때문이기도 할 것이다.[21]

폭우를 고려한 찬디가르 미술관의 천창, 구조 방식과 전시공간

찬디가르 미술관이 아마다바드 미술관처럼 인도에 있으면서 적잖은 차이점을 보이는 것은 두 미술관이 있는 지역의 기후가 다르기 때문이다. 인도 북서부의 위도 30.74°에 위치한 찬디가르는 평균 해발 321미터로 여름에는 덥고(평균기온 35-40°C) 겨울에는 선선한(최저평균 0-5°C, 최고평균 7-15°C) 아열대몬순기후에 속한다. 따라서 아마다바드에서 겪은 고온에 의한 제약은 없었다.

도쿄 국립서양미술관을 완공한 1959년 이후 찬디가르 미술관 계획을 시작한 1964년 사이에 르코르뷔지에는, 둘 다 건설되지는 않았지만, 찬디가르 지식박물관과 에를렌바흐 국제예술센터를 계획했다. 그는 프랑크푸르트 근교 에를렌바흐에 무한성장의 꿈을 반영한 국제예술센터를 계획하며 원기둥(A)만 있는 안과 원기둥의 일부를 벽식 기둥(B)으로 바꿔 A-B-A-B-B-A-B-A로 배치하는 안을 검토했다.[22] 에를렌바흐뿐 아니라 런던, 파리, 비엔나, 베오그라드, 부다페스트, 로마, 밀라노, 피렌체, 함부르크, 스톡홀름 등 유럽 주요 도시에도 짓고자 했던 이 계획안과 같은 시기에 설계된 찬디가르 미술관에도 이 기둥체계가 적용됐다.

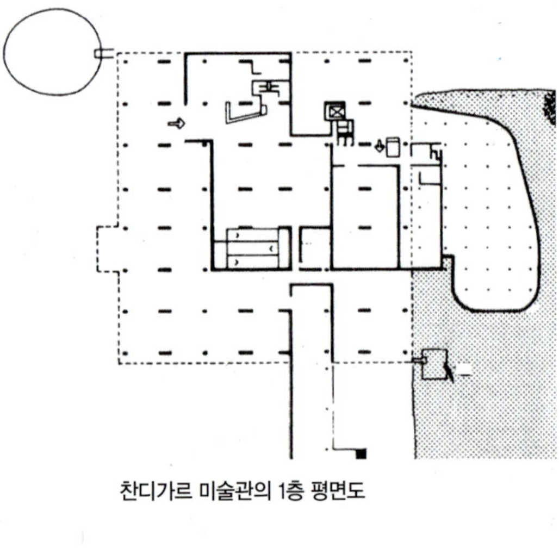

찬디가르 미술관의 1층 평면도

공교롭게도 에를렌바흐 국제예술

센터를 위해 연구한 천창 시스템도 찬디가르 미술관의 기후 조건에 적합해 그대로 수용됐다. 찬디가르는 연평균 강수량이 617밀리미터 정도이나 몬순 시기에는 엄청난 양의 비가 내린다. 아마다바드에서처럼 태양이 뜨겁지는 않지만 일시에 내리는 폭우가 골칫거리였다. 르코르뷔지에는 이 문제에 대응하기 위해 에를렌바흐에서의 일자형 천창 병렬 배치를 찬디가르에 가져왔다. 나란히 병렬 배치된 천창 시스템의 사이골이 배수구 역할을 하는 것이다.[23] 이곳을 통해 지붕의 양단으로 흐른 빗물은 건물의 북서쪽과 남동쪽 상부에 매달린, 이 미술관의 외형상 특징이기도 한 거대한 석루조로 모여 아래의 수반으로 떨어진다. 이 원형의 수반은 몇 달간 빗물을 담고 있는 물웅덩이가 되어 몬순 시기 이외의 마른 날에 주변에 습기를 공급하며 시원하게 해준다.

찬디가르 미술관의 지붕 배수 시스템과 천창 채광 시스템을 보여주는 모형

찬디가르 미술관 외관

찬디가르 미술관의 지붕에서 떨어지는 빗물을 담는 수조

이러한 천창 시스템은 도쿄 국립서양미술관 계획 때 처음 구상됐다가 마침내 이곳에 처음 적용된 벽식 기둥들에 구조적 타당성을 더해준다. 일자형 병렬 배치로 솟은 천창의 폭을 이 벽식 기둥의 너비와 동일하게 해 천창 시스템과 수직구조가 일체화됐다. 여기서 얻어진, 원기둥과 벽식 기둥이 차례로 적용된 전시공간에서 다른 미술관과의 차별성이 유의미한가를 살펴볼 필요가 있다. 이 모든 조처가 기둥이 노출될, 미술관에서 가장 중요한 전시공간의 성격에 영향을 미치기 때문이다.

관람객이 먼저 접하게 되는, 상대적으로 넓고 높은 공간으로서 기획전시실 용도인 중앙전시실에서는 2열의 벽식 기둥이 전층 높이의 수직성을 드러내며 지붕 구조물을 지지한다. 천장 밑면에는 빨간색이 채색되어 있고, 1층 높이의 전시 벽면

찬디가르 미술관의 중앙 전시홀

경사로에서 본 찬디가르 미술관의 중앙 전시홀

에는 길게 백색이 칠해져 있다. 그 결과 이 중심공간에서는 긴 백색 벽면의 수평성(하부), 노출콘크리트 벽식 기둥의 수직성(상부), 그 위 빨간색 천장 면의 긴 수평성이 공존하는 생동감이 느껴진다. 여기에 경사로의 역동적인 사선까지 첨가되어 상대적으로 더 안정적인 상층 전시공간으로 오르는 길목 역할을 한다. 벽식 기둥의 수직적인 면성面性이 긴 전시 벽면의 수평적인 면성 및 천장의 수평적인 면성과 연계되어 전체 공간을 구성하는 요소들의 관계성이 한껏 북돋아졌다.

이 미술관의 벽식 기둥은 2층 상설 전시공간에서도 다른 두 미술관과 구별되는 공간성을 가져왔다. 수직의 벽식 기둥이 일자형 병렬 배치의 천창 시스템과 함께 이동 방향에 따라 상당히 다른 공간적 의미가 있기 때문이다. 回형 평면의 전시공간을 돌아가는 경우 확연한 차이가 느껴진다.

벽식 기둥과 나란한 방향으로 걸을 때는 기둥이 동선의 방향과 일치한다. 이 경우 벽식 기둥과 직교하는 방향의 천창의 열列이 공간적 깊이감을 상부에서 수평적으로 드러낸다. 이와 반대로 벽식 기둥과 직교하는 방향으로 걷는 경우에는 천창 방향이 동선과 동일한 반면에 일소점을 향해 멀어지는 벽식 기둥들이 그 면 사이에서 형성되는 공간적 깊이감을 수직적 겹침으로 유발한다. 이 미술관에는 특이하게 긴 천창들 사이에 남은, 역시 길고 수평적 밑면인 천장에 빨간색과 노란색이 채색되어 있다. 그 때문에 방향성이 뚜렷한 각 천장 면의 수평적 자율성이 부각되어 앞서 말한 공간적 효과가 더 확실해진다. 그 결과 순로 중 유사한 성격의 공간을 네 차례 반복해 지나는 도쿄 국립서양미술관에서 느껴지는 일관성과 달리, 여기서는 순로가 90° 꺾일 때마다 두 가지 다른 공간성이 순차적으로 다가온다. 도쿄에서 높이가 더 낮은 조명갤러리 밑면에 칠해진 검은색의 무게가 여기서는 더 높은 곳에서 원색의 경쾌함과 밝음으로 바뀐 만큼의 차이가 느껴진다.

무한성장박물관 개념이 실현되면서 지역적 조건을 반영한 내용을 일목요연하게 정리하면 〈표 2〉와 같다.

르코르뷔지에의 지속적인 노력에도 불구하고 그는 주 활동무대였던 프랑스에는 뮤지엄 작품을 하나도 남기지 못했다. 박물관학museology의 세계적 대가로 프랑스 뮤지엄계에 영향력이 컸던 리비에르Georges Henri Rivière, 1897-1985는 르코르뷔지에를 존경했음에도, 그에게 일을 맡기면 무한성장 박물관 개념을 토대로 작업할 것이 분명해 주선하지 못했다고 한다. 그만큼 르코르뷔지에의 일관된 연구와 실현은 비슷하게 보이는 겉모습 때문에 여건이 전혀 다른 곳에 유사한 건축을 적용한 사례로 오해받기도 했다. 실제로는 구조부터 채광법, 공간성에 이르기까지 기후와 유지 관리의 경제적 측면까지 고려해 필요한 변화를 주는 것을 르코르뷔지에는 주저하지 않았다. 20세기의 가장 중요한 건축 작품으로 누구나 인정하는 롱샹 성당Chapelle Notre-Dame-du-Haut, Ronchamp, 1950-1955과 라투레트 수도원Sainte-Marie-de-laTourette, Eveux-sur-l'Arbresle, 1953-1960, 공사가 중단됐다가 그의 사망 41년 후에야 완공된 피르미니 성 베드로 성당Église de St. Pierre, Firminy-vert, 1961-2006에서 세 가지 전혀 다른 유형의 종교 건축물을 제안한 그가 능력이 없어 뮤지엄 건축에서 비슷한 개념을 반복한 것이 아니다.

찬디가르 미술관의 전시공간. 벽식 기둥과 직교하는 방향의 천창 열이 공간적 깊이감을 상부에서 수평적으로 드러낸다.

찬디가르 미술관의 전시공간. 천창 방향이 동선과 동일한 반면에 일소점을 향해 멀어지며 전개되는 벽식 기둥들이 그 면 사이에서 형성되는 공간적 깊이감을 수직적 겹침으로 유발한다.

그는 고전성에 깊이 뿌리 내린 뮤지엄 건축 유형의 완고함에 맞서 가장 단순한

〈표 2〉 실현된 무한성장박물관 개념에서의 변주

	무한성장박물관 계획안	아마다바드 시립미술관	도쿄 국립서양 미술관	찬디가르 미술관
구조 방식	원기둥 격자형 배치	원 방식 고수	원 방식 고수	원기둥(A)과 벽식 기둥(B)의 교차배치 (A–B–A–B–B–A–B–A)
	(변주 사유)	–	–	(병렬 배치된 일자형 고측창 지지에 유리)
채광 방식	일자형 고측창의 나선형 배치	천장을 통한 자연광 유입 없음	원 방식 고수	일자형 고측창의 병렬 배치
	(변주 사유)	(고온의 기후에 대응하는, 물이 담긴 옥상정원 배치)	–	(기습적 호우에 대비한 채광구조의 배수구화)
중심 공간	성장의 핵으로서 주변 전시공간과의 지속적 시선 교류를 통한 공간적 확장	필로티 하부와 중심공간이 외부가 됐으나 주변 전시공간과의 공간적 확장은 유지	원 방식 고수	원 방식 고수
	(변주 사유)	(필로티 하부와 연계하여 자연 통풍 유발)	–	–
동선	자연광이 동반하는 나선형 동선	외벽 상부의 고측창 및 중정의 개구부를 통한 빛 유입과 위치 인식	원 방식 고수	상부 채광구조의 방향성과 벽기둥의 방향성이 순차적으로 동선 방향과 일치
	(변주 사유)	(악조건의 기후로 인해 천장을 통한 빛 유입 포기)	–	(변형된 수직구조 체계와 일자형 고측창의 병렬 배치)
전시 공간	'자유로운 평면' 개념을 근간으로 하여 확장 시 상관적인 공간 연속체	다양한 방식의 인공광으로 조명되고 측벽 개구부를 통해 방향성 쟁취	원 방식 고수	상부 채광구조와 벽식 기둥의 관계로 인해 방향성과 공간적 깊이감을 동시 인지
	(변주 사유)	(엄혹한 기후에 대응하기 위해 전시공간 상부에 단열층 부여)	–	(변형된 수직구조 체계 방식과 병렬 배치된 일자형 고측창)

외형 안에 근대건축의 풍요로운 공간성이 돋보이는 뮤지엄을 추구했다. 르코르뷔지에를 깊이 이해하고 그의 건축에 공감했던 프랑스 문화부 장관 앙드레 말로André-Georges Malraux, 1901-1976는 1965년 르코르뷔지에에게 파리 근교 낭테르Nanterre에 세울, 건축과 응용 예술, 영화, 라디오, 텔레비전과 음악까지 수용 가능한 대규모의 20세기 박물관 설계를 맡겼다. 그러나 열정적으로 초기 계획안에 착수했던 르코르뷔지에가 그해 여름 지중해에서 수영을 하다가 심장마비로 갑자기 사망해 이 기획은 중지됐다. 자신의 주요 활동지에 근사한 박물관을 남길 수 있었던 기회가 무산된 것이다. 르코르뷔지에를 추모하며 국장國葬을 주재했던 말로의 안타까움을 넘어 건축계 전체의 큰 손실이라 하지 않을 수 없다.

라투레트 수도원

피르미니 성 베드로 성당

롱샹 성당

미스 반데어로에

Mies van der Rohe

Mies van der Rohe

미스 반데어로에의 '보편적 공간' 개념으로서의 미술관

미스 반데어로에Mies van der Rohe, 1886-1969는 근대적인 응용예술 교육을 시행한 바우하우스Bauhaus의 3대 교장이었으나 나치의 핍박을 피해 생의 후반기를 미국에서 활동했다. 갑작스러운 사망으로 주요 활동지인 파리에 뮤지엄을 건립할 기회를 잃은 르코르뷔지에와 달리, 미스 반데어로에가 말년에 그의 후기 작품이 독일에 남아 있지 않은 것을 우려한 모국의 부름을 받아 뮤지엄 건축사에 큰 획을 그은 작품을 베를린에 남긴 것은 행운이었다. 라이트는 오랜 시간을 끈 뉴욕 구겐하임 미술관의 완공 6개월 전에 사망해 개관을 보지 못했다. 베를린 신新국립박물관Neue Nationalgalerie, 1961-1968은 미스의 사망 11개월 전에 개관됐다. 하지만 대서양 너머 미국의 병상에 누워 있던 미스도 준공 후의 모습을 보지는 못했다. 그러고 보니 근대건축의 세 거장 모두 뮤지엄 건축에 관한 자신들의 꿈이 최종적으로 성취되는 것을 눈으로 보지는 못했다. 그러나 미스는 자신의 독특한 건축 개념 극단에 뮤지엄 건축을 과감하게 착근

베를린 신국립박물관

베를린 신국립박물관 기획 전시공간

시킨 결과물이 어떠할지 마음속에 생생하게 그려볼 수 있었다.

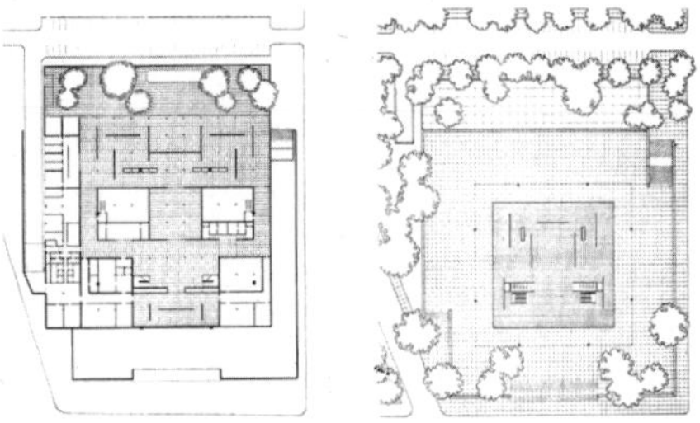

베를린 신국립박물관의 기단 아래에 있는 1층(상설 전시공간 및 기타 공간)과 기단 위에 있는 2층(기획 전시공간) 평면도

투명한 뮤지엄

미스가 설계한 뮤지엄들은, 라이트나 르 코르뷔지에의 경우에서 봤듯이, 뮤지엄에 대한 건축가의 관점이 그가 다른 유형의 건물을 계획할 때와 동일한 건축 철학에 근거한다는 점을 거듭 확인시켜 준다. 1921년과 1922년에 베를린 프리드리히가Friedrichstrasse에 두 개의 유리 마천루 계획안을 발표해 처음으로 건축계의 주목을 받았던 미스는 1937년 미국으로 건너간 이후 용도와 무관하게 자신의 건물을 유리로 감쌌다.

제1차 세계대전이라는 기계화된 첫 대규모 전쟁이 가져다준 충격적인 경험은 그 세대 사람들을 급격하게 변화시켰다. 미스도 전후 아방가르드 운동에 뛰어들었다. 당시에 생겨난 급진주의가 정치적·문화적 혁명의 약속만큼이나 기술과 재료의 발달에서 유래한 것처럼 그는 특히 근대적 재료들의 이타성利他性에 흥미를 느꼈다. 당시 가장 근대적인 건축 재료는 고품질의 유리였다. 유리는 독일 표현주의Expressionism[1] 건축의 지도자 중 한 명인 브루노 타우트Bruno Taut, 1880-1938가 설립한 예술가 커뮤니티『유리 사슬Gläserne Kette』[2]에서 이미 새천년의 가장 촉망받는 재료였다.

프리드리히가 유리 마천루 계획안, 미스 반데어로에, 1921년

프리드리히가 유리 마천루 계획안, 미스 반데어로에, 1922년

유리로 둘러싸여 내부와 외부의 단절을 없앤 열린 뮤지엄을 제안한 것은 기능적인 타당성, 즉 도난으로부터 안전성 확보, 직사광 유입과 외부로부터의 시선 차단, 닫힌 공간 안에서의 안정된 전시 분위기가 당연하게 받아들여졌던 시기에 하나의 사건이자 도전이었다. 이와 관련해 건축 역사가이자 비평가 기디온Sigfried Giedion, 1888-1968은 전시공간과 외부를 유리로 분리한 19세기 말의 만국박람회를 떠올렸다.

기계갤러리의 내부 사진

그는 철과 유리로 넓고 높다란 공간을 마련했던, 1889년 파리 만국박람회를 위해 건설됐던 기계갤러리la Galerie des Machines, Contamin & Dutert에 대해 언급했다. "유리로 된 벽들은 이 건물을 철저하게 닫지 않는다. 그것들은 내·외부의 공간 사이에 얇고 투명한 피막을 구성할 뿐이다. 기계갤러리는 정의된 한계 내에서 한정된 건물 이상의 중요한 역할을 한다. 그 골조에서의 들보들은 눈에 띄는 어떠한 변화도 갖지 않

기계갤러리의 외관을 보여주는 엽서 사진, Contamin & Dutert, Paris, 1889년

뉴욕 근대미술관 계획안,
G. Howe & W. Lescaxe, 1930년

으면서 많이 설치될 수 있었다."[3] 공장에서 대량생산된 동일한 철골 구조를 현장에서 조립하고 바깥쪽에 유리를 끼워서, 넓고 밝은 공간을 단시간에 만들어낸 것이다.

입면에 큰 유리가 적용된 뮤지엄은 1930년에 뉴욕 근대미술관의 이상적인 형태를 심사숙고하기 위한 디자인 계획안G. Howe & W. Lescaxe 설계에서 등장했다. 이 계획안은 1939년에 구딘P. Goodwin과 스톤E. D. Stone이 설계해 완공된 뉴욕 근대미술관의 출현을 예견했다. 앞서 뉴욕 구겐하임 미술관에 대해 살펴봤듯이, 6층 건물인 뉴욕 근대미술관에는 엘리베이터가 도입됐고, 주 전시 공간이 있는 2, 3층에서 뮤지엄의 층고를 제한하던 관례가 깨졌다. 여기서 파사드는 구조 위에 펼쳐진, 내력벽이 아닌 게 확실한 일종의 피막envelop이다. 필로티 위에 얹힌 채 뒤로 물러난 1층과 투명 또는 불투명, 반투명한 장방형들로 나뉜 장식 없는 유리창들은 정면의 무중력을 선언한다.

1942년에 미스는 작은 도시를 위한 미술관Museum for a Small City을 그렸다. 이 계획안에서 투명한 유리는 외벽이자 내부 중정을 둘러싼 벽이기도 했다. 기둥과 천장은 강철로 제작되고 바닥은 포장될 예정이었다. 미스는 이 미술관을 다음과 같이 묘사했다. "내부의 조각품들은, 열린 평면을 통해 주위의 언덕들을 배경으로 감상되기 때문에, 동등한 공간적 자유를 좋아한다. 이 방식으로 성취된 건축적 공간이 하나의 규정된 공간이 된다. 피카소의 게르니카Guernica 같은 작품은 상투적인 뮤지엄의 갤러리에 놓이기 힘들 것이다. 여기서는 이 작품이 가장 돋보일 것이다. 그것은 변화되는 배경에 비

작은 도시를 위한 미술관 계획안, 미스 반데어로에, 1942년

해 공간 안에서 하나의 구성요소가 될 것이다."[4]

이러한 언급은 미스가 유리 너머로 전시공간을 확장시켜 외부 전경을 전시물의 배경으로 활용하려는 전례 없는 방식을 선택했음을 알려준다. 이런 경우 예술작품들이 공간을 정의한다. 미스는 유리를 개념과 건축 인식의 인습적인 양상을 뒤엎기 위한 새로운 재료로 여겼다. 그는 유리를 형태나 기능의 문제가 아닌, 건축적 메시지의 핵심을 전해주는 재료와 기술의 관계에서 바라본 것이다.

융통성 있는 전시공간

1930년과 1932년에 미국 도시계획가이자 건축가, 작가인 스테인Clarence Stein, 1882-1975은 오피스빌딩의 공간적 융통성이 뮤지엄에도 적용돼야 함을 역설했다. 그는 "모든 구조적인 장애물에서, 벽이나 기둥, 배관 등 모든 것에서 자유로운 공간의 큰 일체성"을 가진 전시공간을 소망했다.[5] 뮤지엄의 미래를 예견한 대단한 혜안이다. 내일의 뮤지엄을 위해 유연성이 큰 구조물을 제시하며 주창됐던 이 열린 공간 이론은 미스의 작업들에서 실현됐다. 미스의 '보편적 공간Universal Space' 개념과 그가 50년간 지켜온 금언인 '적으면 적을수록 더 풍부하다Less is More'는 생각이 그가 설계한 뮤지엄들에 적용된 것이다. 미스에게 순수예술의 영역은 순수한 아름다움의 세계였다. 그는 건축에서의 미를 기능적인 것을 넘어선 어떤 것으로 봤다. 내구성이 있는 건축은 새로운 기능에도 적응할 수 있어야 하기 때문이다. 기능적인 이데올로기의 극단에 이르면 일체의 기능을 갖지 않는, 달리 말하면 어떤 기능이라도 받아들일 수 있는 건축이 가장 기능적인 것이 된다. 이것이 바로 '보편적 공간' 개념이다.

미스는 건축이 시간과 함께 형태가 바뀌고 용도가 변하더라도 변하지 않는 어떤 것이 있다고 믿었다. 그의 건축 연구는 구축construction과 기술technology에 초점이 맞춰졌다. 그는 디테일과 비례 같은 수단을 사용하고 단순성과 명확성을 끊임없이 추구함으로써 구조의 순수미가 태어나며, 정신적 존재의 최고의 국면인 순수예술의 영역에 도달할 수 있다고 여겼다. 이것이 미스 건축의 아름다움이며, 'Less is

1929년에 바르셀로나에서 개최된 만국박람회를 위해 미스 반데어로에가 설계한 독일관

투겐트하트 주택의 거실

More'가 뜻하는 바다.

1929년 바르셀로나 만국박람회를 위한 독일관Barcelona Pavilion, 1930년 체코의 브루노Bruno에 지어진 투겐트하트 주택Villa Tugendhat, 1931년 베를린에서 개최된 건물 전람회를 위한 주택 등 1930년 전후에 지어진 미스의 대표작들에서 방사放射하는 공간 배치, 기둥들과 독립적인 면들이 보인다. 이는 건물의 하중을 벽이 아닌 기둥들이 지탱하는 '자유로운 평면'이 미스의 건축 목록에 들어왔음을 알려준다. 그가 계획한 첫 뮤지엄은 1954년에 설계해 1958년 완공된 휴스턴 미술관의 컬리넌 홀Cullinan Hall of the Houston Museum of Fine Arts 증축이다. 이 작업은 그의 초기 아이디어들의 혼합물로서 이후에 올 것들의 예고편이었다. 미스는 끝이 약간 벌어진 ㄷ형 평면인 기존 미술전시관의 두 날개 사이를 내부에 기둥이 없는 단일한 공간으로 채웠다. 이 증축안은 1933년 미스의 공모전 참가작인 독일국립은행Reichsbank 계획안과, 그가 미국으로 망명하기 전 독일에서의 마지막 작업인 베르지다크 빌딩Verseidag, 1931-1935과 유사한 사다리꼴의 평면과 부드럽

휴스턴 미술관의 컬리넌 홀

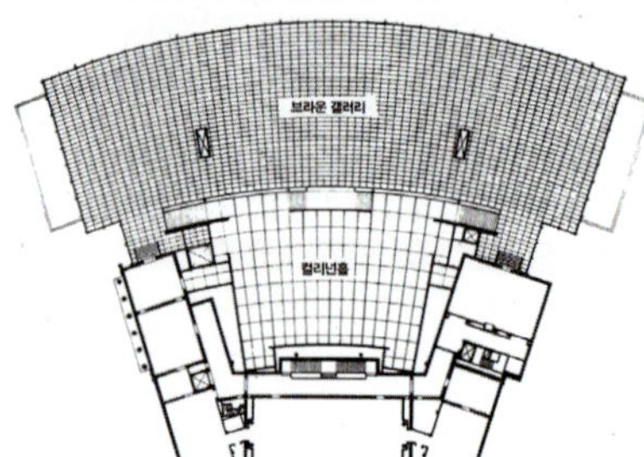

휴스턴 미술관에서 증축된 컬리넌 홀과 이후 또다시 증축된 브라운 갤러리의 평면도

게 흰 유리벽으로 이루어져 있다. 기둥이 없는 전시공간은 필요시 가변적인 칸막이로 구획됐다. 일리노이공과대학I.I.T. 안의 건축대학 건물로, 미스가 "어떠한 의심이나 의혹도 있을 수 없다"라고 말하며 명료성을 자신했던 크라운 홀Crown Hall, Chicago, 1950-1956에서처럼 평평한 들보가 지붕 위에 돌출해 횡단하며 이 빈 공간의 지붕을 지탱하고 있다. 컬리넌 홀에서 노출된 철골 구조와 창살은 흰색이다. 당시 그의 철골 구조에는 주로 검은색이 채색됐는데, 이곳에서의 흰색은 이웃한 기존 석조건물의 고전적 특성을 고려한 배려였다.

일리노이공과대학 안의 건축학과 건물인 크라운 홀

일리노이공과대학의 크라운 홀 내부

베를린 신국립박물관의 기단 아래에 있는 1층 전시공간

앞서 거론된 이유로 독일 정부는 미스에게 베를린 신국립박물관 계획을 맡겼다. 요구사항은 조형예술을 위한 하나의 넓은 기획 전시공간과 소장품을 전시할 작은 상설 전시용 갤러리를 만드는 것이었다. 미스는 상설 전시공간을 행정부서와 수장시설, 기술적 서비스 공간 등과 함께 10,000제곱미터 넓이의 아래층에 놓았다. 그 위에는 우리가 주목하는, 유리벽으로 둘러싸인 단 하나의 공간으로 2,683제곱미터 넓이의 입구 홀이자 기획 전시공간이 놓였다. 대지의 뒤쪽이 낮은 경사지여서 아래층은 박물관 뒤쪽에서 봤을 때 큰 유리로 열렸지만, 다른 세 면은 위층의 기획 전시공간을 위한 큼직한 기단 아래에 감춰졌다. 이 박물관은 베를린의 켐퍼 광장Kemperplatz에서 이웃한 다른 문화적 용도의 건물들과 떨어져 홀로 서 있다. 이 격리는 인간에 의해 만들어진, 아크로폴리스 언덕 위에 선 예술을 위한 사원이라는 독특한 성격을 부여한다. 이 박물관은 미스의 모든 작품 중에서 가장 고전적이면서도, 가장 시간을 초월한 작품이다.

작은 도시를 위한 미술관 계획안에서 각 실을 모호하게 구분해 시각적·공간적

기단 위에 앉은 베를린 신국립박물관

으로 통합된 뮤지엄에서는 명확한 질서나 규범을 찾아볼 수 없다. 또한 공간성에 따른 전시품의 분류도 분명하게 표현하기 어렵다. 그 평면이 암시하는 시각적 통합은 전시순서가 잡힌 장소나 공간적 분류보다 혼합된 실재의 가능성을 제안한다. 여기서 방문객들은 학예연구원들이 상황에 맞춰 부여한 예술의 분류를 경험할 뿐 아니라 그들 스스로 분류해보는 역할을 하기도 한다. 감상순서는 공간에 의해서가 아니라 방문객 스스로 정하게 된다. 방문 동선은 사람마다 서로 다른 형태의 개인적인 경험을 비상하게 표현한다.

프랑스 구조주의 철학자 미셸 푸코Michel Foucault, 1926-1984는 미스가 설계한 뮤지엄의 이런 특징들이 그의 뮤지엄을 근대적 뮤지엄의 선두에 자리 잡게 한다고 봤다. 푸코는 근대성과 고전 시대를 과학적 학식의 인식론적 분석을 통해 지식을 생산하는 과정과 체계에 집중해 구분했다. 고전 시대의 지식 체계는 세상의 사물들에 대해 총합적이고 완벽한 질서를 부여하는 것을 목표로 했다. 근대 시대에는 인간의 자아와 세계에 대한 인간의 역할과 세상을 둘러싼 지식의 상대성에 근본적인 변화가 일어났다. 푸코는 이러한 변화가 인간을 모든 것의 중심에, 토론의 중심에 놓았을 때 시작됐다고 봤다. 인간은 더 이상 지식의 단순한 구성자가 아니다. 이제 그는 분석하고 조절하며 이에 더해 창조하는 능동적 주체다.[6] 미스의 뮤지엄들이 방문자들을 이런 사람이 되게 한다는 것이다.

그림들이 줄에 매달린 전시용 판에 걸려 있는 베를린 신국립박물관의 전시공간

미스의 뮤지엄들은 개인적 경험을 통해 생산된 이 이질적이고 주관적인 지식을 교환하는 장소로서의 의의를 지닌다. 이때 지식의 이질성은 그 자체에 어떤 문제를 안고 있다. 공간적으로 전시품들을 배치해야 할 학예연구원들을 포함해 모든 방문자가 자신의 개인적 의도와 선택에 따라 전시품들을 분류·비교하고 순서를 부여하는 일종의 분석 작업에 참여한다는 것이다. 이 공간적 특별함은 학예연구원들이 공간의 고유 성격을 손상시키지 않기 위해 새로운 전시 방법을 시도하게 했다. 특히 개관 후 초창기에 그랬다. 미스가 원했던 천장과 바닥의 연속성을 유지하면서 그림을 전시하기 위해, 천장에서 두 개의 가느다란 줄에 매달려 바닥 면과 8.4미터 높이인 천장 둘 다에 닿지 않은 채 허공에 떠 있는 전시용 칸막이를 마련해 그림을 걸기도 했다.

작은 도시를 위한 미술관에서 상상됐던 부유하는 지붕 면이 베를린 신국립박물관에서 실체화됐다. 여기서 떠 있는 무한의 면으로 해석될 수 있는 내부의 천장이 유리상자를 넘어 외부로 돌출한 지붕 처마는 유리로 둘러싸인 내부를 품으며 직사광선이 안으로 들어오는 것을 막는다. 두께가 1.8미터로 검게 칠해진 내부의 천장이 외부로 그대로 뻗어 나온 지붕의 밑면은 유리 면 너머로 수평적으로 전개된 바닥과 함께 그 아래에 일정한 영역성을 제공한다. 유리벽 안쪽에는 필요에 따라 버티컬 블라인드가 설치되기도 하는데, 이 블라인드가 닫혔을 때도 그것을 관통해 외부가 희미하게나마 보여 외부로 열린 공간 개념은 유지된다. 유리상자 너머의 지붕 가장자리에 떠 있는 큰 지붕을 받치는, 한 면에 두 개씩 총 여덟 개의 커다란 십+자 단면 철골 기둥은 기술적이면서도 고전적인, 실용적이면서도 전설적인 성격을 드러낸다. 이 표현적인 조립은 무거운 지붕 골조와 기둥머리 사이에 있는, 연약하게 보이는 가느다란 접합부에서 절정을 맞는다.

이 박물관과 같은 시기에 설계된 휴스턴 미술관의 브라운 전시관Brown Pavilion of

휴스턴 미술관의 브라운 전시관

the Museum of Fine Arts, Houston(오늘날 명칭은 Caroline Wiess Law Building)은 1974년에 완공됐다. 이 전시관은 컬리넌 홀에 덧붙여 그 바깥을 확장한 것이다.[7] 미스는 여기서도 다시 한번 지붕을 편평한 들보로 관을 씌웠다. 평면이 완만하게 휜 띠 모양인 브라운 전시관의 중심 부분은 기둥들의 격자에 의해 지지되는 자유로운 평면이다. 이 전시관은 백색의 회반죽 벽, 공중에 뜬 천장 패널과 노출 철골 기둥 등 컬리넌 홀과 동일한 근대적 디테일과 마감처리를 보인다. 여기서 미스는 베를린에서처럼 천장에서 금속 줄로 매단 판들에 걸린 그림들 사이에 어떤 형식도 없이 조각품들을 놓는 것을 제안했다. 이 매달린 판들이 공간을 정의하지만 이 판들의 간결한 공중부양은 무중력의 미묘한 감각을 고양시킨다.

베를린 신국립박물관의 돌출된 지붕과 외부로 축출된 기둥

미스 건축의 일관성과 뮤지엄에서의 난제들

미스의 건축 철학이 후대 뮤지엄에 끼친 영향으로, 유리벽으로 둘러싸인 자유롭고 중성적인 내부와 비표현적인 외부를 들 수 있다. 만국박람회에서 시작됐고 미스에 의해서 선택된 열린 공간이 이후 다른 뮤지엄들에 적용된 양상은 다음 장에서 살펴보기로 하고, 여기서는 외부의 비표현성에 대해 언급하도록 하겠다.

뮤지엄 건축에서 조형성 강조의 효시가 된 뉴욕 구겐하임 미술관의 설계가 시작되기 직전에 구상된, 미스의 작은 도시를 위한 미술관 계획안에는 뉴욕 구겐하임 미술관과는 반대로 아이디어를 정제하려는 의도가 역력하다. 작은 도시를 위한 미술관에 적용된 원리를 따라 건설된 일련의 뮤지엄들에서 미스는 한정되기보다는 정의되는, 완벽한 융통성을 허락하는 넓은 구역으로서의 이상적인 뮤지엄을 실현하고자 했다.

미스의 뮤지엄들은 외부에 건물의 용도를 보여주는 어떤 표식도 없다. 미국으로 이주한 후 그가 설계한 뮤지엄들과 다른 용도의 건물들은 외관상 구별되지 않는다. 미스의 뮤지엄들은 미국에서 한 그의 작업이 보여주는 주된 주제에 이미 도달한, 미스가 전체를 계획하고 완공시킨 일리노이공과대학 캠퍼스 건축의 연장이

일리노이공과대학 전경

다. 눈에 띄게 노출된 강철 골조로 인해 내부에서는 중성적인 장방형 공간으로 이루어져 있다. 이 건물들은 대학의 다양한 공간적 요구에 쉽게 대응하는 표피로서, 디테일에서 완벽한 정밀함을 보이는 입방체적 단순성을 보인다.

버카아디 오피스빌딩 모형 사진

미스의 전기傳記는 작품들이 그의 일관성 있는 건축 철학으로 인해 유사한 모습이 연속됨을 보여준다.[8] 일리노이공과대학의 크라운 홀과 베를린 신국립박물관 건립기간 사이에 쿠바의 옛 수도인 산티아고에 계획된, 유명한 럼주Rum酒 회사인 버카아디 오피스빌딩Bacardi Office Building, 1957-1958에서 미스는 기꺼이 구조체계를 지역 조건에 적응시켰다. 그는 여기서 소금기를 머금은 해풍을 우려해 철골 구조가 아닌 철근콘크리트 구조를 채택했다. 이 빌딩의 건립 계획은 1959년 쿠바혁명이 성공한 다음 해에 취소됐다. 하지만 이 빌딩을 위해 무수히 많은 모형을 만들어가며 연구했던 디자인 원리는 베를린 신국립박물관에 다시 적용됐다. 베를린 신국립박물관은 골조의 색이 흰색에서 검은색으로 바뀐 것 이외에는 구조 방식과 공간 특성에서 철골 구조로 지어진 버카아디 오피스빌딩과 같았다.

미스는 그의 건축 작품들이 계속 복제된 것 같다는 비판을 받곤 했다. 그의 작업은 각 프로젝트에 대한 별도의 고민이라기보다 앞서 거론된 건축 철학의 집요한 탐구요 정제였다. 미스의 경우 건축가의 완전히 새로운 생각이나 개념에 의해서가 아니라 건축가의 일관된 관점이 뮤지엄 특유의 요구에 직면하는 각자의 방식을 결정했다. 이에 대해서는 뒤에서 다시 거론할 것이다.

미스의 아이디어가 뮤지엄 건축에서는 제한적인 성과를 거뒀다고 평가된다. 유리로 싸인 열린 평면으로 인한 여러 문제점 때문이었다. 먼저, 휴식과 예술작품에 집중할 수 있도록 격리감을 주기 위해 불투명한 벽이 필요하고, 어느 정도 둘러싸여 규정된 공간을 선호하는 전통적인 작품이 자리를 잡기 어려웠다. 게다가 사람을 쉽게 머물게 하지도 못했다. 뮤지엄의 유리 외피도 여러 문제를 야기했다.[9]

먼저, 외벽이 유리이므로 도난의 위험에 쉽게 노출되는 것은 앞에서도 살펴봤다. 그림 한 점이 뮤지엄 하나를 짓는 비용보다 더 비쌀 수도 있으므로 가벼운 문제가 아니다. 외벽인 유리 안쪽 면에 그림을 걸 수 없는 것도 아쉽다. 뮤지엄 건축의 경제성은 단위면적당 그림을 걸 수 있는 전시용 벽면의 길이다. 그림을 걸 수 있는 외벽의 손실은 뮤지엄의 경제성을 떨어뜨린다. 또한, 베를린 신국립박물관에서 눈부시지 않은 유리를 발명했고 처마를 돌출시켰지만 자연광을 조절하는 데 어려움이 있었다. 햇빛과 자외선을 막기 위한 차광막으로 버티컬 블라인드를 추가해야 했다. 그런데도 내부에서 외부로 뻗어나간 화강석 바닥은 더운 햇볕을 반사해 여름날 내부 온도를 높였다. 이 반사광은 박물관의 가장자리에서 마치 수면에 반사된 햇빛이 내부 천장에 어른거리는 것처럼 작품을 감상하는 데 방해가 되기도 한다.

방문객에 대한 심리적 연구가 기능적인 것들에 대한 연구보다 더 중요하다고 믿은 또 한 명의 근대건축 거장으로, 바우하우스를 설립했던 그로피우스Walter Gropius, 1883-1969는 여기서 과장된 공간이 방문객을 지배한다고 비판했다. 그는 방문객을 자연스럽게 유도하기 위해 공간의 이해와 치수와 관련된 새로운 공간구성을 창조하는 데 흥미를 느꼈다. 이 목적을 위해 그는 "영속적인 벽으로 둘러싸인 크고 중성적인 공간을 지닌 다양한 뮤지엄 분야를 창작해야 한다."고 주장했다.[10] 방문객의 호기심과 기대를 계속 자극하는 데 바람직한 연속적인 공간을 창조할 수 있는 크고 중성적이면서도 융통성 있는 공간은 좋지만, 그곳이 유리가 아닌 튼튼하고 영속적인 벽으로 닫히기를 바랐다.

뮤지엄의 전형적인 경험은 특정한 자리에 정지되어 있는 전시품을 걸으면서 보는 사람들에 의해 연속적으로 얻어진 시각적 이미지의 축적을 통해 형성된다. 이때 뮤지엄에서 융통성을 과도하게 허용하는 것은 비난의 대상이 되기도 했다. 건축 디자인 측면에서 융통성이 큰 공간은 방문자들에게 예측 가능한 움직임의 표본을 제공하지 않는다. 따라서 학예연구원들은 자신들의 의도를 반영하면서 특별한 전시를 준비하는 데 애로가 많아진다. 이런 유동적인 공간에서 학예연구원들은 매 전시마다 건축가처럼 판단하고 행동해야 한다. 새로운 기획전시를 준비할 때마다 동선 설정을 처음부터 다시 해야 하는 번거로움과, 이를 위해 전시마다 다른 장치를 마련해야 하는 수고와 재정적인 부담도 만만찮다.

뉴욕 구겐하임 미술관의 경사로 전시공간의
무한하고 균질한 연속성

근대건축의 거장들이 현대 뮤지엄 건축에 끼친 영향

지금까지 3인의 근대건축 거장들이 제시한 뮤지엄 건축에 진보적인 건축 철학과 개성이 뚜렷하게 반영됐음을 살펴봤다. 건축 유형으로서는 가장 보수적이었던 뮤지엄 건축의 현대화를 위한 원형으로 정착되기 쉽지 않았던 이유다. 그들의 건축 신념과 조형적·공간적 제안은 그대로 근대건축의 이론과 작품이 됐고, 후대 건축에 영향을 끼쳤다. 하지만 유독 뮤지엄 건축 유형에서만큼은 그들의 제안이 잘 먹혀들지 않았다는 것이 최근까지의 정설이었다. 그러나 어느 날 문득 떠오른 가정假定이 이런 지배적인 학설을 거스르는 의문에 답을 찾아가는 단초가 됐다. 이러한 가정이 가져다준 색다른 관점 덕분에 거장의 뮤지엄들을 재해석하면서 한때 단절된 것으로 여겨졌던 뮤지엄 건축의 역사를 잇는 가능성을 발견할 수 있었다.

'이상적인 단위전시공간'의 관점으로 다시 보기

앞서도 거론된 것처럼 어떤 성격의 전시공간이 전시품을 잘 보여주는 데 최선인가에 대한 의견은 분분하다. 모두 나름의 이유를 갖고 자신의 생각이 옳다고 주장한다. 그러나 뛰어난 기량을 지닌 건축가들이 설계한 뮤지엄에 가보면 이 논쟁은 무색해진다. 상이한, 때로는 정반대의 생각으로 계획된 전시공간들이 나름의 장점을 보이기 때문이다. 여기서 뮤지엄 건축에 대해 또 다른 질문을 던지게 된다. 누구나 동의하는 완벽한 전시환경을 찾으려는 노력이 어떤 의미가 있고 과연 그런 환경이 있기나 한 것인가? 전혀 다른 의도로 제시된 전시환경에 각자 나름의 가치가 내재해 있는 것을 어떻게 이해할 것인가?

이 오랜 의문은 하나의 가정에서 답의 실마리를 찾는다. 그것은 건축적 사고와 작품에서 능력을 인정받는 건축가라면 자신이 고심하며 계획한 전시공간이 보여줄 오브제에 적합한 환경이라고 믿었을 거라는 점이다. 객관적 성공 여부와는 별개로 말이다. 이때 떠오른 것이 '이상적인 단위전시공간' 개념이다. 연결되어 전체 전시공간을 이루는 단위전시공간 각각에 공통적인 속성(폭, 길이, 높이, 빛 유입법, 내부 마감 등의 상관관계)이 내재된 경우를 다수의 뮤지엄에서 포착한 것이다.

이 개념에서의 이상은 계획적 시각에서의 완벽성, 즉 객관적 이상理想, ideal이 아닌 주관적 이상이다. 생각할 수 있는 가장 완전한 상태를 뜻하는 이상이라는 단어 앞에 '주관적'이라는 형용사는 어색하다. 그럼에도 여기서 굳이 주관적 이상을 거론하는 것은 각기 다른 주장을 따라 제시되는 전시공간의 객관적 이상성 논증에서는 얻기 힘든, 실제 뮤지엄 계획에서 가장 중요한 건축가의 계획 의도를 중시함으로써 상기된 의문에 대한 답을 구할 가능성을 봤기 때문이다. 존재가치를 인정받는 뮤지엄을 계획한 건축가라면 당연히 전시품에 적합한 전시공간을 제공하기 위해 노력하기 마련이다. 근대건축 거장들이 제안한 뮤지엄 개념이 현대 뮤지엄 건축에 미친 영향을 이상적인 단위전시공간의 관점으로 추적해보자.[1]

직각의 당연함을 거스른 유기적 뮤지엄

단면에서의 이상적인 단위전시공간

이상적인 단위전시공간 개념은 약간의 변형을 수용하면서 반복 가능한 원형이 중요하다. 이때 실의 폭과 길이를 보여주는 평면과 함께 높이와 빛 유입법 등을 결정하는 단면이 핵심이다. 이런 점에서 전시공간 전체가 하나의 단면 형식으로 귀결되는 뉴욕 구겐하임 미술관은 매우 이례적이고 극적이다.

이미 살펴본 대로 이 미술관은 유사한 폭에 동일한 높이를 가진 전시공간이자 이동로인 경사로, 오목하면서 뒤로 기울어진 전시 벽면, 시선이 집중돼야 할 전시면에 비해 월등한 공간성을 보이는 맞은편의 중앙공간, 과거의 갤러리가 지녔던 일방향성 고수 등의 이유로 전시공간으로서 부적절하다는 공격을 받았다. 여기에 이상적인 단위전시공간 개념은 발붙일 틈이 없어 보인다.

그러나 라이트가 유기적 건축의 극단에 위치한 이 미술관에서 형태 위주의 작업에 치중한 나머지 전시라는 미술관의 고유 기능을 무시했다고 섣불리 단정할 수는 없다. 16년이나 걸린 계획과 건설 기간 중 계속됐던 전시공간으로서의 우려에 대해 그가 치밀한 반론을 펼치면서 자신이 만든 전시공간이 새롭고 올바른 환경에서 그림을 전시하기 위한 것이었다고 주장했음을 우리는 앞서 확인했다. 그의 진심을 이해하려는 마음으로 이 미술관의 평면과 단면을 다시 보니 이상적인 단위전시공간이 보인다. 원형 공간의 중심점을 기점으로 360°가 열두 개의 기둥으로 등분된 미술관을 기둥 간격인 30° 단위로 분할해 한 개 층을 한 조각의 케이크처럼 추출하는 것이다.

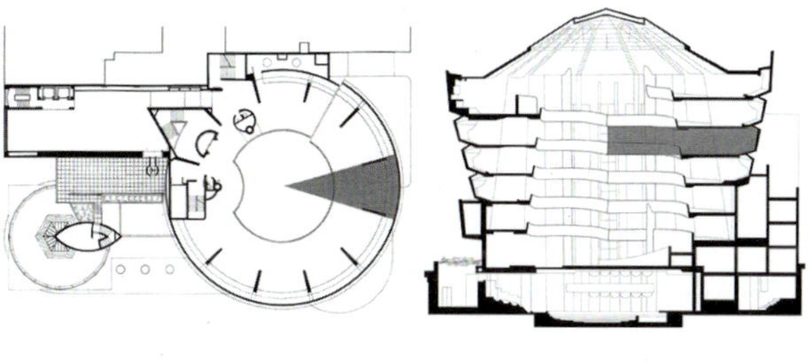

뉴욕 구겐하임 미술관 평면과 단면에서의 이상적인 단위전시공간

라이트는 이렇게 분할된 채 5° 뒤로 기울어진 곡벽을 가진 단위전시공간을 위에서부터 나

선형으로 돌려 내리며 만든, 총길이 430미터로 5개 층에 걸친 전시경사로에 대한 확신이 있었다. 라이트는 벽으로 막힌 장방형 공간들이 차례로 직렬 배치되는 고전적인 전시공간을 극복하고 이동과 감상의 장소를 겸한 경사로의 바깥쪽에 전례가 없던 전시용 벽을 제공했다. 맞은편인 안쪽에는 이 연속된 단위전시공간을 빛으로 충만한 하나의 공간으로 묶어주는, 강한 구심성을 가진 중심공간이 생겼다. 이곳을 걸으면 한쪽은 기슭이고 다른 한쪽은 트인 언덕의 내리막길을 산책하는 듯하다. 이상적인 단위전시공간의 단면 하나를 전체 전시공간에 과감하게 확대 적용해 기존의 구성법으로는 불가능했을, 무한하고 균질한 연속성을 지닌 전시공간을 얻었다.

뉴욕 구겐하임 미술관의 의의는 먼저 방문자가 승강기를 타고 올라간 후 경사로를 천천히 걸어 내려가며 작품을 감상하게 하는 유연하고 연속적인 동선, 극적인 중앙공간을 중심으로 전체 전시공간을 하나로 묶은 공간 통합력, 이상적인 단위전시공간 단면이 전체 구조체계를 결정짓는 구조적 일체성을 이룬 것에서 찾을 수 있다. 곡벽을 배경으로 한 색다른 환경에서의 작품 전시법을 시도할 수 있는 길을 열어주는 데도 중요한 역할을 했다. 미술관 건축에서 거의 무한도전에 가까운, 너무나 과감했던 실험정신을 후대 뮤지엄들이 쉽게 전적으로 수용하기는 어려웠을 것이다.

라이트가 후대 뮤지엄에 끼친 영향

설계자가 미국을 대표하는 건축가인 라이트가 아니었다면 성취되기 어려웠을 만큼 많은 반대를 극복하고 힘겹게 완공된 뉴욕 구겐하임 미술관이 후대 미술관 건축에 미친 영향 중 먼저 미술관 건축에서 전례가 없던 원형圓形의 모티프를 보자. 그 안에는 인상적인 경사로가 있다.

뉴욕 구겐하임 미술관은 적장자嫡長子를 배출하지는 못했지만, 경사로가 있는 원형 아트리움 아이디어는 여러 뮤지엄에서 활용됐다. 리처드 마이어Richard Meier, 1934- 의 뮤지엄을 분석한 장에서 다시 언급하겠지만, 하이 미술관High Museum of Art, Atlanta,

1980-1983이 떠오른다. 1/4 원형의 아트리움에서 곡선부에 경사로가 도입됐는데, 뉴욕 구겐하임 미술관의 중심공간이 가진 장점이 여기서도 유효하다. 그러면서 1/4 원형 공간을 포용하는 ㄴ자형 평면의 전시공간은 뉴욕 구겐하임 미술관에서 제기됐던 나선형 경사로 전시공간의 문제점들은 피해 갔다. 마이어는 게티 센터 미술관J. Paul Getty Museum, LA, 1987-1997, 바르셀로나 현대미술관Museum of Contemporary Art, Barcelona, 1987-1996, 텔레비전과 라디오 박물관Museum of Television & Radio, Beverly Hills, 1994-1996에서도 모두 원형의 홀로 방문객을 맞이했다. 그 의미와 이유는 뒤에서 다시 언급할 것이다.

하이 미술관 정면

하이 미술관 내부

그르노블 미술관Musée de Grenoble, Groupe 6, Grenoble, 1985-1994의 입구 홀도 작지만 뉴욕 구겐하임 미술관을 닮았다. 이 미술관의 입구 홀은 둥근 천장과 벽 사이의 틈새로 자연광이 유입된다. 전층 높이의 이 실린더는 그 너머에서 곧 이어질 광경인, 천창을 통해 유입되는 밝은 백색의 전시공간과의 만남을 준비시키는 완충지대다. 마이어의 다른 뮤지엄들처럼 이곳도 원형의 공간은 방문객을 맞아들이는 입구 홀로만 쓰일 뿐 전시공간과는 분리됐다.

원형 공간이 전시용으로 쓰이는 예로서 생김새 때문에 달팽이 박물관Museo del Caracol으로도 불리는, 1960년 멕시코시티에 완공된 역사갤러리Galeria de Historia, P. R. Vasquez et R. Mijares는 뉴욕 구겐하임 미술관을 지속 변주succeeding variation[2]한 것 같다. 이곳의 나선형 경사로는 폭이 더 넓다. 방문객을 엘리베이터로 먼저 꼭대기로 올렸다가 경사로를 걸어 내려오게 하는 것은 같다. 나선형 경사로의

게티 센터 미술관의 입구 홀. 여기도 경사로처럼 보이는 경사가 완만한 계단이 있다.

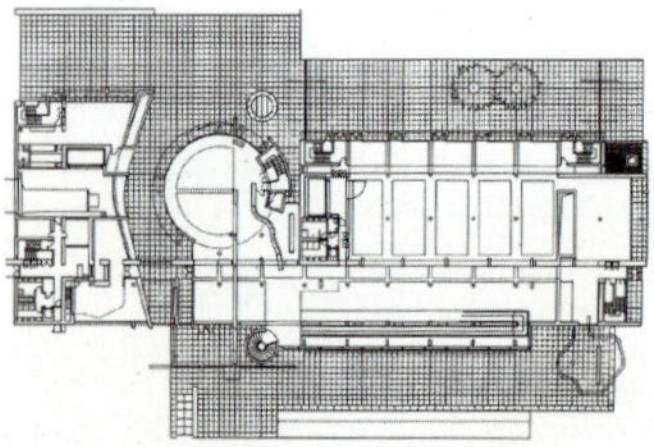

바르셀로나 현대미술관 1층 평면도

텔레비전과 라디오 박물관 정면

그르노블 미술관의 입구 홀

폭은 넓어졌지만 다수의 전시대가 설치되어 뉴욕 구겐하임 미술관에서보다 더 융통성 있는 전시공간으로 사용되지는 않았다. 여기서 중심공간은 경사로와 벽으로 막혀 둘 간의 시선 교환이 단절된 원추형의 공간으로 별도로 활용됐다.

역시 원통형으로 중심부를 외부로 내어준 채 그 주변을 도는 원형의 전시공간을 지닌 허시혼 미술관Hirshhorn Museum, Gordon Bunshaft in S.O.M., Washington, D. C., -1974의 외적인 기념비성도 15년 전에 준공된 뉴욕 구겐하임 미술관을 연상시킨다. 뒤에서 다시 살펴볼, 거장의 작품에서 많은 영감을 받은 일본 건축가 안도 다다오Ando Tadao, 1941-가 설계한 두 원형 뮤지엄인 나무 박물관Museum of Wood, Mikata, 1991-1994과 고조 문학관Museum of Gojo Culture, Gojo, 1991-1995도 도넛처럼 중심부는 외부로 내놓은 채 곡벽을 지닌 원형의 전시공간이 주는 색다름을 즐긴다.

1960년 멕시코시티에 완공된 역사갤러리

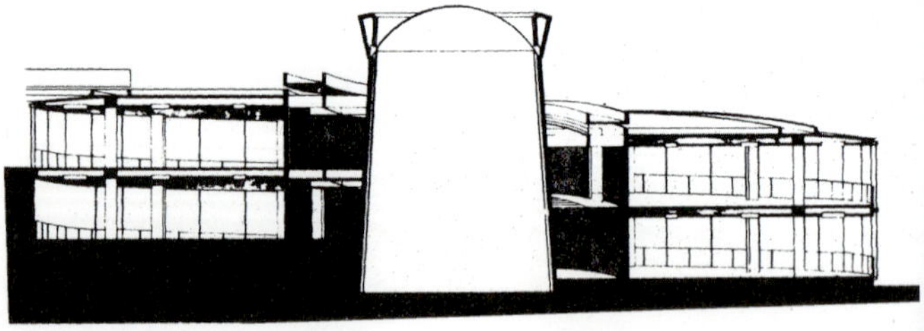

멕시코시티 역사갤러리의 단면도

현대 뮤지엄 건축에 대한 뉴욕 구겐하임 미술관의 또 다른 기여는 그전에는 엄두도 못 냈던, 전시공간에서의 곡벽 사용을 격려한 데 있다. 1986년에 개관한 노바 남동대학 미술관 NSU(Nova Southeastern University's) Art Museum, E. L. Barne, Fort Lauderdale의 건축가는 자신이 제시한 완만한 곡벽에 대해, 주변의 심상心象에 더욱 의지하는 표현주의적 추상작품은 두 기둥이나 벽기둥, 코니스, 걸레받이로 이루어진 (전통적인) 건축적 틀에 두기보다는 비물질화되고 흐르는 듯한 벽 표면에 두는 것이 좋기 때문이라고 주장했다.[3] 라이트의 주장에 동조한 것이다.

허시혼 미술관 정면

허시혼 미술관 전시공간

릴레함메르 미술관 Lillehammer Kunstmuseum, Snøhetta Arkitektur & Landskap AS, Lillehammer, -1993 증축은 자유로운 곡면이면서 기울어진 벽면을 가진 드문 사례다.[4] 이 미술관의 곡벽은 앞으로 기울어져 있다. 격자로 구획된 작은 노르웨이 마을에서, 더 나아가 입방체의 기존 미술관에 비해 급격한 변화를 드러낸 증축이다. 그러나 자연 대지 안에 잘 편입됐고, 그 존재는 건물의 불규칙한 연속에 의해 강조된다. 공공광장을 마주한 입면은 갈색 낙엽송 자연목으로 옷을 입어 자연에 귀의한다. 전체가 유리로 열린 곧은 벽을 지닌 홀을 지나 1층의 첫 전시실 안으로 들어가면 복층 높이의 앞으로 기울어진 곡벽이 제일 먼저 눈에 들어온다. 2층 전시실로 올라갔을 때도 곡벽이 눈

노바 남동대학 미술관

노바 남동대학 미술관의 전시공간

릴레함메르 미술관

릴레함메르 미술관의 전시공간

헬싱키 현대미술관 설계경기 2등안

헬싱키 현대미술관

앞에 먼저 나타난다. 벽의 곡선과 천장의 개구부들은 3차원적인 뮤지엄에서의 지각 작용을 수정한다. 통상적인 경우와 다른 각도로 그림을 걸어야 하는 가능성이 뮤지엄 연구를 자극하기도 한다.

1992년에 공고된 헬싱키 현대미술관Kiasma Museum for Contemporary Art을 위한 설계경기에 제출됐던 응모작 가운데 다수의 전시공간이 곡벽을 갖고 있었다. 호수가 많은 핀란드에서 곡벽을 즐겨 썼던 출중한 건축가 알바 알토Alvar Aalto, 1898-1976의 나라인 만큼 곡벽에 대한 저항감이 적었을 것이다. 또한 설계경기 프로그램에서 기존의 것과 다른 새로운 접근방식을 요구한 것도 이유 중 하나일 것이다.[5] 공동 2등을 한 시노하라Kazuo Shinohara, 1925-2006의 계획안은 들어 올린 입방체 아래를 비스듬하게 관통하는 원형 큐브 안에 상설 전시공간을 둬 전시공간에 관한 기존 관념을 깨뜨렸다. 새로운 건물 형태를 먼저 정한 이후 그 안에 독특한 전시공간을 끼워 넣은 것이다. 당선자 스티븐 홀Steven Holl, 1947-은 "전반적으로 장방형이면서 한쪽 벽이 곡벽인 전시실들은 현대 예술의 화려한 연출 속에서 고요한 배경막을 제시한다. 이 전시실들은 정지되지 않은 침묵을 위해 고안됐다. 이것의 불규칙성은 각 전시실들을 차별화한다."[6]라며 자신이 제시한 전시공간을 설명했다.

헬싱키 현대미술관의 입구 홀(위), 전시공간(아래)

네안데르탈 박물관Neandertal Museum, Z. Kelp, Mettman, -1997 역시 뮤지엄을 설계하는 데 있어 연출의 대상으로서 독창력이 표현되어야 한다는 라이트의 신념을 따라 전체적으로 타원형의 구불구불한 외벽의 안쪽이 그대로 전시공간의 내벽이 된 예다. 전시공간은 계단 등 수직 동선이 있는 긴 중앙핵 주위를 사선형 경사로가 감고 있다. 원형의 유리 건물인 알레지아 뮤지엄Alésia Museum, B. Tschumi, Alésia, 2003-2012처럼 라이트의 강한 신념이 성취된 뉴욕 구겐하임 미술관은 그동안 끈질기게 견지돼왔던, 직각의 벽으로 구성되는 관습을 넘어서 전시공간이 달라질 수 있다는 가능성을 제시했다. 이를 통해 감히 발상하기도 쉽지 않고 승인하기도 주저되는, 곡벽을 포함한 색다른 전시공간의 창조를 고무시켰다.

뉴욕 구겐하임 미술관은 후대 뮤지엄들이 기관마다 각각 식별할 수 있는 이미

네안데르탈 박물관

네안데르탈 박물관의 전시공간

알레지아 뮤지엄

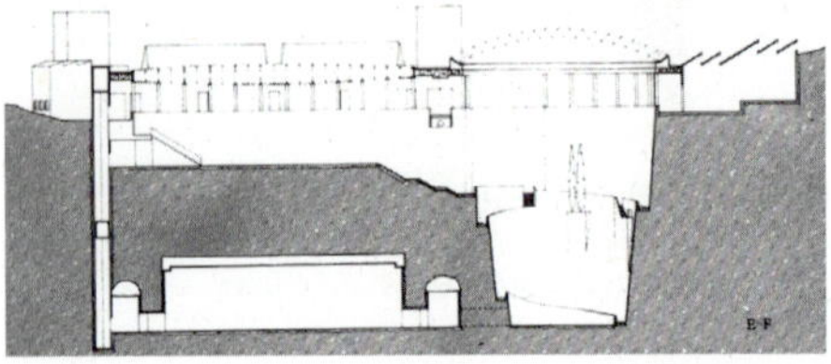

땅속으로 들어간 잘츠부르크 구겐하임 미술관 계획안의 단면도

지를 기꺼이 구축하려는 경향을 자극했다. 구겐하임 재단이 발주한 뮤지엄들은 주목을 끌기에 유리한 별난 형태를 즐겼다. 계획만 하고 건설되지는 않았지만 오스트리아 건축가 홀라인Hans Hollein, 1934-2014에 의해 땅속 46미터 밑에 묻힌 지중地中 미술관으로 제시됐던 잘츠부르크 구겐하임 미술관Guggenheim Museum Salzburg, 1989-1990, 해체주의 성향의 건축가 프랭크 게리에게 의뢰해 완공된 빌바오 구겐하임 미술관, 역시 게리에게 맡겨 건설 중인 구겐하임 아부다비 미술관처럼 여러 나라에서 조형성이 돋보이는 구겐하임 미술관을 연속해서 지었다. 뒤에 나올 게리의 뮤지엄을 분석한 장에서 언급하겠지만 "건축은 본질적으로 3차원의 오브제인 까닭에 조각이어야 한다."는 게리의 생각이 구겐하임 재단의 지향점과 맞아떨어졌다.

덴버 미술관Denver Art Museum도 구겐하임 재단과 비슷한 생각을 한 듯하다. 먼저, 이탈리아 모더니즘 건축가 지오 폰티Gio Ponti, 1891-1979가 기존 덴버 미술관의 북측에 7층 높이로 19,500제곱미터 넓이를 증축해 1971년에 개관한 북측 건물이 그렇다.[7] 폰티는 "예술은 보석이다. 이 얇고 시샘하는 벽들이 그것을 지킨다."라고 말했다. 지키는 이미지인 중세 성城을 연상시키는 파사드는 건축주가 어떤 개구부도 요구하지 않았음에도, 여러 번 꺾여 이뤄진 24개의 면에 크기와 모양이 다른 많은 창이 나 있다. 건물의 상부에는 광택이 나지 않는 회색의 타일을 붙여 무슨 음모를 꾸미는 듯하다. 또다시 증축이 필요해진 덴버 미술관은 2006년에 완공된 해밀턴Hamilton 빌딩을 해체주의 성향의 리베스킨트 스튜디오Studio Daniel Libeskind에 맡겼다. 티타늄과 유리로 덮인 이 빌딩은, 역시 리베스킨트 스튜디오가 설계해 1년 후인 2007년에 완공된 왕립 온타리오 뮤지엄Royal Ontario Museum 증축에서도 그랬던 것

덴버 미술관 북측 건물

덴버 미술관의 해밀턴 빌딩

왕립 온타리오 뮤지엄의 증축부

밀워키 미술관 외관

처럼, 꺾어지고 기울어지고 날카롭게 위로 솟아오른 별난 역삼각형 형태가 눈길을 끈다. 이러한 경향의 건축가인 칼라트라바Santiago Calatrava, 1951-의 산티아고 과학박물관Santiago Science Museum, Valencia, -1992, 밀워키 미술관 증축Milwaukee Art Museum Extension Quadracci Pavilion, 1994-2001, 발렌시아 예술과 과학의 도시Ciudad de Las Artes Yde Las Ciencias, -2004, 하디드Zaha Hadid, 1950-2016의 로젠탈 현대미술센터Lois & Richard Rosenthal Center for Contemporary Art, Cincinnati, -2003, 파에노 과학 센터Phaeno Science Center, Wolfsburg, -2005, 21세기 내셔널 아트 뮤지엄MAXXI, Rome, -2010, 리버사이드 뮤지엄Riverside museum, Glasgow, -2011, 동대문디자인플라자DDP, -2014 등을 보면 직각 구성과 평탄한 면이 당연했던 뮤지엄 건축의 선입관을 무너뜨린 뉴욕 구겐하임 미술관의 영향력이 느껴진다.

디자인동대문플라자 야경

내부 기능이 외부 형태를 따른 일본 예술 파빌리온Pavilion for Japanese Art, Bruce Goff, LA, 1978-1988도 그렇다. 유기적·절충적이며 화려한 디자인을 구사하는 건축가

일본 예술 파빌리온

일본 예술 파빌리온 전시공간

고프는 예술 자체를 고객으로 생각했다. 이 파빌리온의 평면과 외관은 군장을 갖춘 과거의 일본 장수를 연상시킨다. 진입 경사로와 계단에서부터 시작해 라이트의 유기적인 곡선 모티프로 넘쳐나는 이곳에서 직각은 찾아보기 어렵다. 고프는 고객의 필요와 특별한 요구를 당시 뮤지엄들이 등한시한다며 비판했다. 그에게 이런 태도는 민주적이지 않았으며, 개인의 권리를 부정하는 것이었다. 이 프로젝트는 '효과'를 얻기 위해 억지로 애썼다는 비난을 받기도 했다.

이외에도 겨울에는 매우 춥고 여름에는 뜨거우며 모래폭풍에 휩싸이곤 하는 드넓은 고비사막의 거대한 바위의 모습으로, 높이 40미터인 내부로 들어서면 마치 영원한 사막 속에 던져진 듯한 느낌을 주면서 과거와 현재가 만나는 공간이 되고자 한 오르도스 뮤지엄Ordos Museum, M. Yansond, Y. Hayano & D. Dun, Ordos, 2005-2011,[8] 멕시코시티 중심가에서 프랭크 게리의 기술을 빌려 건물 전체가 허리가 잘록한 곡면의 기하학적 오브제로 수도권 관광의 중심이 되고자 한 소우마야 뮤지엄Museo Soumaya, LART Fernando Romero Architects, Mexico City, -2011처럼 조형성으로 눈길을 끄는 뮤지엄들이 속속 등장하고 있다.

오르도스 뮤지엄

소우마야 뮤지엄

무한성장박물관의 상관적 공간연속체

상관적 공간연속체로서의 이상적인 단위전시공간

라이트와 마찬가지로 뮤지엄 건축의 새로운 전형을 찾고자 한 르코르뷔지에는 앞서 본 것처럼 1928년 속이 빈 지구라트를 연상시키는 세계 박물관 계획안으로 전 생애에 걸친 뮤지엄 건축 연구를 시작했다. 그가 도쿄에 설계한 국립서양미술관이 단위전시공간을 덧붙여나가는 무한성장박물관의 개념에 따라 건립됐음도 앞에서 살펴봤다. 여기서 전시공간이 있는 2층의 격자형 기둥 모듈에서 격자 두 개의 폭과 하나 넓이의 유닛이 이상적인 단위전시공간이다.

이 단위전시공간이 계속 덧붙여져 넓어지면 가변적인 전시용 칸막이를 곳곳에 추가해 다양한 공간의 열림과 닫힘이 성취된다. 이 단위전시공간에는 물론 최적의 자연광 유입을 염두에 두고 고안된 단면이 적용됐다. 빛 유입을 위한 조명갤러리의 존재로 인해 층고가 낮춰진 곳이 생겨 층고가 높은 부분과의 공간적 변화도 생겼다.

그 결과 일정한 넓이와 단면을 가진 기본적 전시단위들이 직각으로 꺾이는 나선형으로 덧붙여지면서 형성된, 이동 가능한 칸막이 배치로 인해 전후좌우 공간과의 관계에 의해 정의되는 열린 공간이 마련됐다.

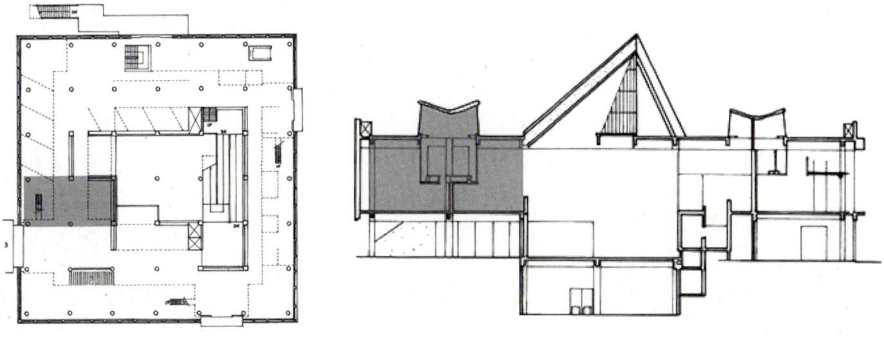

도쿄 국립서양미술관에서의 이상적인 단위전시공간

르코르뷔지에의 뮤지엄이 후대에 끼친 영향

르코르뷔지에 뮤지엄의 전시공간 구성 개념이 후대 뮤지엄에 미친 영향은 여러 양상으로 나타났다. 근대건축의 거장들을 뒤이은 주요 건축가로 인정받는 루이스 칸Louis I. Kahn, 1901-1974의 미술관들은 구조적으로 명확하게 구분되는 단위전시공간이 상호 간의 공간적 관계성을 중시하며 반복 배치되어 전체 전시공간이 됐다. 그는 멀리서 강연을 한 번 들었을 뿐 대화조차 나눈 적 없는 르코르뷔지에가 사망했을 때 "나는 이제 누구를 위해 일해야 하나?"[9]라고 탄식했을 만큼 르코르뷔지에를 존경했다. 비록 자신도 출중한 건축가로서 건축에 대한 견해가 르코르뷔지에와 다른 부분이 많았지만, 공감대 또한 많았던 모양이다.

킴벨 미술관

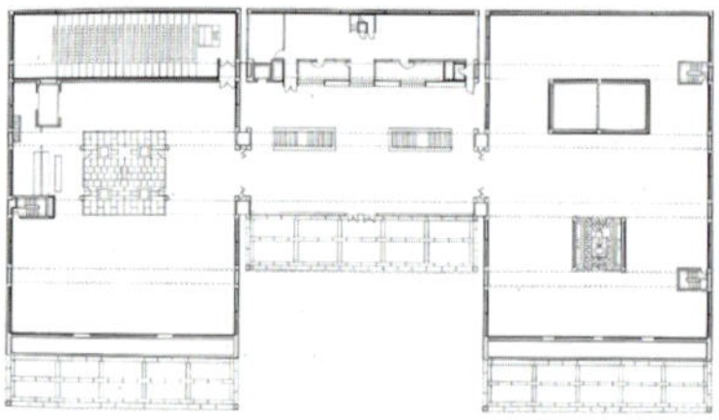

킴벨 미술관 1층 평면도

킴벨 미술관 전시공간

예일 영국예술 센터

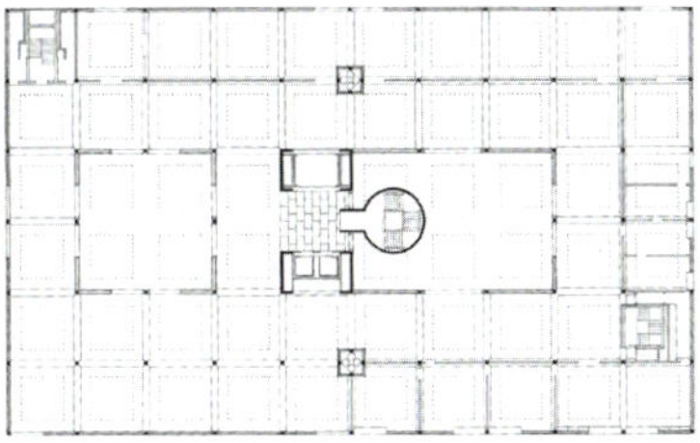

예일 영국예술 센터 4층 전시공간 평면도

칸은 "방room은 건축의 시작이며 더 이상 분할할 수 없는 단위다. 동시에 평면은 방들이 그 속에서 서로에게 이야기를 하고 있는 것이며, 독특한 빛을 가진 공간의 구조다."라는 유명한 어록을 남겼다. 그의 전시공간도 구조적으로 하나씩 구별되는 방 단위가 좌우로 덧붙여지면서 구성된다. 이 방 하나를 단위전시공간이라고 봐도 무방하다.

칸의 명작으로, 입구 회랑으로 쓰이는 3개를 포함해 둥근 천장 16개가 있는 회랑으로 구성된 킴벨 미술관Kimbell Art Museum, Fort Worth, 1967-1972은 칸이 빛의 효과를 고려해 구상한 사이클로이드 곡선의 천장을 가진, 갤러리처럼 긴 단위전시공간이 반복된다.[10] 각 단위는 상부에 공기조화 배관을 담은 회랑 연결부로 열린 채 연계돼 있어 일체화된 넓은 공간을 이룬다. 각 단위를 종으로 또는 횡으로 잇고 폭이 깊은 곳에 빛을 위한 중정을 두어 구조와 공간, 빛이 명확하게 통합되는 것이 특징이다.

철근콘크리트 기둥과 보가 모두 내부와 외부에서 노출되어 층과 켜가 시각적으로 분리된 루이스 칸의 예일 영국예술 센터Yale Center for British Art, New Heaven, 1969-1974, 1977년 개관의 전시공간도 필요에 따라 칸막이를 배치하면서 동일한 정방형 단위들이 연결됐다. 칸막이 위치를 조정해 다양한 내부 구획이 가능한, 구조 격자에 의해 정의된 단위들이 서로 연관을 맺으면서 전체 전시공간을 이뤘다.

예일 영국예술 센터의 4층 전시공간

르코르뷔지에를 흠모한 프랑스 건축가 시무네 Roland Simounet, 1927-1996가 설계한 일드프랑스 선사박물관Musée de la Préhistoire de l'Île de France, Nemours, 1977-1983은 장방형 평면의 단위전시공간들이 연결되면서 각 단위 사이의 중정을 통해 상호관계가 성립되는 경우다. 이곳의 전시공간은 폭만 5미터, 5.5미터, 6.5미터, 9미터로 다르고 10.5미터의 동일한 길이와 단면 형식을 지녔다. 길이 방향으로 설치된 경량화된 들보이자 고측창형 천창을 통해 동·서향 빛이 확산되는, 공간 성격이 거의 동일한 8개의 전시실로 구성됐다. 건물 내·외부 전체가 노출콘크리트로 마감되어 일관성이 강화됐다. 빛 유입법과 높이 및 내·외부 마감 재료의 동일성, 각 전시실에서의 동선구역과 전시구역의 분리 등 반복된 착상이 나타난다. 앞서 르코르뷔지에를 존경하면서도 일을 주선하지 못했다고 하는 리비에르는 대신 시무네를 응원하며 이 박물관의 시공 현장을 학생들과 여러 차례 방문했다.

일드프랑스 선사박물관

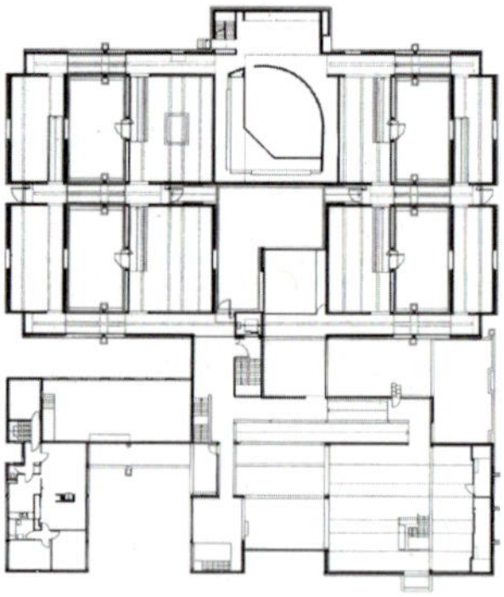

일드프랑스 선사박물관 평면도

이외에 1927년에 르코르뷔지에에게 바르셀로나에서 강연해줄 것을 청했던 스페인 건축가 세르트Josep Lluís Sert, 1902-1983(반체제 학생 그룹의 일원으로 르코르뷔지에의 초대를 받아 잠시 그의 사무실에서 무급으로 일했다)가 설계한, 동일한 형식의 고측창을 가진 마그 재단 미술관Fondation Maeght, Saint-Paul de Vence, -1964과 미로 재단 미술관Fundació Joan Miró, Barcelona, -1975도 최적의 넓이와 빛 유입을 고려한

일드프랑스 선사박물관 전시공간

동일한 방식의 천창이 있는 전시공간이 반복되는 마그 재단 미술관

동일한 방식의 천창이 있는 전시공간이 반복되는 미로 재단 미술관

카펜터 시각예술센터

단위를 전시장이자 통로로 연결시킨 경우다. 후일 하버드대학의 디자인대학원 원장이 된 세르트는 미국에 르코르뷔지에의 건물이 하나도 없는 것이 안타까웠다. 그는 르코르뷔지에에게 거듭 요청해 받은 도면으로 하버드대학 내에 카펜터 시각예술센터Carpenter Center for the Visual Art, 1958-1963를 지었으며, 공사현장을 몸소 지휘하고 완성시켰을 만큼 르코르뷔지에의 건축을 옹호했다.

자유롭고 열린 뮤지엄

투명한 단위전시공간의 이상적 극대화

미스 반데어로에의 뮤지엄에서는 무엇이 이상적인 단위전시공간일까? 베를린 신국립박물관을 살펴보면, 기둥조차 외부로 밀려나간 상황에서 내부는 무엇이든 담을 수 있는 빈 공간이다. 우리는 앞에서 이것이 '보편적 공간' 개념을 전시공간화한 것임을 봤다. 1851년 런던 만국박람회 전시장이었던 수정궁 이후 유리로 둘러싸인 광대한 전시공간에 대한 이상과 그의 '보편적 공간' 개념이 접목되어 하나의 단위전시공간이 이상적으로 극대화된 것이다. 한 공간으로의 통합성은 물론이고 개념적으로는 내·외부의 구분조차 없어지고 극도의 가변성에 의한 자유로움이 추구됐다.

미스의 이런 작업 태도는 19세기 건축가 겸 이론가인 비올레르뒤크Eugène Viollet-le-Duc, 1814-1879가 1872년 그의 책 『건축에 관한 대담Entretiens sur l'Architecture』에서 "예술가가 그의 예술에 대해 논리적으로 판단하면 할수록, 그 의미를 해석하는 표현을 완성하려고 하면 할수록, 그것을 더 명확하게 하기 위해 독창적인 표현을 더 세게 하도록 유도된다."라고 한 지적을 떠올리게 한다. 미스가 일하는 방식이 그랬다. 그는 가톨릭교회 신학자이면서 스콜라 철학자인 토마스 아퀴나스St. Thomas Aquinas, 1225-1274를 인용하며 이성은 모든 인간 작업의 첫 번째 원칙이라고 말했다. 이러한 믿음으로 미스는, 인간의 에너지를 지휘하기보다는 소비하게만 한다는 이유로 개인적인 사변을 거부하는 작업방식을 세웠다. 대신 사실에 입각한 맥락 안에서 일하는 것을 선택했다. 그래서 주관적이고 특별한 문제보다는 객관적이고 일반적인 문제에 주의를 집중했다. 이성은 미스의 건축에 대한 접근방식의 모든 측면을 지배했다. 이러한 고려는 무엇보다도 한 건물에서 다른 건물로 그의 사상이 논리적으로 전개되는 방식과 그 이후의 작품 전체의 통합에 대한 책임이 있었다.[11]

이러한 일관성 있는 자세의 결과, 뮤지엄 건축을 위한 미스의 제안은 건물의 용도가 뮤지엄이기에 다른 건축가들의 뮤지엄에는 없는 난제를 안고 있음을 앞에서 살펴봤다. 방문자 자신이 스스로 만드는 감상의 순로가 개인적인 경험을 극단적으로 표현한다든지 외부를 향해 무한히 확장되는, 완전히 자유로운 평면이라는 비현실적일 만큼 순수한 이상을 지키기 위해 적잖은 수고와 배려가 요구됐다.

미스가 후대 뮤지엄에 끼친 영향

미스의 뮤지엄이 후대에 끼친 영향 중 먼저 유리 외피의 적용은 각 건축가의 평소 작업 성향과 밀접한 관계가 있다. 앞에서도 언급했지만, 건축가에게 뮤지엄 설계를 해볼 기회는 그리 흔치 않다. 자신의 세부 전공에 맞춰 환자를 받는 의사들과 달리 건축가는 건축 유형을 가려 일을 받지 않는다. 뮤지엄 건축 유형은 분명 다른 건축 유형들과는 구별되는 요구사항들을 갖고 있다. 앞에서 건축가가 뮤지엄을 설계하는 기회를 얻으면, 그는 먼저 자신의 평소 건축적 사고를 바탕으로 뮤지엄 특유의 요구사항을 소화 및 반영하고, 뮤지엄 건축의 특성을 고려한 특수해를 자신이 이미 체득한 건축 철학에서 찾는다고 했다. 여기 그 사례들이 있다.

퐁피두 센터Centre Georges Pompidou, Paris, 1972-1977를 설계한 렌조 피아노Renzo Piano, 1937-와 리처드 로저스Richard Rogers, 1933-, 파리에 아랍 세계 연구소Institut du Monde Arabe, 1981-1987와 카르티에 재단 미술관Fondation Cartier, 1991-1993을 설계한 장 누벨, 프랑크푸르트 커뮤니케이션 뮤지엄Museum für Kommunikation Frankfurt, 1986-1990을 설계한 권터 베니슈Günter Benisch, 1922-2010, 카레 다르Carré d'Art, Nîmes, 1984-1993를 설계한 노먼 포스터Norman Foster, 1935-처럼 평소에 유리로 건축을 감싸는 건축가들이 설계한 뮤지엄은 예외 없이 유리 표피로 둘러싸여 있다. 미스도 마찬가지다. 미스의 제안은 뮤지엄의 외피 재료로 상상하기 어려웠던 유리의 사용을 독려했다. 건축주가 선택을 주저할 때 거장이 남긴 선례는 든든한 보증수표다.

완전히 자유롭고 열린 전시공간이라는 이상은 그대로 현대 뮤지엄에 적용되기 어려워 수정되었다. 퐁피두 센터는 미스의 뜻을 따라 모든 기둥과 수직 배관을 건물 바깥으로 몰아내 완벽하게 빈 내부공간을 성취했다. 미스의 의도에 가장 충실한 뮤지엄이었다. 그런데 도서관으로 사용하는 아래 2개 층은 괜찮았으나 전시공

외피가 전면 유리인 퐁피두 센터

간으로 쓰인 최상부 2개 층에서는 베를린 신국립박물관이 겪는 것과 동일한 어려움에 직면했다. 결국 완공된 지 8년 후인 1985년에 이탈리아 여류 건축가 아울렌티Gae Aulenti, 1927-2012가 필요 시 철거를 통한 이동이 가능한 고착된 칸막이로 내부를 분할했다. 단일공간의 크기가 퐁피두 센터가 훨씬 더 넓었으므로 수정 결정은 불가피했을 것이다. 역시 유리상자인 카레 다르도 전시공간에서만큼은 처음부터 미스 공간의 특성과 동떨어진 고전적인 전시실의 일렬 배치로 회귀했다. 유리 건물 내의 전시실이지만 처음부터 미스의 전시공간이 지닌 문제점을 피한 것이다. 건축가 노먼 포스터의 뮤지엄을 살펴볼 때 다시 언급하겠지만, 여기서 최상부 층인 3층과 4층에 있는 전시실들은 안으로 들어가면 내부 중정 쪽 한 면

전면이 유리로 둘러싸인 카르티에 재단 미술관

과감하게 유리로 열린 프랑크푸르트 커뮤니케이션 뮤지엄

네 면이 유리로 둘러싸인 카레 다르

칸막이가 설치된 퐁피두 센터 전시공간

독일연방공화국 예술 전시관

독일연방공화국 예술 전시관의 전시공간

르마가쟁 국립현대예술센터 전시공간

템퍼러리 컨템퍼러리 현대미술관 전시공간

치네티 재단 전시공간

만 제외하고 나머지 세 면이 흰 칸막이벽으로 둘러싸여 있어 유리로 싸인 건물 안에 있다는 사실을 잊게 만든다.

비록 투명한 외피를 갖고 있지는 않지만 넓은 단일공간으로서의 전시공간이라는 로망은, 독일연방공화국 예술 전시관Kunst und Ausstellungsshalle der Bundesrepublik Deutschland, G. Peichl, Bonn, 1986-1992과 같은 소수의 신축건물을 제외하면, 오히려 공장이나 창고 등을 전시공간으로 개조한 경우에서 자주 발견된다. 르마가쟁 국립현대예술센터Le Magasin, P. Bouchain, Grenoble, 1985-1986, 템퍼러리 컨템퍼러리 현대미술관Temporary Contemporary, F. O. Gehry, LA, 1983. 최근에 The Giffen Contemporary at MOCA로 개칭, 치네티 재단Foundation Chinati, Donald Judd, Marfa, 1979-1986, 데 폰트 현대미술재단De Pont, Benthem Crouwel Architects, Tilburg, 1992 등

데 폰트 현대미술재단 전시공간

이 그러하다. 이 뮤지엄들은 규모가 큰 설치작품을 현장에서 조립하고 전시하기에 충분한 크기의 공간을 제공한다. 원래의 철 구조물이 노출된 내부 전시공간은 신축 뮤지엄에서 기대하기 힘든, 실험적이거나 즉흥적이거나 현장에서 설치되기도 하는 현대 예술품의 성격에 잘 어울린다.

지금까지 근대건축 거장들의 뮤지엄들에서 뮤지엄 계획의 과제가 주어졌을 때 오랜 기간의 탐구와 수련을 통해 정립된 건축 철학에 기반한 그들의 확고부동한 의지가 동원됐음을 확인했다. 강렬한 개성과 의도는 보수적 성향이 강했던 뮤지엄 전문가들의 저항에 직면했고, 후배 건축가들은 수용을 망설였다. 그러나 그들이 제시한 뮤지엄 건축에 내재한 도전정신과 실험성은 고전적 뮤지엄의 강력한 방어벽을 허무는 데 기여했다. 근대건축 거장들의 뮤지엄 작업을 돌아봤으니 이제 현대 뮤지엄에 반영된 후대 건축가들의 건축 철학을 확인하며 그 안에 내재한 건축적 특성과 의미를 찾아보자.

Museum, Exploration of Space

2부

건축가 정신과 현대 뮤지엄 건축

제임스 스털링

James Stirling

James Stirling

제임스 스털링의 도시 맥락적 뮤지엄

장식이 없이 평평한 벽에 단순화를 추구한 20세기 전반기 근대건축의 문제점 중 하나로 맥락성의 결여가 지적되면서, 후반기에 접어들어 건축물과 주변 환경의 교감에 대한 관심이 커졌다. 건축물이 인간의 감정을 포함한 맥락을 표현하면서 예술적 감정과 인간적인 질質 및 그 요구사항 간의 차이를 줄이고자 하는 맥락주의Contextualism를 중시하게 된 것이다. 건축의 여러 유형 중 특히 현대 뮤지엄 건축이 도시의 기존 맥락에 어떻게 반응하는지를 살펴보는 것은 여러모로 의미 있는 작업이다. 오늘날 뮤지엄 건축이 도시의 공공건물로서 작품을 보존하고 전시하는 본연의 역할과 함께 그 자체가 작품으로, 기념물로, 또는 도시의 문화적 오브제로 기능하는 경우가 많기 때문이다.

2부에서는 이런 관점에서 현대 뮤지엄 건축에 반영된 건축가의 의지를 고찰할 것이다. 그중에서도 먼저 영국 건축가 제임스 스털링James Stirling, 1926-1992이 설계한 뮤지엄들을 살펴보려고 한다. 우리의 관심은 그가 1975년과 1977년에 세 곳의 독일 도시 도심에 설계한 미술관 계획안들이 도시를 어떻게 이해하고 작품에 반영했는지, 그 결과 공통적으로 나타난 건축적 시도들의 특징과 의미가 무엇인지를 알아보는 데 있다. 현대건축에서의 도시 맥락성을 생각하며 스털링의 초기 세 미술관 계획안을 살펴보는 것은 다음의 세 가지 이유에서다.

첫째, 건축 역사에서 전환기였던 1970년대의 시대 상황이다. 스털링이 세 미술관을 계획한 1970년대는 건축 전반에 걸쳐 사상적·양식적 변화가 일어나면서 그 여파가 뮤지엄 건축에도 큰 영향을 끼친 변혁기였다. 앞에서도 언급한 것처럼 이 시기는 뮤지엄의 공간구성 프로그램과 전시기법 및 건축 양식 자체의 다양화로 소위 '제3세대 뮤지엄'이라고 불리는 현대적 뮤지엄이 막 출현하기 시작한 때였다. 도시를 위한 건축적 배려가 본격화된 때에 이를 반영한 스털링의 미술관 계획안들이 지닌 도시 맥락적 특성을 살펴봄으로써 건축가의 의지가 현대 뮤지엄 건축에 끼친 영향을 확인하려는 것이다.

둘째, 건축가로서 스털링의 작품 성향 변천 때문이다. 건축계에서 대가로 인정받는 건축가들은 일평생 한 방향으로의 건축을 추구해 각 방면의 정수에 이르는 경우가 많다. 그러나 필립 존슨Philip Johnson, 1906-2005이나 제임스 스털링, 마이클 그레이브스Michael Graves, 1934-처럼 변화하는 시대 상황에 반응해 자신의 건축이념을 수정해나가는 건축가들도 있다. 깊이 있는 사고를 해야 하는 건축가가 작업의 바탕을 바꾸는 것은 쉽지 않다. 그럼에도 그들이 대가로 인정받는 것은 그 변화 과정에 진정성이 보이고 시대의 흐름을 선도했기 때문이다. 스털링은 르코르뷔지에의 이론을 충실히 따르던 1950년대, 전통에 대한 편견에 사로잡히지 않은 지적인 재해석과 새로운 시도를 행하면서 변신을 준비하던 1960년대를 지나 1970년대에 들어 마침내 건축과 도시의 관계에 대한 자신의 새로운 방법론을 보여주기 시작했다.[1] 당시 스털링은 새로운 건축어법을 통해 전통과 과거의 대비를 강조하면서 다양하고 복잡한 도시 맥락을 수용해 마침내 자신의 후기 작품을 예견하는, 과도기적이지만 중요한 미술관 계획안들을 남겼다.[2]

마지막으로, 도시적 관점에서 세 미술관 계획안에 나타나는 유사성 때문이다. 앞서 본 것처럼 1970년대 초반의 뮤지엄 건축은 근대건축의 대가들이 제시한 근대적 박물관들이 원형으로 정착되지 못한 채 이론적으로나 실천적으로 혼란의 와중에 있었다. 이러한 시기에 상이한 프로그램을 따라 다른 장소에 고안된 스털링의 세 미술관 계획안이 건축과 도시의 상관성이라는 견지에서 유사한 해법을 거듭 제시했다는 점이 눈길을 끈다. 이것은 초기 두 미술관 계획안이 모두 낙선하고 세 번째 계획안이 마침내 선정되어 뒤늦게 스털링의 의도가 실현되었기 때문이기도 하지만, 또한 그만큼 그가 현대 뮤지엄이 도시에 기여해야 한다는 책임감을 느꼈고 자신의 해결방안을 확신했기 때문일 것이다. 스털링은 뮤지엄 건축에 대한 자신의 개념에 대해, "각 계획안은 사용자의 요구 해결과 도시적 대응이 필요하며 모든 공공건물은 발주자를 만족시키고 도시에 기여해야 한다."[3]고 밝혔다.

여기서 살펴볼 세 미술관은 1975년에 제한현상설계에 초청됐으나 둘 다 낙선한 노르트라인베스트팔렌 미술관Museum Nordrhein-Westfalen, Düsseldorf 계획안과 발라프리하르츠 미술관Museum Wallraf-Richartz, Köln 계획안, 그리고 1977년에 당선되어 1984년에 완공된 슈투트가르트 주립갤러리 신관Neue Staatsgalerie이다. 스털링이 1950년 실무를 시작한 이후 뮤지엄 계획안으로는 처음으로 이 세 미술관 계획안을 분석한 것은 이후 그가 본격적으로 전개해나간 건축과 도시 맥락의 관계에 대해 이해할 수 있는 출발점이 될 것이다.

세 미술관의 대지 조건과 도시 맥락을 위한 고려

스털링의 초기 세 미술관이 계획된 도시인 뒤셀도르프, 쾰른과 슈투트가르트 같은 독일 주요 도시의 구도심은 제2차 세계대전 때의 공습과 그 후의 재개발로 인해 상당 부분 원래의 모습을 잃었다. 따라서 건물을 신축할 때는 과거의 모습을 재생하거나 남아 있는 기존 건물들을 보존해야 할 필요성을 공통적으로 갖고 있었다. 스털링은 1970년의 데르비Derby 도심계획안과 1971년의 세인트앤드류대학 예술센터Art Center of the University of Saint Andrews 계획안에서 근대건축을 상징하는 추상적인 요소와 전통적인 구성주의적 요소를 결합해 건축의 이미지, 기억, 연상을 건축에 반영했다. 문화적 상징성과 연속성을 강조하는 절충주의 경향을 보이기 시작한 것이다.

이러한 수법은 그가 은유적·역사적 이미지에 근거한 풍부한 건축언어의 사용을 특징으로 하는 도시 맥락주의자로서 도시환경을 염두에 두고 형태상의 문제를

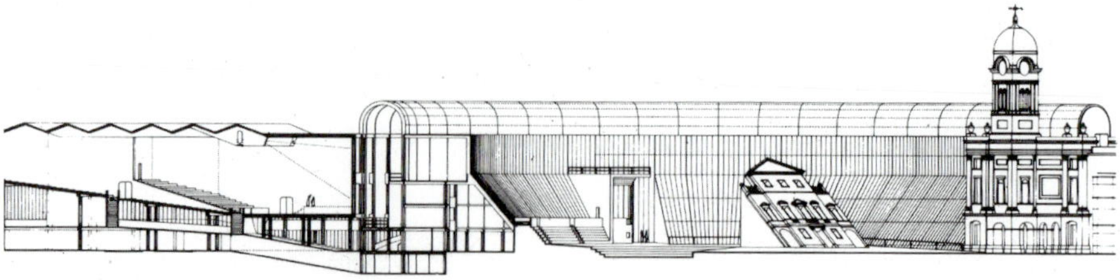

제임스 스털링의 데르비 도시계획안

제임스 스털링의 세인트앤드류대학 예술센터 모형

전개하게 했다. 그가 기계미학적 유추에서 벗어나 역사적 선례와 도시 맥락의 적절한 참조를 통해 현대에 적합하도록 콜라주해 도시 속에 기념물을 창조하고자 하는 노력을 기울이던 시기에 계획된 세 미술관의 대지 조건과 계획안에 제시된 대응법을 하나씩 살펴보자. 영국 건축역사가 커티스W. J. R. Curtis, 1948-는 콜라주를 과거의 형태 이면에 서려 있는 정신과 반어적인ironic 거리를 두는, 개념적이면서 형식적인 방책으로서 매너리즘에 빠진 사람들에게 이상적인 도구로 봤다.[4] 기념비적이면서도 제반 요소들과 전체 조직 사이에 엄격한 규칙을 고수하지 않아 비형식적이고 대중적인 면모를 지닌 스털링의 미술관은 매너리즘의 특성을 띤다.

노르트라인베스트팔렌 미술관

스털링이 처음 계획해본 뮤지엄으로 규모가 큰 노르트라인베스트팔렌 미술관이 들어설 대지인 그라베 광장Grabbeplatz은 이전에 갤러리가 위치했던 곳으로 세 면이 도로로 둘러싸여 있다. 이곳의 서쪽 노이브뤼크가Neubrück Straße 너머에는 법원청

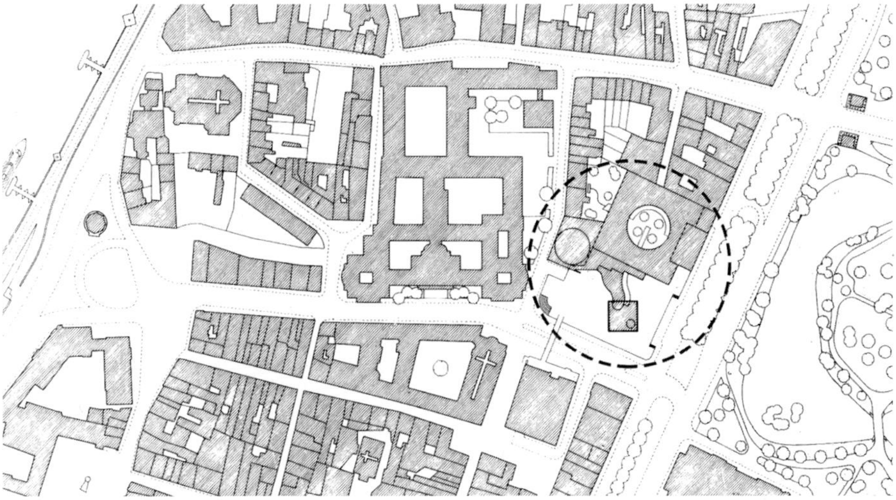

제임스 스털링의 노르트라인베스트팔렌 미술관 계획안 배치도

사가, 남쪽의 뮐렌가Mühlen Straße 너머에는 시립미술관과 성 안드레 성당이, 동쪽의 하인리히 하이네 가로수길Heinrich Heine Allee 너머에는 작은 호수가 있는 시립공원이 있다. 북쪽에는 보행자 전용로인 라팅어벽Ratinger Mauer을 통해 라팅어가Ratinger Straße와 연결되는 주택가와 맞닿아 있다. 광장의 남쪽에 있는 뮐렌가는 서쪽으로 뻗어 라인강에 면한 부르크 광장Burgplatz에 닿는다. 스털링은 대지와 근접해 있는 이와 같은 중요한 기존 건물들의 존재와 도로 상황에 민감하게 반응했다. 도시 맥락을 위해 어떤 고려를 했는지 살펴보자.

이 첫 미술관은 그 후에 계획된 두 미술관이 지닌 도시적 대응법의 근간을 이루는 요소들을 이미 담고 있다. 배치와 형태, 입면에 있어 뒤셀도르프의 역사적으로 유서 깊은 장소에 통합되기 위해 주변 건물의 실루엣이나 기념비성 같은 특질과 아울러 도로 상황 및 이웃한 광장과의 연계 등을 중시했다. 이 미술관은 배치와 볼륨 계획에 있어 하나로 연결된 건물이면서도 단일체가 아닌 세 개의 장방형 볼륨이 연결된 구성을 취했다. 쌍탑이 서 있는 성 안드레 성당과 함께 기념비적인 란트 법원청사, 노이브뤼크가의 주택들과 하인리히 하이네 가로수길을 따라 서 있는 행정건물 등 서로 다른 형태들과 조화를 이룬 것이다.

제임스 스털링의 노르트라인베스트팔렌 미술관 모형

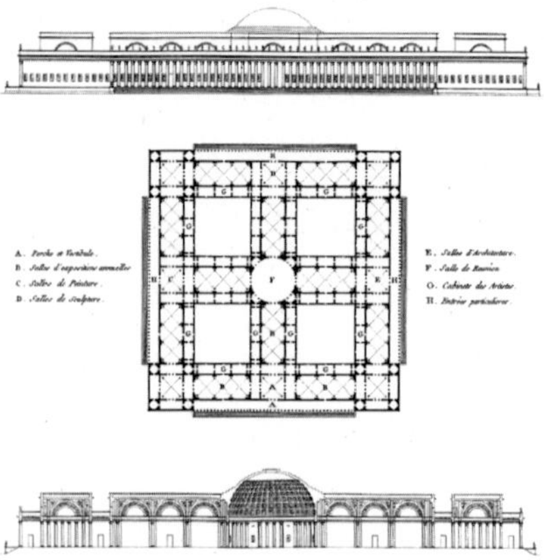

뒤랑의 이상적인 박물관 계획안, 1802년

기존 건물 두 채를 헐어낸 곳에 미술관 본체를 앉히면서 철거되는 두 건물의 입면 일부를 그대로 신축 미술관의 입면으로 활용한 것은 노이브뤼크가와 하인리히 하이네 가로수길에서의 도시 기억을 일부라도 보존하기 위함이었다. 기존의 가로 질서에 가장 큰 변화를 준 것은 그라베 광장에 지하 2층, 지상 1층의 주차장을 마련한 것이다. 도로 레벨에 있던 광장을 한 층 위로 들어 올리면서 통행량이 많은 도로로부터 미술관으로의 진입광장이 분리됐다. 이후의 두 미술관 계획안에서도 공통되게 나타나는 이 '들린 광장'은 다른 건축가들이 설계한 현대 뮤지엄들과 구별되는 특징이 된다. 이렇게 미술관을 일종의 기단 위에 들어 올리는 것은 차후에 언급될 기능적 이유와 함께, 뒤랑 J.-N.-L. Durand, 1760-1834이 1802년에 이상적인 박물관을 위한 합리적인 계획안을 제시하고 싱켈이 베를린 구舊박물관에서 정착시킨 이래로 고전주의적 박물관의 전형을 현대에 다시 수용한 것으로 이해할 수도 있다. 이는 사적인 건물들과 구별되는, 이웃한 법원청사 같이 기단 위에 흔히 올라서는 공공건물이 갖는 고전적 특성이기도 하다.

이 계획안의 또 다른 특이한 면은 신고전주의적인 정문 관리실gatehouse을 연상시키는 누각pavilion의 존재다. 이것은 광장 하부주차장과의 연계와 미술관 주 출입구의 위치라는 기능적 이유와 함께, 대지의 서쪽에 있는 부르크 광장 내에 서 있는 도시 상징물인 성의 탑Schlossturm처럼, 그라베 광장에 원래 있었다가 철거된 작은 독립 건물을 상징한다. 또한 인접한 법원청사의 누각 모서리들과도 연관된다. 이 누각은 뮐렌가의 축을 따라 놓인 까닭에 미술관의 다른 부분들과 상이한 각도를 취함으로써 독립성이 부각됐다.

발라프리하르츠 미술관

스털링의 두 번째 미술관 계획안인 발라프리하르츠 미술관[5] 대지는 서쪽이 쾰른 대성당Kölner Dom으로, 동쪽은 라인강으로, 북쪽은 호엔촐레른Hohenzolern 다리를 넘어 라인강을 넘나드는 철로와 철도역으로 이어지고, 남쪽에는 기존 건물들이 있다. 독일 가톨릭과 고딕 건축의 주요 기념물로 독일에서 관광객이 가장 많은 쾰른 대성당의 뒤편에서 시간을 초월해 유유히 흘러가는 큰 강을 끼고 한쪽은 근대화의 산물인 철도역으로 한정됐다. 대성당의 뒷모습을 배경으로 동쪽으로 라인강을 넘어 멀리서도 잘 보인다. 대성당에 근접한 것으로 알 수 있듯이 대지는 쾰른의 중심부에 있다. 현대 신축건물이면서도 기존의 역사 유적과 어떠한 관계를 맺을 것인가가 중요한 설계 과제로 대두됐다.

이 미술관을 계획하면서 대지를 둘러싸고 있는 쾰른 대성당과 라인강, 철도역과 철로는 필연적인 고려 대상이었다. 공모전에 제출된 계획안을 여러 측면에서 분석해볼 수 있지만, 지금은 건축가가 특히 라인강 너머에서 보이는 미술관과 대성당의 관계를 중시했음에 주목하자. 미술관이 대성당과 라인강 사이에 위치해 강 건너편에서 유일하게 원경의 미술관을 바라볼 수 있지만, 이 미술관이 위대한 문화유산인 대성당을 불가피하게 가리는 문제가 발생하기 때문이다.

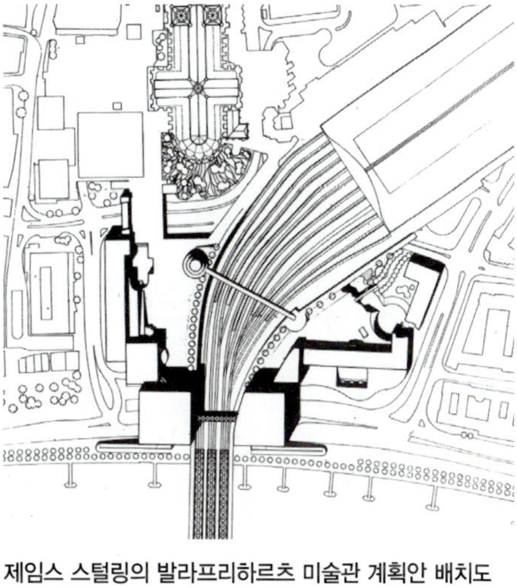

제임스 스털링의 발라프리하르츠 미술관 계획안 배치도

쾰른 대성당은 이 공모전에서 당선된 미술관P. Busmann & G. Haberer이 설계이 완공된 지 10년 후인 1996년에 유네스코 세계문화유산으로 선정됐다. 이처럼 중요하고 거대한 문화유산과 인접한 곳에 상대적으로 규모가 작은 현대 뮤지엄을 계획해야 한다면 독립된 새 건물로서의 자존은 지키면서 대성당의 가치를 훼손시키지 않을 방안을 마련해야 한다. 대성당에 인접한 현대 뮤지엄의 대응법은 대체로 두 가

울름 슈타트하우스와 울름 대성당

지로 나타난다.

먼저, 리처드 마이어가 울름 대성당Ulmer Münster 광장 안에 계획해 관광안내소, 전시장과 회의장으로 사용되는 울름 슈타트하우스Ulm Stadthaus, 1986-1992와 같이 대성당과의 대비를 통해 자신의 존재를 확인하는 방법이 있다. 정교한 장식으로 채워져 하늘을 향해 찌를 듯이 상승하는 대성당을 뒤에 두고 울름 슈타트하우스는 진입광장 쪽에 의도적으로 닫혀 있는 희고 매끈한 곡벽을 수평성이 강한 노출된 보와 기둥 위에 얹어놓았다. 대성당의 가림을 최소화하며 소규모인 신축건물의 존재감을 잃지 않기 위해서다. 쾰른 대성당의 남측 광장에 있는 로마 게르만 박물관Römisch-Germanisches Museum, H. Röcke, 1963-1974의 경우는 르코르뷔지에의 국립서양미술관과 같이 정방형의 닫힌 볼륨이 필로티 위에 얹혀 있다. 대성당의 건축적 성격과는 정반대로 무표정하고 수평적인 단순성을 취한 것이다. 불과 15미터 떨어진 대성당의 존재를 의식해 차별성으로 자신을 지켰다.

또 다른 사례로, 비록 대성당의 규모나 수직적 상징성을 따라갈 수는 없지만, 유

로마 게르만 박물관, 쾰른

사한 모티프의 차용 등을 통해 대성당과의 연관성을 모색하는 방안이 있다. 한 블록 떨어져 있는 프랑크푸르트 대성당과의 관계를 중시한 프랑크푸르트 근대미술관MOMA Francfurt, H. Hollein, 1982-1991은 돌출된 곡벽으로 대성당 앞에 늘어서 있는 이웃 블록의 건물 지붕선과 연계를 꾀하며 대성당과의 연속성을 추구했다. 이 곡벽에 있는 다수의 수직 프레임은 대성당의 수직성에 동조한다. 발라프리하르츠 미술관 현상설계에서 당선되어 건설된 미술관의 배치와 형태 역시 쾰른 대성당을 고려한 결과다. 건물 높이의 절반이 지하로 들어가 강 건너에서 봤을 때 미술관 볼륨이 V자형으로 나뉘고 중앙부에서 대성당이 솟아오른다. 지하에서 이어지는 하나의 건물임에도 잘게 나뉜 볼륨들이 결합된 것처럼 보이는 외형과 빛을 받아들이기 위한 톱날 천창의 모양 또한 크고 작은 첨탑들이 조합된 쾰른 대성당의 모습과 잘 어울린다.

대성당 앞에 늘어서 있는 이웃 블록의 건물 지붕선과 연계를 꾀하며 대성당과의 연속성을 추구하는 프랑크푸르트 근대미술관

부스만의 당선안에 따라 쾰른 대성당의 뒤편에 지어진 발라프리하르츠 미술관

발라프리하르츠 미술관을 위한 스털링의 계획안 가운데 강에서 바라본 입면도를 보면, 대비를 통해 자신의 정체성을 지키려는 전자의 경우와 동화되어 조화를 추구하는 후자의 경우를 함께 취하려는 의도가 읽힌다. 상자형의 두 단순한 볼륨이 정교하고 수직적인 성당의 뒷면과 대조되는데, 둘 사이를 띄어 그 사이에서 성당이 덜 가려지게 한 것이다. 그러나 미술관에 함께 입주한 쾰른 필하모닉Kölner Philharmonic의 오디토리엄을 지하에 둔 다른 건축가의 당선안에서 적극적으로 낮추

고 비켜준 것보다는 소극적이다.

전체 배치에 있어서는 대성당과의 마찰을 피하기 위해 높은 볼륨일수록 대성당과 거리가 떨어진 강 쪽에 배치했다. 스털링은 대성당에서 미술관 광장으로 들어오는 길목 한편에 대성당의 평면을 축소시켜 두 층 깊이로 광장 바닥을 파 조각 정원을 마련하고, 다른 한편에는 원형의 지구라트를 올려놨다. 다분히 대성당을 의식하면서 대성당 광장에서 들어오는 방문객들에게 미술관 광장의 입구를 강조해 정체성을 확보하고 싶어서였다.

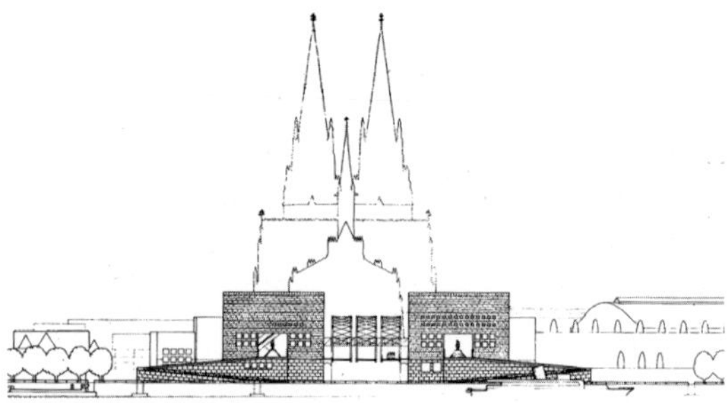
라인강 쪽에서 본 제임스 스털링의 발라프리하르츠 미술관 계획안 입면도. 좌측 볼륨이 뮤지엄이고 우측 볼륨에는 쾰른 필하모니가 입주하는 것으로 계획됐다.

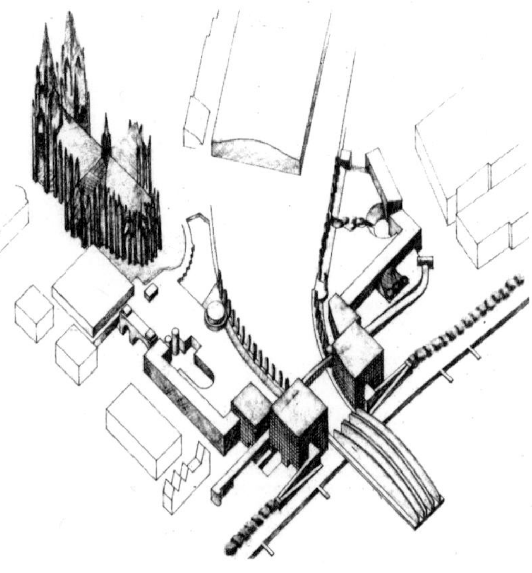
제임스 스털링의 발라프리하르츠 미술관 계획안 투상도

쾰른 대성당에서의 접근성을 극대화하기 위해 미술관으로의 진입광장 바닥의 높이는 인근 도시 레벨보다 더 높아 계단을 통해 올라와야 하는 대성당 광장의 높이와 맞춰졌다. 이로써 이웃한 철로의 높이보다 높은 광장을 확보해 시선과 소음을 차단할 수 있게 됐다. 앞서 언급했던 로마 게르만 박물관은 인근의 주거 건물과 높이가 동일하도록 계획됐다. 스털링의 계획안에서도 세 개의 전시공간 볼륨 중 이 두 건물과 가장 가까운 곳에 있는 전시동의 높이가 이들과 동일하다. 노르트라인베스트팔렌 미술관 계획안과 같이 이 미술관에서도 여러 개의 장방형 볼륨이 쾰른의 도시구조에 동참하려는 의도를 드러낸다.

슈투트가르트 주립갤러리 신관

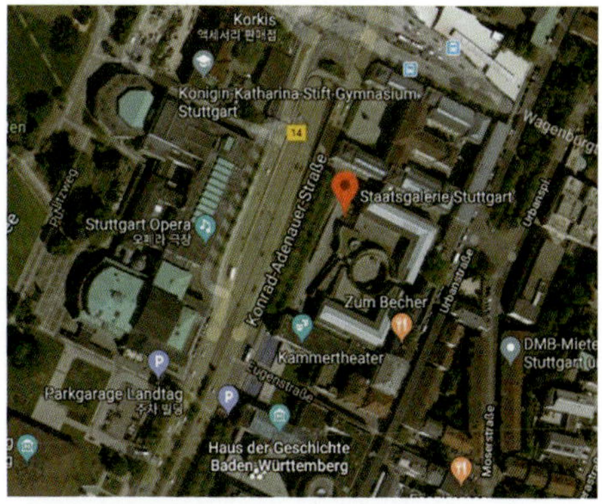

슈투트가르트 주립갤러리 주변 건물들

스털링의 세 번째 미술관 계획안이자 첫 완공작인 슈투트가르트 주립갤러리 신관은 기존 미술관을 확장하고 극장을 덧붙여 신축하기 위해 기존 뮤지엄 옆에 건설됐다. 신·구관의 앞면은 신고전주의 경향의 건물들이 늘어서 있는 콘라트 아데나우어가Konrad Adenauer Straße에 면해 있다. 이 도로의 건너편에서는 도심공원 내에 자리 잡은 슈투트가르트 오페라극장Stuttgart Opera이 마주 보고 있다. 제2차 세계대전 후 이 전면도로가 8차선 도로로 확장되기 이전에는 미술관 구관이 공원과 한 대지처럼 여겨졌었다. 인근에 여러 개의 뮤지엄과 음악당, 신궁전이 모여 있는 이곳은 슈투트가르트의 문화 중심지다. 미술관의 후면에 있는 우르반가Urbanstaße는 미술관 전면도로보다 지반고가 6미터 높다.

슈투트가르트 주립갤러리 신관의 배치와 형태는 구관의 배치와 형태에 호응했다. 당시 독일은 유리를 즐겨 사용하는 귄터 베니슈나 막膜구조의 대가인 프라이 오토Frei Otto, 1925-의 건축같이 가볍고 개방적이며 민주적이고 호전적이지 않은 건축을 신봉하고 있었다. 때문에 고전적 이미지를 풍기는 석재로 마감된 스털링의 계

슈투트가르트 주립갤러리의 구글 항공사진

획안은 격렬한 논쟁을 불러일으켰다.[6] 신축건물로서는 어색하기까지 한, ㄇ형 평면의 미술관 신관에 ㄱ형 평면의 실내음악당Chamber theatre 볼륨이 등을 대고 있는 배치는 H형 평면의 구관이 없었다면 발상이 어려웠을 것이며, 설명 또한 쉽지 않을 것이다. 이러한 착상은 일방향성의 동선이 문제가 되지 않는 상설전시실들을 직렬로 최상층에 배치시킴으로써 실현될 수 있었다. 오이겐가EugenStraße에 있는 극장 서비스동과 우르반가에 있는 미술관 행정부 건물이 인접한 옛 건물들의 스케일과 배치를 고려해 설계된 것은 슈투트가르트 역시 폭격과 재개발로 훼손된 옛 건물을 가능한 한 보존하려는 주최측의 요구에 응한 것으로 보인다. 1837년에 완공된 신고전주의풍의 구관을 참조해, 구관과 유사한 재료와 스케일을 새 극장동에 그대로 활용했으며, 신·구관 전면도로인 콘라드 아데나우어가 쪽으로 입구가 나 있다.

지금까지 살펴본 세 미술관의 대지 조건은 그 크기나 모양, 가로나 광장 같은 통행 조건, 이웃 건물의 용도나 규모 등 세부적인 조건이 다름에도 우리가 주목하는 유사성을 지니고 있음을 확인할 수 있었다. 도심에 위치해 주변의 기존 도시구조와 고전주의적 건물들에서 느껴지는 축적된 역사성을 공통적으로 고려해야 했기 때문일 것이다. 더욱이 세 미술관에 인접한 건물들이 문화적·역사적으로 간과할 수 없는 법원이나 성당, 미술관, 음악당, 극장 같은 건물이어서 그들과의 맥락적 교류를 더욱 중시할 필요가 있었다.

이와 같이 스털링은 대지 조건과 관련된 세부적인 차이점에 주목하기보다는 거시적 관점에서 바라본 도시의 보존과 활성화를 중시해, 도심에 위치한 미술관을 계획하는 데 있어 유사한 방안을 반복해서 제시하는 것을 주저하지 않았다.

세 미술관 계획안에 나타나는 공통 요소

대지 조건을 파악하고 도시 맥락을 고려한 결과인 세 미술관 계획안은 몇 가지 공통된 제안을 담고 있다.

'들린 광장'의 존재 이유

스털링의 초기 세 미술관 계획안에서는 미술관 전체가 전면도로보다 높은 위치에 새로 마련된 광장 위에 얹혀 있다. 스털링은 첫 미술관 계획안인 노르트라인베스트팔렌 미술관에서 저렴한 비용으로 도심에 주차공간을 마련하기 위해 들린 광장을 제안했다. 미술관 아래에 3개 층의 주차장을 두되, 지하 2층까지만 내려가게 해 터파기를 줄였다. 그 결과 지상 1층 주차장을 품은 들린 광장 위에 얹히게 된 미술관 주 출입구 앞에 도심의 번잡함에서 격리된 안전한 장소가 확보됐다. 슈투트가르트 주립갤러리 신관에서는 전면도로에서 봤을 때 지상 1층에 넓게 주차장을 배치해 들린 광장이 생겼다(대지 뒤쪽이 높아 안쪽이 절반 이상 묻혔으므로 우리나라의 법적 기준으로 봤을 때는 지하 1층이다). 기존 미술관이 같은 높이의 기단 위에 올라앉아 있어 신·구 건물 간의 조화에도 기여한 발상이다. 이렇게 도심에 위치한 현대 뮤지엄 하부에 대규모 주차장을 확보하는 것은 뮤지엄 방문객뿐 아니라 주변의 주차난을 고려한 정책적 배려로서 신축건물이 도시와 화해하는 방안이기도 하다. 로스앤젤레스 현대미술관The Museum of Contemporary Art, Arata Isozaki, LA, 1982-1986, 루브르 박물관, 그르노블 미술관 등 도심에 위치한 다수의 현대 뮤지엄이 대규모 하부주차장을 기획해 주차난 완화에 기여한다.

발라프리하르츠 미술관 계획안의 들린 광장은 앞서 본 것처럼 대다수 방문객이 대성당 광장을 통해 들어올 것을 예상하고 두 광장의 높이를 같게 하면서 자연스럽게 완성되었다. 대개의 경우 대성당의 전면광장 높이는 파리 노트르담 대성당에서처럼 주변 도시의 지반고와 동일하다. 그러나 쾰른 대성당은 대성당 전후좌우의 광장 전체가 주변

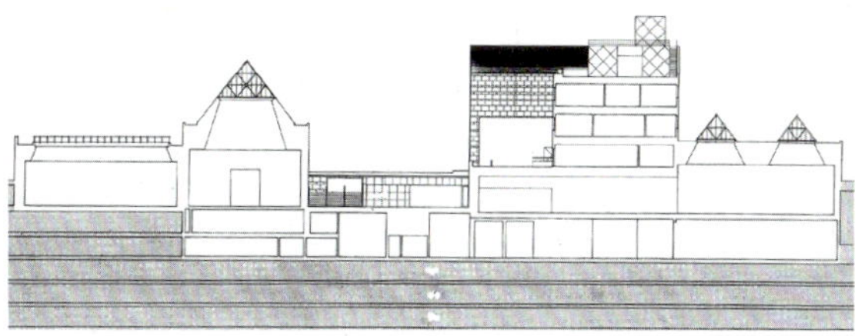

여러 층의 지하주차장이 있음을 보여주는 로스앤젤레스 현대미술관 종단면도

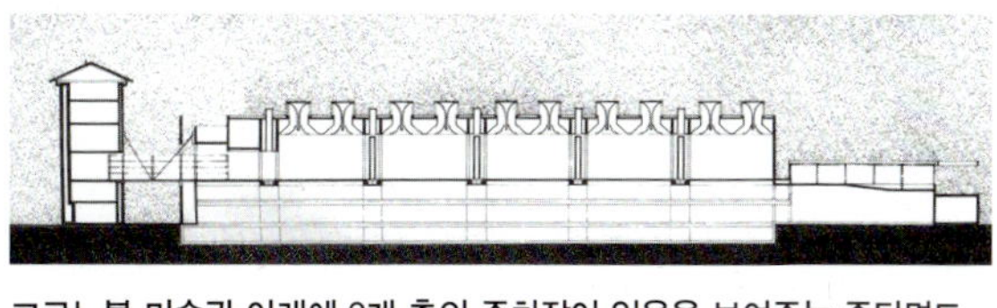

그르노블 미술관 아래에 3개 층의 주차장이 있음을 보여주는 종단면도

계단을 통해 올라가는 광장에 위치한 쾰른 대성당

슈투트가르트 주립갤러리 신관의 들린 광장. 전면도로와 단차를 이루는 벽에 수직통로인 경사로와 계단이 붙어 있어 단절감을 주는 옹벽의 이미지가 약화됐다.

의 도시 지반고보다 높게 설정되어, 진입하려면 광장의 가장자리에 있는 계단들을 통해 올라와야 한다. 스털링의 계획안은 이 높아진 대성당 광장에 미술관 광장의 높이를 맞춤으로써 방문객의 진입을 쉽게 하려는 것이었다. 이를 통해 자연스럽게 인접한 철로와 시각적·음향적으로 분리되며, 강을 내려다볼 수 있는 테라스까지 마련할 수 있었다.

들린 광장은 주변 통행로의 눈높이에서 봤을 때 자칫 과밀한 도심에서 장벽처럼 보일 우려가 있다. 또한 그 위에 얹힌 뮤지엄이 이웃과 격리된 듯이 여겨질 수 있다. 하지만 스털링 계획안에서의 들린 광장은 모두 넓은 대로를 접하고 있으며, 각 대지가 도심에 위치하면서도 최소한 한쪽으로는 공원이나 강으로 트인, 감압減壓된 주변 환경을 누리고 있어서 주변에 별다른 부담을 주지 않는다. 도리어 인근의 중요한 고전주의적 건물들과의 조화를 추구한다는 점에서 들린 광장은 고전적 박물관의 기단이 확장된 것 같다. 들린 광장의 높이가 구관의 기단 높이에 맞춰져 도시 맥락에 무리 없이 동화되는 슈투트가르트 주립갤러리 신관에서는 들린 광장의 옹벽을 따라 긴 경사로와 계단이 있어 방문객을 들린 광장으로 초대한다.

내부공간의 양면성

스털링의 초기 세 미술관 계획안에서 부각되는 또 하나의 특이점은 내부의 공간 성격에서 두드러지게 표출되는 양면성이다. 첫 미술관 계획안인 노르트라인베스트팔렌 미술관과 세 번째 계획안인 슈투트가르트 주립갤러리 신관은 입구 홀이

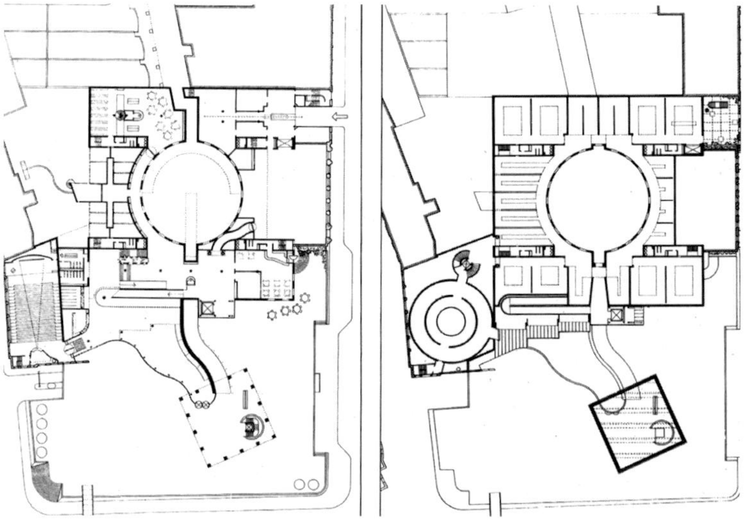

제임스 스털링의 노르트라인베스트팔렌 미술관 계획안의 주 출입구 층(좌)과 갤러리 층(우) 평면도

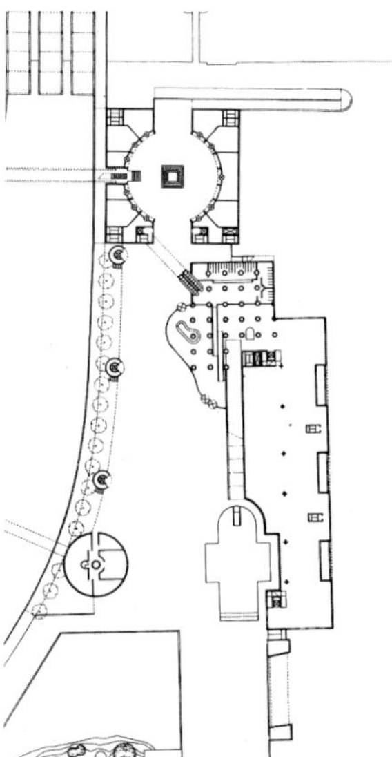

제임스 스털링의 발라프리하르츠 미술관 계획안 중 주 출입구가 있는 진입광장 층(4층) 평면도

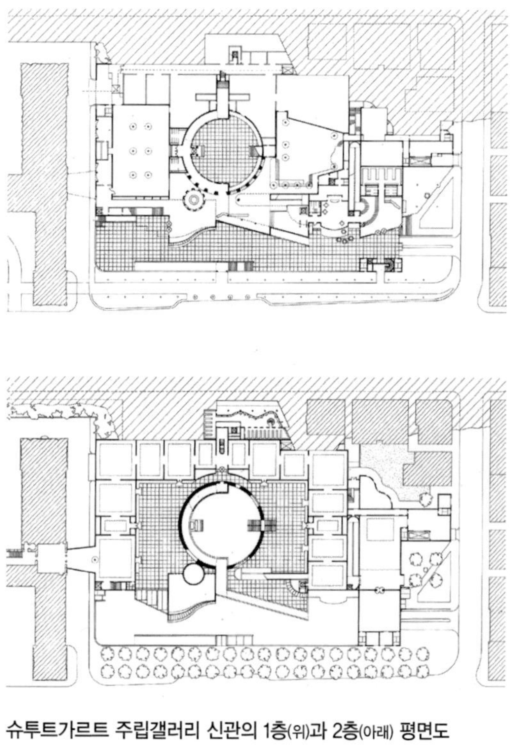

슈투트가르트 주립갤러리 신관의 1층(위)과 2층(아래) 평면도

슈투트가르트 주립갤러리 신관 입구 홀의 물결치는 유리 벽면

근대적 공간이고 전시공간은 고전적 공간이다. 두 번째 미술관인 발라프리하르츠 미술관은 근대적 공간 특성을 가진 입구 홀에 고전적인 건축 요소가 병치됐고 전시공간은 근대적 공간이다.

먼저 근대적 공간구성을 가진 입구 홀을 보자. 세 미술관의 입구 홀은 용이한 이행transition을 위해 알바 알토가 사용한 곡선이나 르코르뷔지에가 설계한 라투레트 수도원 부속 성당의 '음향을 위한acoustic' 곡선을 참조한 것 같은 파동형 유리벽에 의해 들린 광장과 구획된다. 이것은 미술관의 중심에 있는 원형의 외부정원(지붕이 없는 로톤다)을 제외하면 직각 공간으로 구성된 미술관에서 다른 볼륨들의 평면적인 정면성과 대비된다. 이후에 볼 리처드 마이어의 뮤지엄들처럼, 미술관 계획안에서 유독 입구 홀에 곡선을 도입해 주 출입구의 위치를 눈에 잘 띄게 하는 것이다. 파리에 있는 아랍 세계 연구소나 퐁피두 센터처럼, 뮤지엄이라는 공공건물로 쓰이는 용도임에도 때로 건축가의 개념을 이유로 주 출입구의 위치를 쉽게 알게 하는 배려가 무시되

슈투트가르트 주립갤러리 신관의 입구 홀 내부

곤 한다. 반면에 스털링의 주 출입구 처리는 입방체의 군집으로 이뤄진 다른 부분들과 구분되어 입구의 인지도를 높여준다. 넓은 유리 면적은 입구 홀 공간과 들린 광장의 시각적 연계를 돕는다.

규정되지 않고 확산되는, 부정형의 평면인 입구 홀은 전시실을 나누는 벽으로 지지되는 전시공간과 달리 기둥으로 지지된다.[7] 자유로운 평면의 근대적 속성을 지닌 세 미술관의 입구 홀에는 모두 산책과 이동성을 강조하는 경사로가 있어 근대적 공간이라는 성격을 분명히 한다. 발라프리하르츠 미술관의 입구 홀에는 구조적인 필요 이상으로 서른 개의 굵은 독립 기둥이 조밀하게 박혀 있어 고대 이집트의 신전 입구를 연상시킨다. 이러한 근대적 공간 안에 고전적 요소를 가미한 것은 미술관을 포함한 스털링의 후기 작품 성향을 예시한다. 스털링은 1980년 영국왕립건축가협회R.I.B.A.의 금메달 수상기념 강연회에서 자신의 관심이 과거와 현재 사이에서 끊임없이 요동치고 있다고 말했다.[8]

이제 세 미술관의 전시공간을 살펴보도록 하자. 노르트라인베스트팔렌 미술관의 전시실들은 최고의 르네상스 뮤지엄으로 알려진 우피치 미술관처럼 중앙에 위치한 외부원형정원의 가장자리를 따라 배치된 복도를 통해 들어가게 된다. 베를린 구舊박물관을 연상시키는 개별성이 강한 전시실들이 반복되는 고착성으로 인해 고전적 박물관의 전시공간 특성을 보인다.[9] 이러한 근대적 공간에서 고전적 공간으로의 이동 덕분에 방문객은 다양한 공간성을 경험할 수 있다.

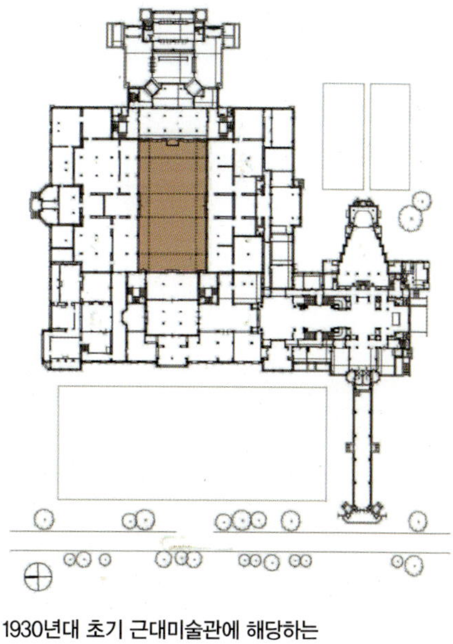

1930년대 초기 근대미술관에 해당하는 헤이그 시립미술관 2층 전시공간 평면도

발라프리하르츠 미술관은 평면과 단면으로는 근대적 공간의 성격을 보이지만 다수의 굵은 기둥의 존재로 인해 고전적인 공간감에서 반대로 근대적 전시공간으로 들어가게 계획됐다. 단차가 있는 입구 홀과 로비를 경사로로 오르며 기둥들 사이를 이동한 후에 접하게 되는 첫 번째

전시공간은 단 하나의 넓고 높은 공간이다. 필요에 따라 칸막이를 이용해 자유로운 구획이 가능한 가변성 있는 공간이다. 최상층의 전시공간은 매우 작은 전시실들이 미로처럼 얽혀 있는데, 전시실들의 구성방식은 초기 근대적 미술관인 헤이그 시립미술관과 흡사하다.

슈투트가르트 주립갤러리 신관의 일렬로 늘어선 고전적 전시공간

내셔널 갤러리 세인스버리 신관의 전시공간

실제로 지어진 슈투트가르트 주립갤러리 신관에서 입구 홀과 전시공간의 대비가 가장 극명하다. 두 공간 사이의 전이공간 역할을 하는, 왼쪽으로는 홀을 보며 올라가던 경사로가 반환점으로 몽당연필 모양의 기둥 위에 얹혀 있는 경사로 참에서부터 양쪽이 벽으로 막혀 복도로 변한다. 과거의 공간으로 들어가는 암시인 셈이다. 이 미술관의 전시공간은 잘 규정되고 적정한 비례를 지닌 개개의 전시실들이 고전적 처마도리architrave와 박공벽pediment이 양식화되고 단순화된 문틀로 꾸며진 개구부를 통해 일렬로 연결된다. 전형적인 고전적 전시공간의 재현이다. 전시공간만큼은 과거의 공간이 가장 좋다고 판단한[10] 스털링의 생각이 반영된 결과물인 이 전시공간은 로버트 벤투리가 설계한 내셔널 갤러리 세인스버리 신관Sainsbury Wing of the National Gallery, London, 1986-1991과 함께 현대 뮤지엄에서 고전적 전시공간이 부활하는 현상을 대표한다. 둘 간의 다른 점이 있다면, 전자는 건축가가 근대공간을 충분히 체득한

후 결국 전통적인 공간이 회화 전시에 낫다고 생각한 체험의 산물이라는 점이다. 반면에 후자는 전통 중시, 역사적 창조물에 대한 선호, 절충주의 수용, 장식과 표현의 장려라는 포스트모던적인 사고의 결과물이다.[11]

이와 같이 독일의 도심에 위치한 현대미술관의 내부를 구성하면서 근대적 공간성 일색에서 탈피해 과거의 공간을 공존시킨 것은 내부공간에서도 외부의 도시 맥락에서 느껴지는 전통성을 내면적으로도 견지해나가는 방안이다.

'도시적 조경'으로서의 외부공간

독일 예술사학자 클로츠H. Klotz, 1935-1999는 슈투트가르트 주립갤러리 신관의 특징을 도시에서의 여유 공간이라는 의미로 '도시적 조경'으로 규정했다.[12] 실제로 스털링의 초기 세 미술관 계획안에서 선명하게 드러나는, 산책을 위한 '도시적 조경'으로 기획된 외부공간의 특징을 살펴보자.

스털링이 계획한 세 미술관의 외부공간은 방문객들을 적극적으로 유도하고 그들이 방문하기를 기다리는, 체험되는 공간이다. 세 미술관 계획안에는 유사한 산책 유발 요소들이 거듭 나타난다. 번잡한 도심에서 떨어진 산책의 출발점을 마련해준 들린 광장, 산책의 즐거움을 배가시켜주며 다양한 볼거리를 제공하는 외부 경사로, 행로의 핵심인 외부 로톤다 공간 등이 그것이다. 그 결과 미술관은 가까이하기 힘든 위엄 있는 대상이 아닌 친밀하고 흡인력이 큰 대중의 장소가 됐다. 슈투트가르트 주립갤러리는 증축 전 방문객 숫자가 독일 내에서 50위권이었으나, 증축 직후 당시로서는 가장 많은 방문객이 찾는 인기 절정의 미술관이 됐다.

노르트라인베스트팔렌 미술관의 외부 산책은 입구를 상징하는 누각 아래에서 출발해 입구 홀의 곡벽을 따라 로비 하부를 관통해 중앙에 위치한 원형정원에 이르고, 마침내 보행자 전용도로를 통해 라팅어가까지 이른다. 지붕이 없는 로톤다 형식의 이 곡선형 담장으로 둘러싸인 원형정원과 보행자 전용도로의 구시가지 벽은 세월의 잔재가 녹아 있는 인간적 스케일의 산책 환경을 제공한다.

발라프리하르츠 미술관에는 쾰른 대성당과 라인강을 연결해주는 도시 산책을

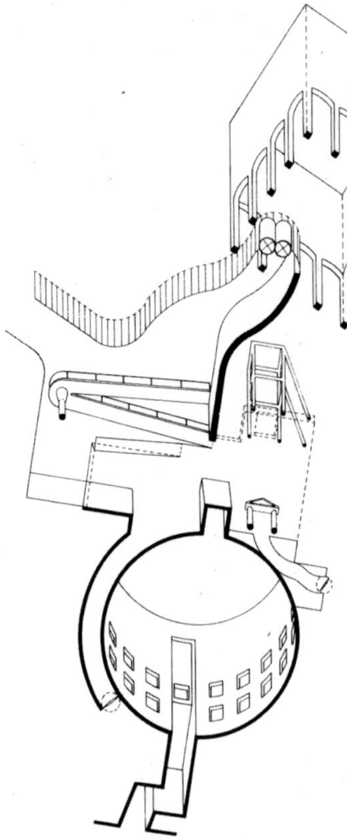

제임스 스털링이 노르트라인베스트팔렌 미술관 계획안에서 제시한 외부 산책로

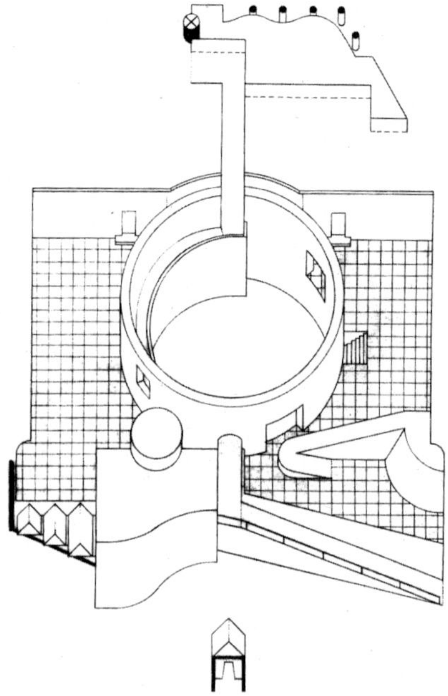

슈투트가르트 주립갤러리 신관의 외부 산책로

염두에 두고 계획된 널따란 광장이 있다. 대성당 광장으로부터 미술관 광장으로 들어오는 길목에 있는, 대성당의 평면을 축소한 형태로 파인 부분과 원형 지구라트는 각각의 실제적 기능과 아울러 광장 진입부를 명시한다. 광장에서 솟아오르고 밑으로 꺼진 채 과거의 종교건축을 상징하는 이 두 요소는 방문자의 호기심을 자극하는 볼거리다. 높이가 다른 상자형 건물이 적층된 모습과 입구 홀의 곡면 유리벽, 미술관과 오디토리엄을 연결하는 에스컬레이터가 들어 있는 두 개의 유리원통을 바라보며 진입하면 오디토리엄 하부의 원통형 광장에 이르게 된다. 뮤지엄 숍이 있는 이곳은 경사로를 통해 강변에 있는 녹지나 강변 산책로와 연결된다. 철로

슈투트가르트 주립갤러리 신관의 들린 광장에서 지붕 없는 외부 로톤다 옆을 돌아 미술관의 후면 도로까지 이어지는 외부 경사로의 출발점

슈투트가르트 주립갤러리 신관의 주 출입구 캐노피 철구조물

변에는 나무를 심어 운하의 둑이나 강변처럼 처리됐다.

앞서 계획한 두 미술관에서 시도한 외부 산책의 의도가 슈투트가르트 주립갤러리 신관에서 마침내 실현됐다. 특히 여기서는 미술관 앞뒤 도로의 6미터 높이 차

슈투트가르트 주립갤러리 신관의 중심을 차지한 지붕 없는 원형 로톤다와 그 뒤를 감아 오르는 외부 경사로

이를 극복해야 했다. 스털링의 미술관에서 외부 로톤다는 도시 계획적인 시각에서 축소된 도시로 제안됐다. 마침 이 미술관이 증축됨으로써 미술관 뒤쪽에 사는 주민들이 미술관을 빙 둘러 내려와야 하는 불편함을 덜어주라는 설계지침이 내려와, 앞의 두 계획안에서 시도했던 대지를 가로지르는 외부 통로 아이디어를 실현시킬 수 있게 되었다. 슈투트가르트 주립갤러리 신관에서 외부 로톤다의 가장자리를 타고 오르내리는 경사로는 대지 중심을 횡단하는 지름길로서 공공통행로가 됐다. 이 산책로는 지나가기만 하는 통과로가 아닌, 머무르고 바라보며 대화하는 장소다. 경사로의 출발점을 미술관 방문 후 휴식을 취하는 레스토랑 앞에 두어 접근성을 높였다. 입구 홀에서 내다보이는 외부 로톤다는 그것을 둘러싼 전시공간의 모든 창을 통해서도 보인다. 필요 이상으로 굵은 핸드레일에 칠해진 분홍색과 하늘색은 관광객의 시선을 유도하고 축제 같은 유쾌한 감정을 유발한다. 이 미술관의 특징인 역사적·지역적 참고reference, 고전적·낭만적 주제와 기술적·대중적 요소들의 혼재 같은 세부 처리도 산책을 유발하는 요인으로 작용한다.[13]

도시와의 조화와 기여

지금까지 스털링의 초기 세 미술관 계획안을 살펴본 결과 이 미술관들이 도심의 주변 환경과 조화되기 위해 모색한 방안은 다음과 같이 요약된다.

첫째, 건물이나 도로 상황 같은 주변의 직접적인 관련 인자들과의 교감을 들 수 있다. 철거될 건물의 파사드를 일부 재활용해 장소가 갖는 기억을 소중히 여긴 점,

사실상 하나의 건물을 여러 동의 건물로 나뉜 것처럼 보이게 해 위압감을 줄이고 주변 건물들의 규모와 실루엣 등을 고려한 점, 신축한 현대 건물이면서도 내·외부 공간과 형태 및 입면에서 고전적 요소를 적절히 혼용해 구도심의 맥락에 동화되려 노력한 점 등이 부각된다.

둘째, 이러한 기존 상황과의 조화 추구와 아울러 발라프리하르츠 미술관의 대성당이나 강, 철도, 슈투트가르트 주립갤러리의 구관같이 문화적·역사적·자연적으로 존중받을 필요가 있는 대상들과의 대응법이 주목된다. 발라프리하르츠 미술관 계획안은 이러한 절대적 고려 대상들이 미술관의 배치와 형태를 선택하는 데 결정적인 영향을 미쳤음을 보여준다. 쾰른 대성당이라는 위대한 문화유산과 독일의 젖줄인 라인강과의 사이에서, 이 미술관은 대성당과 강의 연계 및 강에서 대성당으로의 조망 등을 우선적으로 고려하면서도 자신의 정체성을 지키려는 의도를 드러냈다. 슈투트가르트 주립갤러리 신관에서도 구관의 형식에서 대부분의 이유를 찾을 수 있는 배치와 형태 및 재료, 전시공간의 성격, 들린 광장을 선택해 신·구관에 전시된 작품을 함께 감상하는 방문객들에게 연속적인 환경을 제공한다. 하지만 정면성이 강한 전통 건축과 달리 파사드가 없는 건물을 제시함으로써 구관과의 경쟁 없이 조화로우면서도 독립성이 있는 신관을 제시했다.

셋째, 세 미술관 계획안이 앞서 언급한 기존 도시 맥락과의 조화에 만족하지 않고 적극적으로 도시에 기여할 수 있는 방안을 어떻게 모색할 수 있는지 살펴보았다. 미술관 전체를 방문객들에게 내어주듯 대지를 관통하는 행로는 보안 문제를 중시한 계획으로 일정 수준 거리감을 느끼게 하는 대다수의 다른 미술관들에 비해 파격적인 환대를 펼쳐 보인다. 들린 광장의 선택이나 외부 경사로의 적극적인 도입, 조경이나 조각 전시에 활용할 수 있는, 존재presence하기보다는 차라리 부재absence한 비실재negation로 다가오는 외부 로톤다 공간 등은 보이기만 하는 시각적 대상만이 아닌, 산책하면서 체험하는 '도시적 조경'을 도심에 선사한다.

한스 홀라인
Hans Hollein

아라타 이소자키
Arata Isozaki

Hans Hollein
Arata Isozaki

한스 홀라인과 아라타 이소자키의 이념적 뮤지엄

우리는 뮤지엄 건축의 역사가 다른 건축 유형들보다 상대적으로 뒤늦게 발전했음을 앞서 확인했다. 오늘날 뮤지엄 건축이 새로운 건축 경향을 이끌어가는 최전선에 자리매김한 것에 비하면, 그리 멀지 않은 과거에 이러한 뮤지엄 건축이 성장한 것 자체가 새삼스럽기까지 하다. 스털링의 미술관에서는 뮤지엄 건축에서 1970년대가 갖는 의미를 살펴봤다. 뮤지엄 건축이 건축을 선도하는 위치에 올라설 가능성을 보인 조짐도 그즈음에 시작됐다.

뮤지엄 건축 역사의 격변기에 등장한 뮤지엄들 중 오스트리아 건축가 한스 홀라인이 설계한 압타이베르크 미술관Museum Abteiberg, Mönchengladbach, 1976-1982과 일본 건축가 아라타 이소자키가 설계한 로스앤젤레스 현대미술관이 서로 다른 건축 철학을 따르면서도 미술관의 사회적·공간적 기능을 잘 감당하기 위한 건축적 방안에서 공통점을 지닌 것에 주목하자. 예술 지향성이 유독 강하고[1] 뚜렷한 건축적 소신을 인정받는 그들의 건축 철학인 이원성과 분열적 절충주의가 두 미술관에 각각 반영됐음에도, 현대 미술품을 잘 보여주는 미술관이 되기 위해 공통적으로 뮤지엄 건축 유형의 고유 특성을 반영한 점이 흥미롭다. 현대 건축가의 뮤지엄에 관해 다른 장에서는 건축가별로 들여다보았는데, 여기서는 두 건축가의 뮤지엄 대표작 하나씩을 골라 뮤지엄 건축의 특성에 호응하는 방안을 비교하면서 그것이 갖는 의미를 찾아본다.

홀라인 건축의 이원성과 압타이베르크 미술관

종합 예술작품으로서의 미술관 건축

홀라인이 설계한 압타이베르크 미술관은 앞서 본 슈투트가르트 주립갤러리 신관과 함께 소위 포스트모던 경향을 보이는, 건축의 다양화된 경향이 뮤지엄 건축에 반영되어 많은 변화를 가져온 중요한 초기 사례다. 이 미술관이 건물 유형과 뮤지엄의 환경 측면에서 전통적 개념을 허물어뜨렸는데, 여기서부터 뮤지엄 설계의 다변화가 시작되는 진정한 변화가 있었다고 보는 시각도 있다.[2] 뮤지엄 건축이 고귀한 물품을 보여주는 장소로만 여겨졌던 당시에 인습적인 뮤지엄에 익숙했던 예술가들은 예술성을 강조한 능동적인 구조물로서 등장한 이런 종류의 미술관에 반대하기도 했다. 라이트가 설계한 뉴욕 구겐하임 미술관에서 건축이 앞에 나섰을 때 이를 거부했던 것처럼 말이다.

홀라인은 "나는 항상 건축을 일종의 예술로 간주했다"[3]고 말하며 공공연하게 건축을 예술의 한 부류로 취급했다. 그는 비엔나 보자르 아카데미와 스웨덴, 일리노이공대, 버클리대학 등에서 공부하고 일하면서 많은 예술가와 교류했다. 예술가로서 밀라노, 베니스, 뉴욕에서 전시회도 열었다. 홀라인이 압타이베르크 미술관이 건립된 도시인 묀헨글라트바흐와 처음 관계를 맺은 것은 큐레이터이자 예술기고가, 예술가이기도 하면서 1967년부터 18년 동안 이곳 시립미술관의 관장이기도 했던 클라더스Johannes Cladders, 1924-2009가 홀라인에게 작품전 개최를 요청하면서부터였다. 건축이 기능적 필요가 아닌 예술이라고 믿은 클라더스는 이후 홀라인에게 새 미술관 설계까지 맡겼다. 홀라인은 클라더스와 의기투합해 현대예술에 대한 자신의 생각을 건축적으로 적용시켜 나갔다. "예술은 근본적으로, 언제나 공간을 정의하는 방식을 나타낸다. 건축과 분리된 후 예술은 다른 방식으로 내세워야 할 자율적인 요구가 됐다. 예술에서 분리된 건축은 자율적인 예술이 될 것을 요구받는다. 이 갈등은 뮤지엄에서 정점에 달한다. 그 자체가 예술품이라고 선언하는 뮤지엄만이 유일하게 이 갈등을 포용할 수 있다. 뮤지엄은 20세기의 잠재적인 토털아트Total Art다. 건축의 공간적 요구와 예술의 공간적 요구를 결합시킴으로써 그렇게 된다."[4]는 클라더스의 견해는 홀라인을 만나 꽃을 피웠다.

뮤지엄이 시각적 경험의 가장 다양화된 형태들이 모이는 집약점이라는 두 사람의 공감된 개념에 의하면 새로운 미술관은 중성적 그릇과 다른 어떤 것이 돼야 했다. 이때 각 예술작품이 토털예술 역할을 하는 뮤지엄 안에 통합되어 커다란 시나리오를 이룬다. 이런 뮤지엄에서 작품은 더는 추상적 배경에서 전시되지 않으며, 전체적 표현의 부분이 되는 예술품의 역할은 변하게 된다. 여기서는 더 이상 작품의 자율성이 목적이 되지 않으며, 공간과 작품 사이에 의도적으로 조직된 교감을 탐구하게 된다.

한스 홀라인의 작품으로 비엔나에 있는 유대인 환영 서비스 오피스(Jewish Welcome Service Office)의 앞을 장식한 야자나무 조형물

형태와 재료의 혼합물인 외부

뮤지엄을 가능성을 지닌 토털아트로 보는 클라더스의 생각과 건축을 예술로 여기는 홀라인의 생각은 압타이베르크 미술관에서 형태와 재료의 혼합물로 나타났다. 이 미술관은 높낮이 변화가 많은 경사 지형과 미술관 전·후면에서의 보행자 동선 연결, 주변 건축물들의 서로 다른 성격과 크기에 민감하게 반응했다. 그 결과 하나로 연결된 구조물이지만 외부에서 봤을 때는 상호 연관성을 지닌 개별 건물들의 연속체처럼 보인다. 합리주의의 흔적인 단순한 볼륨들이 예기치 않았던 곡선이나 다각형으로 터뜨려졌다. 서로 다른 재료들, 형태들과 상징 코드들이 속출하는 이 미술관은 알바 알토가 끈기를 갖고 차분하게 대립시킨 파편화된 통사론과의 유사성을 떠올리게 한다.[5]

이런 분할된 외관은 재료를 다양하게 사용함으로써 강조됐다. 기단부의 물결치는 화단 벽돌, 옥상광장의 석재 바닥, 임시전시실의 바둑판무늬 포장석, 빛나는 장

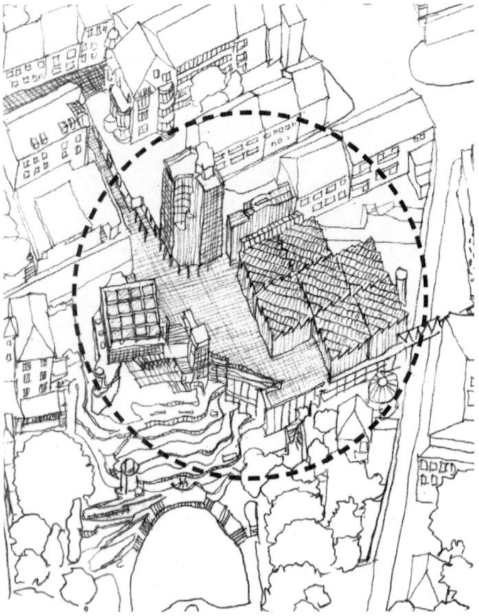

압타이베르크 미술관과 주변을 보여주는 부등각 투영도

식적 모서리를 가진 행정탑의 석재와 바로크식 커튼월, 상설전시실들의 회색 톱날지붕 마감재인 아연-티탄, 기술합리주의의 잔재인 알루미늄 패널, 혼합된 전체의 열쇠이자 무게중심이 되고자 하는, 작은 신전 같은 입구의 백색 대리석과 크롬이 이 미술관을 재료와 볼륨의 콜라주가 되게 한다. 홀라인의 이러한 접근방식을 아이러니의 관점에서 본 건축 역사가이자 비평가 리쿼트Joseph Rykwert, 1926-는 형태와 재료에서 과도하게 세련된 다양성 때문에 분열의 위험이 있는 장난스러움을 느꼈다. 그러면서도 다른 요소들 사이에 긴장이 너무나도 뚜렷했기 때문에 그것들이 하나의 집단에 속한다는 것이 자연스럽게 보임을 지적했다. 이렇게 형태가 다른 곳마다 달라지는 여러 재료의 상이한 물질성이 형태와 재료라는 건축의 두 핵심 구축인자의 동반 변화라는 이원성을 드러낸다.

이 미술관은 당시 건축의 주류 개념과 상반되게 주변의 전경을 따라 엄격한 일관성이 결여된 느슨한 배치를 취했다. 가장 위대한 것은 개체 속에 반영되어 있으며 빌라는 도시처럼 넓고 독자적인 우주가 되어야 한다고 생각한, 르네상스 시대를 대표하는 두 건축가이자 이론가인 알베르티L. B. Alberti, 1404-1472나 팔라디오가 언급한 '도시 같은 빌라'의 개념을 드러낸다. 팔라디오의 『건축4서*Quattro Libri dell'Architettura*』(1570)에 나오는 이상적인 빌라에 부합하는, 다양한 방법으로 결합된 건물들로 인해 풍성하게 형성된 복합체가 제안된 것이다. 이는 독립적인 건물에 대한 기능주의자들의 유형에 대한 거부였다. 도시적 건축술의 관점에서 보면 큰 건물의 나뉜 결합에 대한 새로운 물음이었다.

이러한 시도는, 여기서 자세히 설명하지는 않겠지만, 걸으면서[6] 보는 행위가 결합된 뮤지엄 건축에 중요한 건축적 산책 개념을 생각할 때 '내·외부 분리 산책'의 특성을 보인다.[7] 형태와 재료의 동반 콜라주로 이뤄진 외부와 이후 거론될 특이한 내부공간 간의 시선 교류가 배제된 채 내부와 외부에서 별도의 완성도 있는 산책을 누리기 때문이다. 건축적 산책에서도 외부와 내부를 분리하는 이원성을 드러냈다.

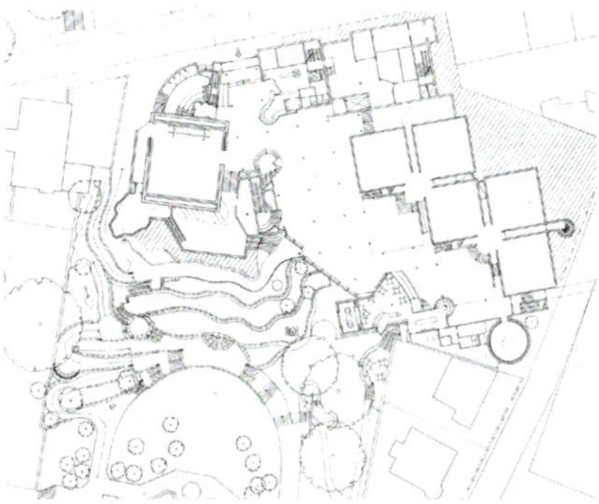

압타이베르크 미술관의 1층 평면도(전면도로 레벨)

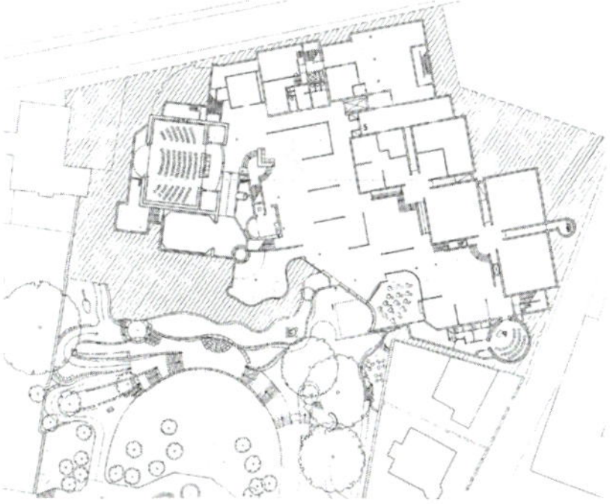

압타이베르크 미술관의 지하 1층 평면도(정원 레벨)

수직적으로 솟은 행정동 외에는 낮고 분절된 이 미술관의 내부는 현대예술의 상황을 요약하려는 듯 변화가 많다. 뒤랑이 권고해 이후 뮤지엄 건축의 표준이 된 고전적이고 반복되는 공간분할은 찾아볼 수 없다. 대신 크기와 모양, 분위기가 모두 다른 성격의 전시실들이 연속된다. 높거나 낮고, 넓거나 좁으며, 정형적이거나 비정형적이고, 한정적이거나 개방적인 전시실들은 장소의 다양성을 제공하고, 전시품들에 대해 서로 다른 대응을 하게 한다.

이 미술관에서 다른 층 간의 관계도 그러하다. 잘 다듬어진 흰 대리석으로 만들어진, 원이나 정사각형 일부분이거나 경사로 모양으로 움푹 들어갔거나 불쑥 내민 디딤판의 계단들이 눈에 잘 띄는 전략적인 지점들에 놓여 있다. 건축적 오브제인 이 계단들은 연결과 멈춤을 설득력 있게 하는 전환점들로서 내부의 공간성 변화를 증폭시킨다.[8] 이런 계단 시스템은 홀라인이 설계한 프랑크푸르트 근대미술관에도 적용되어 미로적 공간을 보완한다. 포스트모던 뮤지엄의 공간이 그러하듯이 때로는 비대칭적

압타이베르크 미술관 전시공간 내의 계단

이기도 한 다양한 계단 체계가 미술관의 미로식 계획에서 방문자에게 다양한 여정을 고를 수 있게 한다.

내부에서의 이원적 공간구성

홀라인은 행성들이 두 개의 초점을 지닌 타원 궤도를 그린다는 천문학의 발견에서 비롯된, 바로크 양식의 특징을 가장 잘 드러내는 이원성이 자신의 작업에서 가장 주목할 만한 양상임을 인정했다.[9] 압타이베르크 미술관에 적용된 이원적 의도는 먼저 지하 1층에서 지상 2층까지 3개 층에 전개된 전시공간에서 정형적 공간과 비정형적 공간의 복합구성으로 드러난다. 합리적으로 정의된 '지성적 과정의 본질'과 비합리적·상상적·낭만적 근원을 가지는 '직관적 충동의 본질' 사이의 투쟁이 미술관에서 가장 중요한 전시공간에서 드러났다.

이 미술관은 전시공간의 중앙부에 위치한 가변적이고 개방된 주 갤러리의 양편

압타이베르크 미술관의 비정형 전시실

압타이베르크 미술관의 정형 전시실

에 서로 다른 방 형식으로 마련된 전시실들이 조합되어 있다. 주 갤러리보다 입구와 가까운 전시실들은 비정형적이다. 이와 반대로 주 갤러리 너머 안쪽의 전시실들은 가로세로 10미터×10미터 크기의 정방형 공간단위들이 클로버 모양으로 배치되어 정형적이다. 이렇게 성격이 서로 다른 공간들의 순차적 배열은 다양한 공간경험을 가능케 한다. 한정됐으나 비정형적인 일련의 전시실들에서 중심부의 넓은 공간으로, 이어서 한정되고 정사각형인 정형의 공간으로 가는 동안 각각 다른 바닥 높이는 공간 성격의 차이를 부각한다. 일견 미로식 같은 구성으로 서로 다른 성격의 전시실들이 순차적으로 전개되어, 방문객은 층의 구분부터 시작해 자신의 위치를 파악하기 쉽지 않다. 그 다양성은 살던 집이 미술관이 된 소언 경 미술관Sir John Soane's Museum, London[10] 전시공간의 다양성처럼 돋보여, 압타이베르크 미술관은 "자유와 불확정성의 미술관"으로 묘사되기도 한다.[11]

압타이베르크 미술관의 개방된 주 갤러리

전시공간의 중앙부 아래층과 위층에 위치한 주 갤러리에 있는 기둥들 덕분에 이곳 전체를 하나의 넓은 공간으로 사용할 수 있을 뿐만 아니라 이동 가능한 칸막이들로 다양한 방식으로 구획하여 사용할 수 있다. 여러 방식으로 칸막이를 배치할 수 있음을 보여주는 그림은 칸막이가 설치될 경우 모두 두 기둥 사이에 끼워질 것임을 보여준다. 이것은 근대건축에서 칸막이를 기둥과 떼어놓아 칸막이가 하중을 지지하지 않는 독립적인 요소임을 보이는 방식과 다르다. 이 미술관에서 칸막이들은 기둥 사이에 끼워져 하중을 받는 내력벽처럼 보인다. 변용이 쉽다는 점에서 공간의 융통성은 누리면서 근대적 공간의 자율적 인상은 억제한 것이다. 관장 클라더스는 예술이 구축된 공간을 품어야 하고 정해진 공간 안에 자리해야 한다고 믿었다. 움직일 수 있는 칸막이를 사용하는 것이 임시건축의 인상을 주는 예술품 판매 장터 같은 분위기를 만든다며 싫어한 그의 견해가 두 기둥 사이를 꽉 채우는

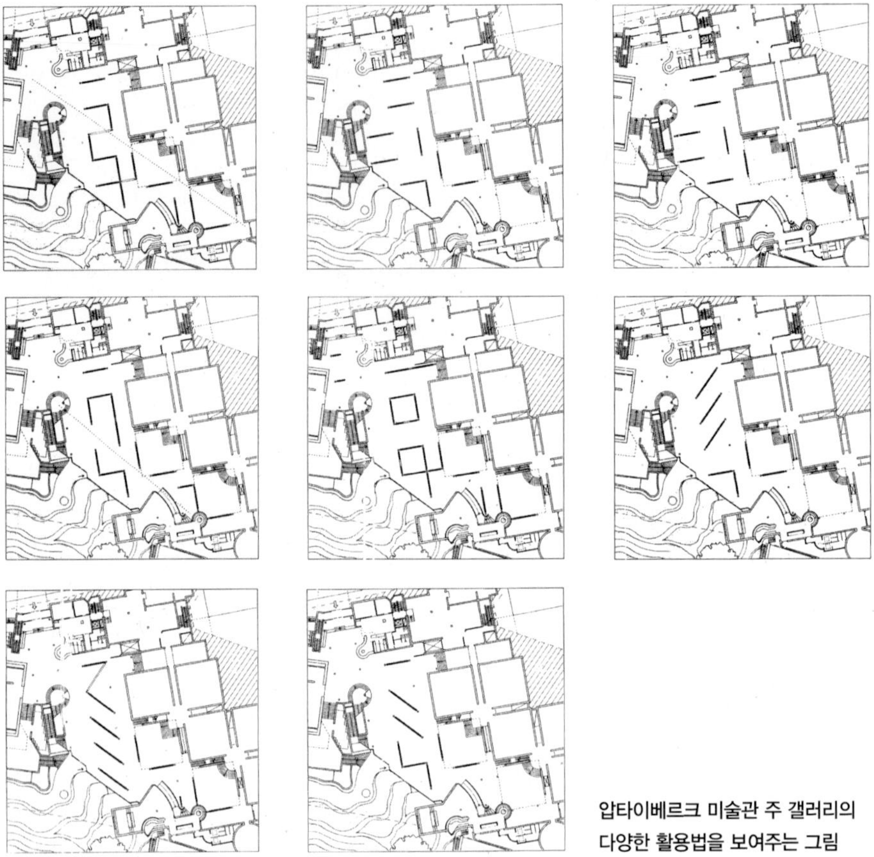

압타이베르크 미술관 주 갤러리의 다양한 활용법을 보여주는 그림

이곳 칸막이에 대한 설명이 될 수 있을 것이다.[12]

칸막이가 사용되지 않을 때에 형광등 조명이 비추는 투박한 창고 같은 주 갤러리는 완성되지 않은 불완전한 공간이라는 인상을 준다. 이와 반대로, 다른 전시실들은 전시된 작품들의 맥락을 따르는데, 각 예술가와 전시에 알맞은 건축적 연출이 부여됐다. 이런 전시공간의 혼용은 공간을 밝히는 조명방식으로도 강조된다. 자연광과 인공광의 혼합은 내부 전체를 통해 나타나는 성격과 강도에 따라 다르다. 원형의 작은 방을 포함한 세 개의 곡벽 방은 원형의 천창을 통해 조각품 전시실로 들어온 자연광으로 부분 조명된다. 직선 벽으로 둘러싸였으나 이형인 전시실은

〈표 1〉 압타이베르크 미술관의 이원적 특성

		이원적 특성		
외부		형태와 재료의 동반 변화 / 내·외부 분리 산책		
내부	공간성	비정형의 규정된 방들	넓고 자유로운 공간	정형의 규정된 방들
	조명법	자연광	인공광	자연광(2층) / 인공광(지하 1층, 1층)
	색채	백색(전시공간)	다채색(교육 및 집회 시설)	

압타이베르크 미술관의 색이 있는 공간

벽을 따라 천장에 난 개구부를 통해 자연광을 받는다. 2개 층의 정사각형 전시실들과 주 갤러리는 인공광에 의지한다. 최상층의 정사각형 전시실들과 1층 주 갤러리 일부의 천장은 톱날지붕고측창sheds을 통해 들어오는 자연광으로 밝혀진다. 아래 2개 층의 정사각형 방들은 각각 특정 예술가들의 설치작품을 담고 있으며, 최상층의 매우 밝은 정사각형 방들에는 회화가 전시되어 있다.

내부에 적용된 색채도 이원적 특성을 보인다. 전시된 회화나 조각이 자체의 색을 보유하고 있으므로 전시공간의 벽과 천장은 백색으로 숨죽인다. 바닥도 밝은 회색이다. 반면에 작품과 이격된 강당이나 극장, 어른과 아이들이 그림 그리기와 조각을 배울 수 있는 교실 같은 곳은 영국 빅토리아 여왕 시대의 색으로 넘쳐난다.[13] 이 미술관에 나타나는 이원적 특성을 정리하면 〈표 1〉과 같다.[14]

이소자키의 분열적 절충주의와 로스앤젤레스 현대미술관

외부에서의 분열적 절충주의

홀라인이 압타이베르크 미술관에서 그랬던 것처럼, 이소자키도 캘리포니아 플라자California Plaza에 있는 로스앤젤레스 현대미술관이 단 하나의 시각적 이미지로 표현되는 것을 원치 않았다. 대신 이 미술관을 통해 로스앤젤레스 특유의 분열되고 파편화된 현대도시의 면모를 공고히 하고자 했다. 건축주와 건축가의 뜻이 일치했던 압타이베르크 미술관과 달리, 이 미술관을 계획할 때 미술관 이사들 중에서 선발된 건축위원회와 많은 갈등을 겪었던 이소자키는 여러 대안을 제출해야 했다. 양자 간에 현대미술관의 전시공간에서 전시품이 가장 중요하고 기타 건축적 요소들에 의한 혼란은 최소화돼야 한다는 데는 합의했지만, 이 개념을 서로 다르게 이해했다. 건축위원회는 전시실 내부의 공간성뿐만 아니라 외부형태에서도 건축 요소들을 최소화해 중성적·추상적인 처리를 요구했다. 건축위원회 회장은 상자 모양의 극히 단순한 건물을 원했다. 그러나 이 문화적 장치들을 통해 도심에 일종의 상징물을 짓기 원했던 이소자키에게 이 미술관은 도시의 구성적 부분으로서 독특한 요소들이 부여된 뭔가 다른 것이 돼야 했다.

이 미술관의 설계가 시작된 1980년대 전반부에 이소자키는 건축적 인용의 컬렉션이라고 할 수 있는 추쿠바 센터Tsukuba Center, Ibaragi, 1979-1983를 완성했다. 당시 그는 자신의 기본자세를 그가 가장 근본적인 절충주의라고 여긴 분열적 절충주의라고 설명했다.[15] 이소자키는 이 센터에서 동서양의 역사적 건축 양식들과 추상적인 근대주의적 건축 형태들로부터 단편들을 모아 나란히 분리해놓는 방법을 썼다. 이러한 병렬은 중심부의 속이 빈 공간을 강조하기 위해 불협화음을 유발하는 장치로 사용됐다.

추쿠바 센터

이소자키는 1970년대 초반에 작업한 군마 도립미술관Gunma Prefecture Museum of Art, Takasaki, 1972-1974에서는 정육면체가, 후지미군郡 클럽하우스Fujimi County Clubhouse, Oita, 1973-1974에서는 자립적인 체계를 위해 실린더들이 반복 확장하여 눈에 보이는 무한대성을 드러내고자 했다. 그는 이런 방식으로 서서히 개발된 해법들이 고전주의 시기의 건축 형태들과 유사성이 있음을 포착했다. 부분적인 건축적 인용들을 모아 건물을 합성해낸 추쿠바 센터는 하찮은 부흥운동revivalism에 빠지지 않게 주의하며 근본적인 절충주의를 추구한 결과물이다. 여기서 추상적인 입방체나 실린더, 과거로부터의 직접적인 인용은 다른 근대주의적 형태들과 비교해 구체적이면서 비유적이다. 포스트모더니즘의 여러 경향에서 관찰되는 모방과 풍자가 느껴진다.

군마 도립미술관

후지미군 클럽하우스

이런 1970년대를 거쳐 이소자키는 로스앤젤레스 현대미술관에서 마침내 그 후 오랜 기간 지속될 분열적 절충주의의 기본 개념을 표현했다. 이 미술관이 육면체와 실린더, 피라미드 같은 순수하고 추상적이며 기하학적인 형태들을 사용하긴 하지만, 이것들은 과거 건축에서 인용된 요소들을 은유적으로 환기한다. 바로 건축에서의 이중코드double code다. 이 기하학적 요소들은 각기 자신의 모습을 강조하지만 어느 것도 전체 조형을 지배할 만한 힘을 갖지는 않는다. 개별 요소들이 분열적으로 결합됐다. 이런 얌전한 일종의 콜라주 수법은 1980년대 이소자키의 트레이드마크였다. 이 형태들은 전체 조형을 부드럽게 해주는 삽화의 의미만을 가지며, 의미가 박탈된 기하학적 오브제가 아닌 풍부한 연관관계를 가진 요소로 취급된다. 1970년대 초 이소자키의 형식적인 입체들의 무한 반복, 1970년대 후반 인용된 양식적 요소들의 나란한 배치와 대조를 이루며 로스앤젤레스 현대미술관은 분열적 절충주의의 기본 개념을 향해 느리게 진행되었다.

이러한 변화를 1970-1980년대에 이소자키가 설계한 뮤지엄들에서 확인해보자. 그는 군마 도립미술관의 기본 구조로 입방체 틀을 사용했다.[16] 기타큐슈 시립

기타큐슈 시립미술관

미술관Kitakyushu City Museum of Art, Fukuoka, 1972-1974은 언덕의 정상부에 우뚝 서서 도시를 굽어보고 있다. 도시의 기념물이 된 것이다. 여기서 정사각형의 단면 크기가 9.6미터×9.6미터, 길이가 65미터인 두 개의 평행한 튜브가 땅 밖으로 떠오르는 것처럼 극적으로 드러난다. 반면에 로스앤젤레스 현대미술관은 구조적 특이성이 강조된 전례들과 달리 적용된 구조와 기술 체계는 평범하다. 대신 피라미드나 또 한 번의 정육면체 및 터널형 둥근 천장 같은 서로 다른 여러 기하학적 형태들이 한 장소에 모였다.

미술관의 상징적 표 내기로 대중의 관심을 끌기 위해 이소자키는 로스앤젤레스 현대미술관에서 건물의 재료와 형태를 주의 깊게 연구했다. 외벽은 지붕 위 채광창의 투명성과 사무공간이 위치한 터널형 지붕의 선명함과 대비되는 불그스름한 자연석으로 마감됐다. 절반이 지하로 내려가서 단편적인 이 건물의 이미지는 행정부서가 위치한 터널형 지붕과 전시실 지붕에 얹힌 피라미드형 유리 채광창의 표현주의 안에 간직되어 있다. 이 파편의 집합은 주변 고층건물들의 억압적인 비인간성을 상쇄하려는 상징적 효과를 노린다.

로스앤젤레스 현대미술관

내부의 미니멀리즘

현대미술관이라는 용어를 사용할 때 우리는 흔히 현대 작품의 전형적인 미학적 창작방식인 개방성, 융통성, 자유로움 같은 것을 떠올린다. 오늘날의 현대미술관에는 순응하기를 거부하는 새로운 작품을 순종시키려는 까다로운 문제를 해결해야 할 의무가 없다. 현대미술관이 암암리에 지닌 임무가 있다면 어떤 절대적인 기준을 설정하고 모든 것을 획일적으로 맞추게 하는 행태를 제거해주거나, 또는 오늘날의 예술가들에게 개념적인 원동력을 더 널리 펼칠 수 있는 장소를 제공하는 것이다.

이소자키는 현대미술관에서 고려해야 할 세 가지 요소로 빛 환경, 전시실의 비례, 동선을 든다.[17] 그는 현대미술관의 전시공간에 융통성이 있어야 한다는 점을 인정한다. 그러나 동시에 방문객을 안내하고 동선을 제공하는 고정된 벽이 필요하다고 여겨 퐁피두 센터의 극단적 융통성은 비판한다. 대신 그는 큰 벽은 고정되어야 하고, 작은 칸막이들이 최대한의 융통성을 제공해야 한다고 봤다. 이러한 고정된 벽들의 조합이 현대예술에 헌정된 미술관에 형태를 부여하는 데 매우 중요하다고 여겼다. 이런 생각으로 그는 로스앤젤레스 현대미술관에서 중정 주변에 일곱 개의 전시실을 배치했다.

전시실들의 형태와 마감은 중성적이다. 매끈하고 흰 벽, 이동 가능한 칸막이, 걸레받이가 생략된 마룻바닥이 그러하다. 이소자키는 "건축가는 미술관 내부에 어떠한 자신의 디자인도 부과해서는 안 된다. 예술작품을 방해하지 않기 위해 중성적으로 머물러야 한다. 이 원칙을 나는 로스앤젤레스에 적용했다. 이 현대미술관의 내부는 가장 완벽한 미니멀리즘이다."[18]라고 설명한다. 필요 없는 요소들이 완전히 제거된 공간이 전시물에 집중하기에 이상적이라는 데에 그가 동의함을

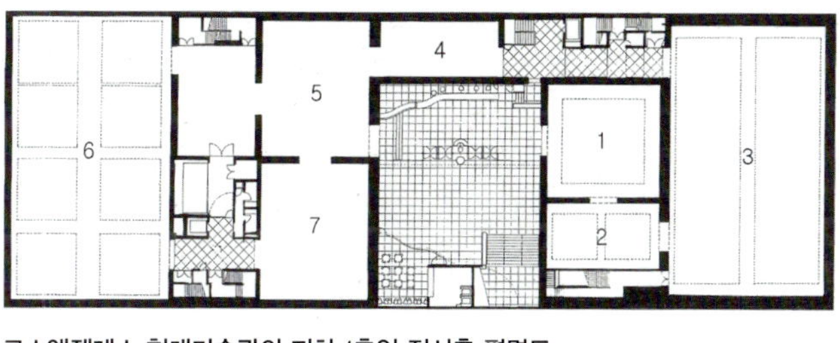

로스앤젤레스 현대미술관의 지하 1층인 전시층 평면도

하라 미술관

보여준다. 이소자키가 설계한 목조 미술관으로 역시 피라미드형 천창을 지닌 하라 미술관Hara Museum ARC, Gunma, 1987-1988도 바닥과 흰 벽이 걸레받이 없이 만난다. 몇몇 현대미술관에 나타나는 이 방식은 사소하게 보일 수 있지만, 걸레받이의 존재 유무는 전시환경에 적잖은 차이를 가져온다. 바닥청소 시 이물질이 새하얀 벽을 더럽힐 가능성이 다분함을 감수하며 걸레받이를 생략한 것은 그만큼 미니멀한 분위기 창출에 신경을 썼다는 얘기다.

이소자키의 관심은 남부 캘리포니아의 빛을 최대한 활용하고 공간적으로 미묘하게 다른 분위기를 지닌 상이한 유형의 전시실을 마련하는 데 있었다. 로스앤젤레스 현대미술관의 전시실들은 세 가지 방법으로 조명된다. 이 세 가지 채광법이 각 전시실에 서로 다른 성격을 부여한다.

첫 두 전시실(1, 2번)은 플라스틱 필름이 입힌 유리로 된 샌드위치 패널인 세 개의 피라미드형 천창으로 밝혀진다. 그 결과 이 두 전시실은 넓이에 비해 천장이 높게 상승한다. 현대 회화나 조각은 크기가 다양하며 설치작품도 많다. 천장이 상승하는 두 전시실은 공간의 조직화를 염두에 둔 것으로, 천장은 높아지되 끝부분에서 빛을 들이는 유리 면은 의외로 작다. 많은 자연광을 유입하는 것보다는 천장을 높

로스앤젤레스 현대미술관의 첫 전시실 천창

로스앤젤레스 현대미술관의 세 번째 전시실

여 다양한 전시공간을 보유해야 하는 현대미술관의 요구에 대응하려는 목적이 더 컸다.

다음 전시실(3번)은 천장에 설치된 V형의 빛 반사기 위로 처음의 두 전시실보다 더 많은 자연광을 들이는 천창이 보이는 방이다. 미술관에서 흔히 사용되는 빛 반사기는 때로 천장을 향해 시선을 끈다. 아래를 향해 뾰족한 이 전시실의 반사기는 천장 면의 절반만 차지한다. 이 반사기는 인공조명 설비를 지탱하는 격자형 틀에 매달려 있다. 다소 복잡하게 보이는 천장 모습으로 인해 다른 전시실들에 비해 중성적인 면이 약화됐다. 그럼에도 바닥과 벽의 단순함과 빛 반사기 및 인공조명 틀이 보여주는 잠재적 면성面性 덕분에 전시공간에 필요한 안정된 분위기는 유지된다.

전시공간의 중간 부분에 위치한 4·5·7번 전시실은 인공조명으로 밝힌다. 그 사이에 있는 6번 전시실에는 천장에 있는 여덟 개의 피라미드형 채광창과 그 아래의

로스앤젤레스 현대미술관의 여섯 번째 전시실

반투명 천장을 통해 여과된 자연광이 유입된다. 이 반투명 천장 면은 그 위의 작은 피라미드형 채광창들을 가려 그 존재를 감춘다. 이 전시실은 인공조명이 비추는 4·5·7번 방들처럼 중성적 육면체로 전시품만을 위한 비표현적 공간이다.

이 미술관은 과거 미술관들에서 보이는 닫힌 전시실들의 연결이 현대 예술품을 전시하는 데 여전히 유효함을 보여준다. 그러나 이곳의 전시실들은 슈투트가르트 주립갤러리 신관이나 카레 다르처럼 일렬로 줄지어 서 있지 않다. 동선의 흐름은 다방향성이며, 각 전시실은 내력벽으로 굳게 둘러싸여 있다. 외부에서는 차이점이 분명히 드러나지만, 내부는 중성적 성격을 보이며 단순화된 채 일련의 미묘한 차별성을 보인다. 현대 예술품들의 전시는 이 변화의 사슬을 때로 공고히 하기도 하고, 지우기도 한다. 로스앤젤레스 현대미술관에 적용된 분열주의적 절충주의가 가져온 결과물의 특성을 정리하면 〈표 2〉와 같다.

〈표 2〉 로스앤젤레스 현대미술관에서의 분열적 절충주의

	방법	제시
외부	동서양의 역사주의 양식과 근대주의 건축에 발견되는 순수 기하학적 볼륨들	원통형, 피리미드형, 정방형과 장방형 볼륨 사용
내부	순수 기하학적 외관에 호응하는 중성적 공간성	희고 평탄한 벽으로 둘러싸인 추상적인 전시실들, 전시실 크기와 천장을 활용한 공간성 변화

홀라인과 이소자키의 미술관이 갖는 공통적 특성과 의미

지금까지 살펴본 것처럼 압타이베르크 미술관과 로스앤젤레스 현대미술관은 두 건축가의 서로 다른 건축적 의도의 산물이다. 주변 환경의 차이가 크고 각자 사고의 바탕이 달랐다. 그런데도 내·외부에서 상당한 공통점이 있다. 뮤지엄 건축이라는 공통분모에서 그 원인과 의미를 찾아본다.

형태상의 첫째 역설: 랜드마크로서의 드러냄

뮤지엄 건축은 공공건물로서 작품을 보존하고 전시하는 본연의 임무와 함께 드물지 않게 그 자체가 작품으로, 기념물로, 문화적 오브제로, 도시의 랜드마크로 이중적 기능을 감당해왔다. 1970년대부터 뮤지엄 건축이 새로운 도시적 감수성을 키워왔음을 앞에서 살펴봤다. 뮤지엄은 가능한 한 많은 사람이 문화예술을 누리고 교육의 기회를 제공받는 장소이기에 그만큼 강한 흡인력을 표출하기도 한다. 특정 지역을 대표하는 랜드마크로서의 이미지 고취는 문화상품으로 대표적 관광자원인 뮤지엄 건축의 중요한 전략이라 할 수 있다. 두 미술관도 이 점에 소홀하지 않았다.

홀라인은 압타이베르크 미술관을 드러내기 위해 전체 구성에서 유일하게 수직적 요소인 행정탑을 미술관 앞 도로에서부터 옥상광장 위로 치솟게 했다. 이 행정탑은 높이뿐 아니라 그 형상과 재료로도 시선을 모은다. 이것의 외피 재료인 사암砂巖과 물결치는 두 커튼월—하나는 북쪽으로 틀어지고 다른 하나는 정원과 전망이 있는 남쪽으로 꺾여 들어가는—은 개념적으로 어디에서나 있을 수 있는 자연(곡선으로 이루어지고 침식된)과 문화(직각과 완결된) 사이의 근본적인 대치를 구현한다.

수직성을 통한 드러냄의 욕구는 홀라인이 설계한 뮤지엄인 화산활동 유럽센터에서 화산을 상징한 원뿔형 형상에서도 확인된다. 이 뮤지엄을 위한 계획안에서 홀라인은 주변 화산지역을 고려해 건물을 과시적으로 드러내기보다는 숨겨진 뮤지엄이 되기를 요구한 설계지침서를 의도적으로 무시해, 제한설계공모전에서 1등

압타이베르크 미술관의 행정탑

을 하지 못했다. 하지만 최종 결정권자가 홀라인의 제안이 오히려 "화산에 대한 기억을 분명하게 살리고 일체화할 상징적인 이미지를 지니고 있다."[19]는 이유로 최종 당선작으로 지명해 건설됐다.

화산활동 유럽센터

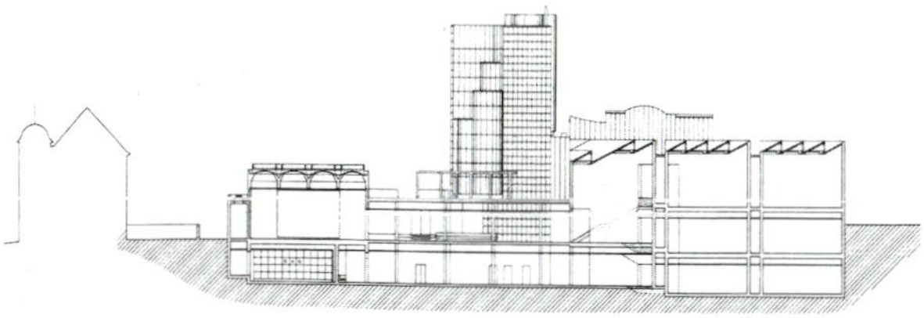

압타이베르크 미술관 종단면도

주변 스카이라인보다 돌출된 형상이 눈에 잘 띄는 것은 당연하지만, 모서리가 허물어져 침식된 이 행정탑은 교회 등 오래된 주변 건물들의 수직성과 어울리려는 방편이기도 하다. 주변 건물들의 크지 않은 규모에 맞춰 분절된 인상을 주면서도 곳곳에 있는 수직성과 교감한다. 전체주의에 시달렸던 독일의 과거에 과민했기 때문인지 과도한 높이나 완전히 당당한 모습으로 도시의 기념비가 되는 것은 피했는데, 주변 상황을 볼 때 그렇게 하면 안 되는 상황이었다.

압타이베르크 미술관이 행정동의 수직성으로 랜드마크 역할을 수행할 것을 기대한 반면에 로스앤젤레스 현대미술관은 원통을 뉘인 터널 모양의 행정동 지붕에 나타나는 수평성으로 랜드마크의 역할을 감당한다. 이 반원통형 지붕의 수평적인 불투명성은 여러 개의 작은 유리 피라미드를 대동한, 높이가 볼트 지붕과 거의 동일한 큰 피라미드의 상승하는 투명성과 대비된다. 필로티 위에 얹혀 더욱 시선을 끄는 이 볼트는 랜드마크가 되기 위해서 꼭 규모가 크거나 수직적이어야 할 필요가 없음을 보여준다.

이소자키의 다섯 번째 뮤지엄으로 로스앤젤레스 현대미술관이 완공된 해인 1986년에 시작된 브루클린 미술관Brooklyn Museum, New York, 1986-1993에서 이소자키는 동선체계의 중심부에 미술관의 주요 시각적 랜드마크로서 바닥에서 높이가 250

로스앤젤레스 현대미술관 진입부

피트(≒7.62미터)인 수직적인 오벨리스크를 첨가하며 그 역할을 중시했다. 그런 그가 로스앤젤레스 현대미술관에서 수평적 드러냄에 착안한 데는 여러 내외적인 여건이 있었기 때문으로 보인다.

외적인 상황으로는, 캘리포니아 플라자 주변 개발계획에서 부과된, 미술관 전면도로인 어퍼 그랜드 애비뉴Upper Grand Avenue 너머로의 전망 차단을 최소화하라는 설계지침서 요구에 대응한 것으로 볼 수 있다. 이는 미술관 전체를 가라앉혀 전시공간 층의 바닥 높이가 전면도로 높이보다 낮게 자리 잡은 이유이기도 하다. 실제 미술관 앞의 인도에서 계단 여덟 단만 올라서면 미술관 후면의 플라자 레벨로 연결된다. 내적인 상황이라면 현대 건물에서 잘 사용되지 않아 눈길을 확 끄는 터널형 지붕을 이소자키가 이 미술관 설계 당시에 자주 사용한 것을 들 수 있다. 그는 1970년대 작품들에서, 특히 당시 설계한 다수의 주택들 지붕 대부분에 반원통형 볼트를 얹었다.[20] 이 지붕 형태에 익숙해진 이소자키는 앞서도 언급된, 주변 고층건물들의 수직성에 대응하며 미술관의 정체성을 얻기 위해, 자체적으로는 다수의 피라미드형 천창들에 기죽지 않을 반원통형 볼트를 도입했다.

이렇게 압타이베르크 미술관은 수직적인 행정동의 부서진 외관과 산업 재료의 찰나성으로, 로스앤젤레스 현대미술관은 현대 건물에서 흔히 보기 힘든 행정동의 수평적인 터널형 지붕으로 존재감을 드러냈다. 대형 규모가 아닌 뮤지엄에서 기념비적 크기의 무리수를 두지 않고도 자신의 존재를 각인시키고 방문을 촉진하는 데 랜드마크로서의 역할을 한 것이다.

형태상의 두 번째 역설: 시각적 분절, 파편화와 하강하는 진입

압타이베르크 미술관과 로스앤젤레스 현대미술관은 이렇게 눈길을 끄는 방안

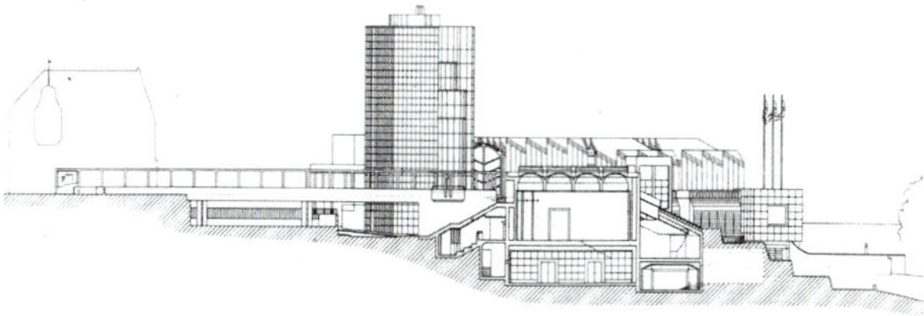

압타이베르크 미술관 횡단면도

을 모색하면서도 미술관의 전체 볼륨은 분절/파편화하여 덩치를 가능한 한 작게 보이게 했다. 두 건축가가 이런 모순적인 제안을 한 이유는 뮤지엄 건축에 대한 그들의 인식과 주변 상황을 배려한 데서 찾을 수 있다.

압타이베르크 미술관이 주변 건물들의 크기와 조화를 이루기 위해 하나의 연결된 건물이면서 분절/파편화된 것처럼 보이도록 제안됐음은 앞에서 살펴봤다. 그 효과는 미술관으로 접근하는 두 방향인 전면과 후면에서의 진입 시 서로 다른 이유로 배가된다.

먼저, 원래 지형의 등고선을 따라 배치된 결과로 높낮이의 변화가 있는 압타이베르크 미술관은 후면에 해당하는 아래의 공원에서 봤을 때 올라가며 경사지에 겹겹이 배치된 화단 너머의 또 다른 켜로서 나지막하게 나타난다. 필자가 이 미술관을 방문했을 때 아래쪽에서 접근한 까닭에 마치 프랑스 농촌의 경사지에 층층이 쌓인 포도밭을 아래에서 올려다보는 것 같은 느낌이 들었다. 수직적인 행정동도 옥상정원 윤곽선의 뒤편에 물러나 있어 덜 수직적이다.

공원에서 올려다본 압타이베르크 미술관

이 미술관의 앞면인 도시 쪽 외관에서의 분절되고 파편화된 인상은 볼륨의 변화와 함께 앞서 언급된 재료의 다양성에 의해 강조된다. 미술관 전면도로의 폭이 넓지 않아, 뒤로 물러나 미술관의 전체 길이를 한눈에 담을 수도 없다. 지반고가 더 높은 건너편 도심에서 수평으로 진입하는 길은 지반고가 낮은 미술

압타이베르크 미술관의 옥상 테라스

관 전면도로에서는 육교가 되어 미술관의 옥상정원에 곧장 이르면서 발아래에 펼쳐진 도시정원과 원경을 접하게 되어 미술관의 볼륨감은 약하다. 미술관이기에 눈앞에 정면성을 제대로 갖춘 건물이 나타나리라는 기대와는 딴판이다.

로스앤젤레스 현대미술관은 정면에서 봤을 때 양단부에 지하로 내려간 전시공간 볼륨이 낮게 배치되고 중심부에 필로티 위에 얹힌 행정동이 높게 위치한 형상이어서 세 부분으로 나뉘어 보인다. 미술관이 대지 전체를 차지한 긴 장방형의 한 덩어리 건물임에도 중앙부 위에 행정동을 띄워 부각시키고 분절된 건물처럼 보이게 하는 것은 압타이베르크 미술관에서와 같다. 이때 중앙부 행정동의 터널형 지붕과 그 좌우에 있는 크고 작은 피라미드형 천창은 각자의 모양으로 인한 독자성이 있어 건물의 파편성을 강조한다. 전면도로에서 미술관 뒤편의 캘리포니아 플라자로 누구나 지나갈 수 있도록 해야 한다는 설계지침에 맞춰 전시공간의 지붕 일부를 그 통과로로 이용하기 위해 전시실을 한 층 낮추었기에, 이런 기하학적 요소들이 시각적으로 더 가깝게 다가온다.

과거의 고전적 뮤지엄들은 예술을 위한 전당으로 높다란 기단 위에 올라 위엄을 드러냈다. 반면에 현대 뮤지엄 건축에서는 외부와의 연계성과 흡인력을 높이기 위해 진입부에서 입구 홀 내부가 쉽게 인식될 수 있도록 진입부 레벨과 입구 홀 바닥 레벨의 높이차를 되도록 줄이려는 뮤지엄이 적지 않다. 반면에 대지 경계 안으로 들어서서 주 출입구를 향해 외부를 걸을 때나 입구 홀 안으로 들어와서 전시공간을 향해 내부를 걸을 때 위가 아닌 아래로 내려가는 경우는 흔치 않은데, 압타이베르크 미술관과 로스앤젤레스 현대미술관이 이에 해당한다.

압타이베르크 미술관은 전면의 도시 레벨에서부터 후면의 공원 레벨로 점차 내려가는 경사지에 있다. 앞에서도 언급했지만, 도심에서 미술관을 향한 수평 보행로가 미술관 바로 앞의, 도심 도로보다 낮은 레벨인 뮤지엄 전면도로에서는 육교가 되면서 미술관의 옥상광장으로 방문객을 수평 이동시킨다. 전면도로를 향해 있는 주 출입구가 있지만, 육교를 넘어온 방문자는 계속 낮아지는 공원을 내려다볼 수 있는 이 옥상광장에 돌출되어 있는, 육교의 축선상에 위치한 별도의 출입구를 통해 하부의 미술관으로 내려간다. 낮은 공원에서 올라오는 방문객도 이 출입구를 이용해 입구 홀로 내려간다. 이 내려가는 통로는 뮤즈의 전당으로 들어서는 길목으로, 내부 전체를 통해 성격과 명암도에서 변화를 주는 자연광과 인공조명이 혼합되어 환하다. 이 출입구는 작지만, 르코르뷔지에의 구세군 빈민수용소Cité-Refuge de l'Armée du Salut, Paris, 1929-1933의 정자형 입구pavilion-entrance나 아크로폴리스 언덕의 입구인 프로필레아Propylea처럼 놓칠 수 없는 정문 역할을 한다.[21] 이 육교를 넘지 않고 그 아래의 도로를 면해 육교 아래에 위치한 출입구로 들어온 방문객도 도로 레벨보다 네 단의 계단을 내려와 입구 홀과 주 갤러리의 레벨인 1층 바닥에 이른다. 이 주 갤러리 양편의 전시실들도 모두 계단을 통해 아래로 내려가야 다다를 수 있다.

압타이베르크 미술관 옥상 테라스에 있는 입구. 뒤편 공원에서 올라오는 길과 도심에서 다리를 넘어와 옥상 테라스에 이르는 행로와 만나는 곳에 있다.

로스앤젤레스 현대미술관에서도 미술관 대지에 들어선 후 우측의 외부계단을 통해 한 층 아래로 내려가야 입구 홀 전면의 마당에 닿는다. 미술관 전체 대지의 하부에 3개 층의 지하주차장을 의무적으로 둬야 함에도, 땅을 더 깊게 파 전시공간을 지면보다 아래로 내린 것이다. 주요 진입로가 된 이 외부계단은 이소자키가 애용한, 마릴린 먼로Marilyn Monroe, 1926-1962의 바디라인에서 따온 곡선의 난간으로 방문객을 유도한다. 입구 홀 내의 안내데스크도 이 곡선으로 디자인되어 입구 홀 안으로 안내하는 초대자 역할을 한다. 이소

파리 구세군 빈민수용소의 정자형 입구

로스앤젤레스 현대미술관에서 지면보다 아래에 위치한 전시공간 입구의 앞마당. 왼쪽에 마릴린 먼로 곡선의 난간이 보인다.

자키는 등받이가 이 곡선을 따른 이소자키 마릴린 의자Isozaki Marilyn Chair까지 출시했었다.

이처럼 뮤지엄의 영역에 들어서면서 외부공간에서 이미, 또는 입구 홀에 들어서자마자 아래로 내려가는 이례적인 방법은 1980년대 후반부터 약 10년간 일본 건축가 안도Tadao Ando, 1944-의 뮤지엄 건축 경력 초기의 작품들을 뒤에서 언급할 때 다시 이야기할 것이다. 파리 노트르담 대성당의 뒤편 공원 아래에 묻혀 있는 제2차 세계대전 강제이송 희생자 기념관Mémorial des Martyrs de la Déportation, G.-H. Pinguisson, 1960-1962처럼 추모 장소에서나 드물게 보이는, 하강하면서 진입하는 것은 번잡한 일상을 떠나 공간이 방문객의 내면을 일깨우는, 감상을 위한 마음가짐을 준비하는 데 유효한 방식이기도 하다.

파리에 있는 제2차 세계대전 강제이송 희생자 기념관. 좌측의 내려오는 계단과 우측의 올라가는 계단 사이에 좁은 전시공간 입구가 있다.

전시공간에서의 역설, 차별성과 일관성

차별성: 다양한 현대 예술품과의 조응

뮤지엄은 건축가의 조형 능력을 가장 잘 드러내는 건축 유형이지만, 그 안에서 전시될 오브제를 위한 장소이기도 하다. 극히 중성적이거나 표현적인 공간성을 지닌 뮤지엄들이 각자 웅변하는 것처럼, 어떤 공간 성격이 전시에 최적인가에 대한 합의를 보는 것은 기대하기 어렵다.

지면 아래에 있는 덴마크 M/S 해양박물관

압타이베르크 미술관의 2층 전시실

압타이베르크 미술관과 로스앤젤레스 현대미술관의 전시공간 성격은 서로 다르지만 둘 다 이동하면서 계속 변화된 공간성이 등장하는 점은 같다. 압타이베르크 미술관의 전시공간은 고전적 공간성과 근대적 공간성을 함께 품은 채 전술된 것처럼 크고 작은 정형과 비정형, 한정적이거나 개방적인 공간성이 계속되는 바닥 높이의 변화와 함께 순차적으로 제시된다. 앞서 거론됐고 제시된 평면도에서 확인할 수 있듯이, 여기서 전시공간은 평면적으로 세 개의 공간군群으로 구분된다. 입구 홀과 제일 가까운 지하 1층과 지상 1층의 전시실은 규정됐으나 비정형적이고 자연광이 유입된다. 중앙부에 해당하는 지하 1층과 지상 1층의 주 갤러리는 자유롭고 열린 채 공원을 내려다보는 큰 창이 있지만 주로 인공조명으로 밝혀진다. 입구에서 제일 먼 쪽에는 정사각형 방들이 지하 1층, 지상 1·2층의 3개 층에 네 잎 클로버처럼 모여 있다. 옥상정원 위로 돌출된 지상 2층의 전시실에만 톱날지붕고측창을 통해 자연광이 들어온다. 〈표 1〉에서의 공간성 변화를 참조해 이 세 전시공간군을 규정된 공간(d=defined space)과 자유롭게 열린 공간(f=free space), 조명방식(n=natural light, a=artificial light), 정형(r=regular form)과 비정형(ir=irregular form) 공간으로 표시하면 〈표 3〉의 결과를 얻을 수 있다.

이러한 전시공간군이 각 층에서 순차적으로 전개된다. 같은 층에서도 바닥 높이 차이가 있는 이 공간군들이 계단이 끼워져 있는 좁은 통로로 연결되어 방문자는 다양한 공간성 변화를 경험한다.

반면에 로스앤젤레스 현대미술관은 정방형이거나 두 개의 정방형을 붙인 것 같은 비례를 가진 장방형의 단층 전시실들이 독립적인 전시실의 고착성, 이동경로의 강제성 같은 고전적 면모를 보이며 연결되어 있다. 그러나 여기에서도 〈표 4〉에서처럼 전시실 간의 공간성 변화는 계속된다. 평면도에서도 확인할 수 있듯이 크게 세 규모로 나눌 수 있는데, 전시실의 상대적 크기(l=large, m=medium, s=small), 조명방식(n=natural light, a=artificial light)과 천장 모양(△=pyramidal ascension, −=flat)의 세 가지 조합이 계속 달라져 미묘한 공간성 변화가 촉발된다.

전시실의 상대적 크기를 계속 다르게 하고 상부에 행정동이 있어 자연광 유입이 불가능한, 중앙부에 있는 5번과 7번 전시실은 제약조건을 활용하며 이를 천장의 모습에도 반영해 각 전시실의 차별성을 부각시켰다. 3번 전시실은 앞서 거론된 것처럼 천창 아래에 있는 빛 반사기와 인공조명 틀이 잠재적 면성을 보인다.

프랭크 게리 뮤지엄 장에서 더 자세히 거론될 현대 뮤지엄 건축의 경향 분류에 적용해본다면 형태적으로는 '환경예술로서의 뮤지엄'을, 환경적으로는 '즐거움으로서의 뮤지엄'을 지향한 압타이베르크 미술관은 내부에서도 이에 걸맞게 다수의 방문객이 스스럼없이 즐기는 대중적인 공간성을 선택했다. 여기서 연출된 복합적인 공간은 더 역동적이고 흥겨워 대중적인 호소력을 높인다. 이러한 경향의 대표적 건축가인 프랭크 게리 같은 이는 이렇게 만들어진 전시공간이 전시품을 보잘것없이 만드는 게 아니라 오히려 가치를 높여준다고 믿는다.[22]

로스앤젤레스 현대미술관은 외관과 달리 내부에서는 '신성한 장소로서의 뮤지엄'의 특성을 보인다. 이런 뮤지엄은 방문객들이 전시품 감상을 통해 휴식과 문화적 충족감을 얻을 수 있도록 안정감 있고 간결한 공간을 제공한다. 그럼에도 장방

〈표 3〉 압타이베르크 미술관 전시공간의 공간성

전시구역	1(입구 쪽)	2(중앙부)	3(제일 안쪽)
층	지하 1층	1층	지하 1층, 1층, 2층
공간성	d, n, ir	f, a, ir	d, a(지하 1층 & 1층), n(2층), r

〈표 4〉 로스앤젤레스 현대미술관 전시실들의 공간성

전시실 번호	1	2	3	4	5	6	7
크기	m	s	l	s	m	l	m
조명방식	n	n	n	a	a	n	a
천장 모양	△	△	—	—	—	—	—

형 평면의 전체 틀 안에서 여러 크기로 분할된 전시실들이 넓이와 깊이, 높이, 조명법 등에서 변화를 줘 정중동靜中動의 의지를 드러낸다. 정사각형의 첫 전시실 천장에서 솟구치는 피라미드형 천장은 관람 시작부터 이곳이 예술품에 헌정된 제단임을 알린다.

일관성: 전시 집중을 위한 배려

이렇게 계속 바뀌는 공간성을 드러내는 두 미술관에서도 정도의 차이는 있지만 전시공간에서 일정 수준의 일관성이 유지된다. 압타이베르크 미술관의 경우 공간성의 연속적 변화 자체가, 로스앤젤레스 현대미술관의 경우 모든 전시실에서 직각을 견지하는 네 모서리가 각자의 한결같음을 드러낸다. 이러한 일관성은 방문 후 기억의 집적으로 형성되는 미술관에 대한 이미지로 남게 된다. 두 미술관 전시공간의 벽과 천장은 모두 백색이다. 백색은 특정 색을 지닌 전시물을 돋보이게 하기 위한 배경색으로 현대 뮤지엄의 내부에서 가장 흔히 쓰인다. 그럼에도 여기서 백색을 주목하는 것은 두 미술관이 근대 이후 뮤지엄의 건축 경향에서 차지하는 위상 때문이다.

슈투트가르트 주립갤러리 신관과 구관의 이음부

미술관의 주요 소장품인 지난 시대의 회화나 조각물은 대부분 건물의 내부나 외부를 장식하는 용도로 쓰였다. 사람이 거주하는 장식된 내부는 거의 색으로 꾸며져 있어 과거 뮤지엄들의 전시실 내벽은 흔히 채색되어 있었다. 증축된 건물로서 기존의 뮤지엄 건물과 연결된, 앞서 거론된 슈투트가르트 주립갤러리 구관과 내셔널 갤러리 세인스버리 구관, 마티스 미술관 신관Musée Matisse, J.-F. Bodin, Nice, -1993과 이어져 있는 구관이 그렇다. 이 세 미술관의 신관은 모두 백색 공간이지만 연결된 기존 건물의 전시공간 벽은 모두 붉은색, 녹색 같은 선명한 색이다. 근대적 공간인 마티스 미술관 신관을 제외한 앞의 두 미술관 신관이 형태와 구성에서 기존 건물의 고전적 양식을 따랐음에도, 전시공간의 벽과 천장에서 색이

내셔널 갤러리 세인스버리 구관의 전시공간

제거되어 구관과 다른 공간감을 준다.

니스에 있는 마티스 미술관 신관의 내부

이때 백색 사용의 적합성은 전시물과의 성공적 교감 여부에 좌우된다. 앞서 두 뮤지엄의 전시공간 모습이 제시됐듯이, 전시공간 안에 각종 장식이 부가됐고 1250년에서 1510년 사이의 초기 르네상스 회화를 전시하는 내셔널 갤러리 세인스버리 신관의 백색은 전시된 회화와 조화를 이루지 못해 생경하고 인위적인 인상을 준다.[23] 반면에 전시실이 고전적 외관으로 구성되어 있음에도 내부가 간소해, 근대 회화와 전시의 끝 방(신관에서 관람을 시작하면 첫 방)에 백남준의 작품이 설치된 슈투트가르트 주립 갤러리 신관의 백색은 이질적이지 않다.

전시공간이 장식적 요소가 없이 간소한 경우와 전시품이 근·현대 작품인 경우

니스에 있는 마티스 미술관 구관

백색 적용의 당위성은 힘을 얻는다. 다색채를 입은 정적靜的인 전시품을 색색의 옷을 입은 관람객이 이동하며 감상하는 장소인 만큼 배경색을 절제하는 것은 일리가 있다. 뒤에서 다시 살펴보겠지만, 리처드 마이어가 백색을 무미건조한 무색이 아닌, 그 안에서 무지개색을 발견할 수 있는 가장 아름다운 색이자 자연광과 자연 속에 존재하는 다른 모든 빛깔에 대한 인식을 증강하는 색으로 여겨 뮤지엄 내·외부 전체에 백색을 즐겨 적용했다는 주장은 설득력 있다.

백색 공간의 또 다른 존재 이유로서 이러한 색의 교체가 필요 없는 백색을 배경으로 사용하는 것은 여러 환경이 연결된 전시공간에 일관성을 부여하는 데 제격이다. 비견한 사례가 드물 만큼 공간적 변화가 많은 압타이베르크 미술관의 전시공간에서 백색의 일관된 적용은 지나친 혼돈을 피하기 위해 불가피하게 여겨질 정도다. 색을 잘 쓰는 화가이기도 한 홀라인은 다색채의 표현 욕구를 전시공간이 아닌 기타 부속실들에서 풀었다.

연속된 전시실들마다 미묘한 공간적 차이를 보이는 로스앤젤레스 현대미술관에서 중성적 전시환경을 선호하는 이소자키에게 백색의 도입은 자연스럽다. 가장 이형적인 뮤지엄을 설계하는 건축가라 할 수 있는 프랭크 게리도 전시공간의 벽에서는 직각과 평탄성을 유지하며 벽과 천장에서 백색을 고수했음을 뒤에서 살펴볼 것이다. 감상에 집중할 수 있도록 최소한의 안정성과 일관성을 얻고자 한 것이다. 압타이베르크 미술관과 로스앤젤레스 현대미술관의 전시공간 모두 부가된 장식물이라는 혐의를 받을 만한 요소가 없이 벽이 매끈하고 현대 작품을 보여주는 곳이므로 전시물과 백색 공간이 부조화를 이룰까 봐 우려할 필요는 없다. 여기서 백색을 적용했다는 사실 이상으로 두 건축가 모두 공간성에서 변화가 많은 전시공간에 일관성을 부여할 필요성에 공감한 것에 주목한다.

각자 다른 여건하에서 홀라인과 이소자키의 상이한 건축 철학에 따라 건립된 두 미술관 내·외부의 건축적 특징과 공통점을 정리하면 〈표 5〉와 같다.

홀라인과 이소자키는 자신의 건축적 사고에 몰두함으로써 각자 나름의 정수를 향해 나아간 건축가들이다. 두 건축가는 미술관 건축 유형을 대하면서도 자신의 평소 건축적 소신을 굳건히 지키면서 작업했고, 그 건축적 특성이 미술관 건축에

〈표 5〉 홀라인과 이소자키 미술관의 건축적 특징과 공통점

		압타이베르크 미술관 (홀라인의 이원성)	로스앤젤레스 현대미술관 (이소자키의 분열적 절충주의)
외부	특징	형태와 재료의 동반 변화, 내·외부 분리 산책	여러 형태의 순수 기하학적 볼륨 혼용
	드러냄	모퉁이가 허물어진 수직적 행정동	들린 반원통형 수평적 행정동
	감춤	시각적 분절 / 파편화와 하강하는 진입	
내부	특징	공간성, 조명방식, 색채에서의 이원성	기하학적 외형에 호응하는 중성적 공간성
	차별성	이원적 특성의 공간 연속 전개로 다양한 공간성 경험	상대적인 전시실 넓이, 조명방식, 천장 모양으로 변화 유발
	일관성	연속적 공간성 변화 자체	네 모서리가 보존된 방의 형식
		백색 일색의 무장식적 전시공간	

고스란히 반영됐다. 두 건축가 특유의 건축 철학을 고수한 두 미술관은 외부에서 드러냄과 감춤, 내부에서 차별성과 일관성이라는 일견 상반된 가치를 동시에 지닌다. 그러면서도 도시 속에서 현대 미술작품을 보여주는 미술관으로서의 존재성 부각과 겸양, 전시공간의 다양성과 감상에의 높은 몰입도를 동시에 추구하고 획득함으로써 현대 뮤지엄 건축의 지평을 넓혔다.

리처드 마이어

Richard Meier

Richard Meier

리처드 마이어의 백색 뮤지엄

삶의 질에 대한 인식이 커지고 교통수단이 발달한 덕분에 1980년대 이후 뮤지엄은 거품현상이라는 말을 들을 정도로 양과 질에서 폭발적으로 성장했다.[1] 그러면서 현대건축의 발전을 견인했다. 여기에 눈길을 끄는 또 한 명의 뮤지엄 건축가가 있다. 앞서도 거론된, 건축 작품 경향에서 유형을 막론하고 보기 드물 정도의 일관성을 유지하는 건축가 리처드 마이어 말이다. 그는 자신이 다른 건축 유형에서 늘 사용하는 건축 어휘들을 뮤지엄 건축에서도 그대로 사용하면서 뮤지엄 건축의 특정한 요구에 대응하는 방안을 부단하게 모색했다.

마이어가 설계해 완공된 뮤지엄은 〈표 1〉과 같다.

뮤지엄 건축과 연관된 마이어의 건축 철학

미국 건축가인 리처드 마이어는 곧이어 만나게 될 일본 건축가 안도 다다오와 프랑스 건축가 앙리 시리아니와 함께 르코르뷔지에가 제시한 근대건축의 정신을 존중하는 건축가다. 그는 격자화되고 기하학적인 어휘로 다양한 건축적 표현이 가능함을 탐구하고 증명했다. 백색 에나멜 패널과 선박의 난간 같은 표면적인 요소

〈표 1〉 리처드 마이어가 설계해 완공된 뮤지엄들

뮤지엄 명	장소	기간
프랑크푸르트 수공예박물관(Museum für Kunsthandwerk)	Frankfurt am Main	1979–1985
하이 미술관(High Museum of Art)	Atlanta	1980–1983
디모인 아트센터(Ext. Des Moines Art Center) 증축	Des Moines	1982–1984
울름 슈타트하우스 전시 & 콘퍼런스 센터(Ulm Stadhaus Exhibition & Conference Center)	Ulm	1986–1993
바르셀로나 현대미술관(Museu d'Art Contemporani)	Barcelona	1987–1995
폴 게티 센터 미술관(J. Paul Getty Museum)	LA	1987–1997
텔레비전과 라디오 박물관(Museum of Television and Radio)	Beverly Hills	1994–1996
평화의 제단(ARA PACIS)	Rome	1995–2006
프리더 부르다 미술관(Museum Frieder Burda)	Baden-Baden	2001–2004

들과 아울러 그 이면에 있는, 원과 정사각형을 기반으로 한 평면 요소들을 엄격한 격자체계 속에서 연계시켰다. 디테일에까지 세심한 주의를 기울인 디자인의 엄격함에서 느껴지는 수학적 접근은 자칫 건물을 반복적이거나 비인간적인 것으로 만들 소지가 있다. 그러나 마이어는 형태적 관심에 한정되어 기하학적 엄정함을 요구함으로써 빠지기 쉬운 함정을 빛과 공간의 풍요로움으로 극복했다.

자연광: 최우선의 재료

마이어는 "나의 재료, 그것은 최우선적으로 빛이다."라고 말한다.[2] 그가 기하학적 엄정함 속에서 작업하는 목적이 "도처에 있는 요소로서의 자연광 자체가 자연환경을 형성하며, 건축이 영적인 차원에 이를 수 있을 만큼 행복한 느낌을 주는 공간을 창조하는 데에 있다."는 분석[3]은 마이어의 공간 성격을 잘 규명한다. 자연친화적이며 신의 선물로서 영적 지위까지 얻곤 하는 자연광이 정돈된 기하학적 체계와 상호작용한다는 것이다. 마이어는 위대한 바로크 교회들에는 영적 숭고함이 느껴지는 빛이 존재하며, 그곳에서 건축 볼륨을 경험하는 데 빛이 중심 역할을 하고 있음을 지적하면서, 자신이 사용하는 빛도 이와 유사한 목적이 있음을 밝힌 바 있다.[4] 그는 건축이 "빛 아래에 볼륨들을 숙련되고 정확하고 장엄하게 모으는 작업"[5]이라는 르코르뷔지에의 주장에 동의해 건축에서 자연광의 중요성을 확신한다.

전면창을 지닌 더글라스 주택

마이어는 캘리포니아의 여러 저택 계획안에서 전면창을 통해 다량의 자연광을 받아들였다. 그는 미국인들이 즐겁게 거리를 걸어 다니면서 받는 햇빛만큼 많은 광량을 실내 특정 장소에 들이는 것을 개의치 않는다고 주장하며[6] 빛 유입에 적극적이다. 그는 주택에서의 자연광이 생활 방식에 의해 결정되는 것처럼, 건축의 토대가 되는 자연광 사용은 건축 프로그램에 따른다고 봤다. 또한 건축이 내부에 들어온 빛의 질에 의해 정의되기 때문에 뮤지엄에서 빛은 전혀 다른 방식으로 작용해야 한다고 지적했다.[7] 뮤지엄에서 자연광을 특히 중시하며, 단지 특정 장소를 조명하는 단순한 역할을 넘어서 내부공간에서 독특한 공간적 역할을 할 수 있음을 시사한 것이다. 한 예로, 앙리 시리아니는 마이어가 설계한 더글라스 주택Douglas House, Harbor Springs, 1971-1973의 전면창 배후에서 빛을 받는 두 번째 면에 주목해 공간의 폭을 느끼게 하는 자연광의 역할을 설명했다.[8] 천창을 통해 유입되어 이 두 번째 면을 밝히는 빛으로 인해 전면창이 아닌, 빛을 받는 두 번째 면이 외부를 바라봄으로써 내부공간은 밖을 향해 나아가 공간이 확장된다는 것이다. 이 두 번째 빛은 공간의 깊이를 증폭한다.

더글라스 주택의 내부

색채: 자연광의 효과를 높이는 배경으로서의 백색

마이어의 건축에서 백색은, 1960년대 중반부터 공간과 빛을 강조하기 위해 백색을 적용했던 그의 초기 작품인 스미스 주택Smith House, Darien, 1965-1967에서처럼, 이미 내부로 유입된 자연광의 존재를 가장 미묘하게 인지케 하는 배경색으로 선택됐다. 이 백색은 날씨와 시간, 계절에 따라 변화를 일으키는, 끊임없는 움직임의 순간적 표상이다. 그에게 "백색은 바로 빛이며, 이해와 아울러 변화를 가져오는 능력을 지닌 매개물"[9]이었다.

백색 건축의 대명사인 마이어는 1948년에 사아리넨Eliel Saarinen, 1873-1950이 시작하고, 1965년 페이I. M. Pei, 1917-2019를 거쳐 자신이 증축한 디모인 아트센터에서 사아리넨의 영향으로 화강암을 외부 마감재로 처음 사용했다. 웨스트체스터 주택Westchester House, Westchester County, 1984-1986과 그로타 주택Grotta House, Harding Township, 1984-1989 등에서도 색이 가미된 콘크리트 블록을 부분적으로 사용했지만, 마이어의 건축은 본질적으로 백색을 지향한다. 게티 센터에서는 연한 색을 머금은 채 거칠게 다듬어진 이탈리아 석회석이 사용됐다. 건물 전체를 희게 할 수 없으며 엄격한 제한 아래에서만 백색을 허용하는 로스앤젤레스의 법규 때문에 백색 사용을 절제해야 했다.[10] 이곳 전시공간의 벽면도 마이어의 전시공간 내벽으로는 유일하게 채색됐다.

스미스 주택

리처드 마이어가 설계한 디모인 아트센터의 증축부

마이어에게 백색은 생명력이 없는 무미건조한 무색이 아닌, 그 안에서 무지개색을 발견할 수 있는 가장 아름다운 색이었다. 자연광과 자연 속에 존재하는 다른 모든 빛깔에 대한 인식을 증강시키는 색인 것이다. 백색의 면을 배경으로 빛과 그림자, 채움과 비움의 유희를 가장 올바르게 인식할 수 있어서 백색을 순수성과 명확성, 완벽성의 상징으로 여겼다.[11] 이러한 백색에 대한 인식은 백색을 진실의 정신과 동의어로, 순수와 정의로 본 르코르뷔지에의 생각과 일치한다.[12]

게티 센터

게티 센터 미술관의 전시공간

또한, 마이어는 자신의 건축 개념을 명확히 하고 시각적 형상의 힘을 고양하는 방편으로 백색을 사용한다. 백색이 추상적 공간이거나 스케일이 없는 공간이 아닌 자연과 맥락, 인간 스케일, 건축 문화와 연관되어 정의되고, 정돈된 공간과 자연광을 축조하고자 하는 기본적 관심에 도움을 준다고 여겼다.[13] 그에게는 볼륨과 표면뿐만 아니라 스케일의 변화와 시야, 움직임, 균형감과 아울러 빛 또한 건축의 주요 원재료였다.

동선유발 요소: '건축적 산책'

마이어의 초기 작품 가운데 건축적 산책 개념이 가장 적극적으로 표현된 곳은 그가 설계한 최초의 전시용 건물인 아테네움Atheneum, New Harmony, 1975-1979에서였다. 이 건물의 건축적 산책에 대한 마이어와 미국 건축 이론가 젠크스의 토론에서 마이어는 건물 외부의 진입로에서부터 내부로 들어와 최상층에 이르기까지의 건축적 산책을 거론하며 중심부에 있는 경사로의 산책 욕구 유발 기능과 산책 중 내부에서 외부로 바라보는 조망에 대해 설명했다.[14] 경사로의 존재와 내부 이동경로에서 내부와 외부를 번갈아 조망하게 하는 수법은 이후 마이어가 설계한 뮤지엄에 나타나는 공통된 특징이 됐다.

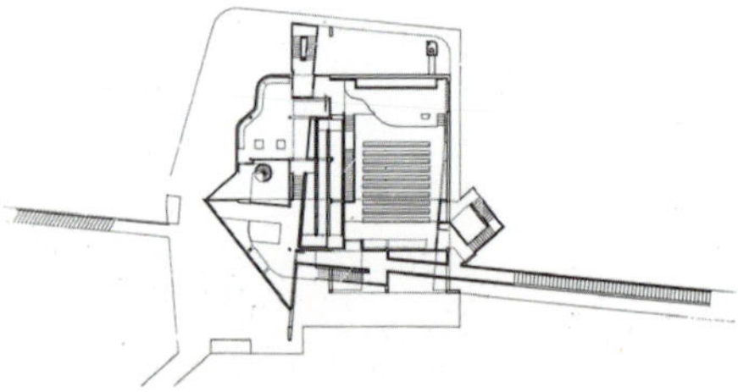

중심부에 내부 경사로가 있는 아테네움의 평면도

경사로가 있는 아테네움의 내부

마이어는 유사한 건축 어휘를 건축 유형과 관계없이 반복 사용해, 그의 작품들은 겉모습만으로 용도를 파악하기가 어렵다. 그러나 뮤지엄만은 식별할 수 있다. 대부분의 뮤지엄에서 정면에 경사로가 배치되기 때문이다. 이 조처는 그가 뮤지엄을 건축적 산책의 장으로 보고 있음을 알려준다. 스위스 예술사학자이자 건축이론가 폰 무스S. von Moos, 1940-는 이동 시점에서의 건축적 감흥을 전제로 '동선의 구조'에 주목하면서 건축적 감흥을 위해 가장 이상적인 동선 형식인 경사로가 볼륨과 공간의 상호관입을 가능케 하는 요소라고 말한다.[15] 이처럼 경사로는 단순히 계단을 대체한다는 의미를 넘어서 총체적인 건물 개념의 근본적 변화를 의미한다. 앞서 르코르뷔지에의 뮤지엄에서 언급한 대로 경사로가 공간적 연속성을 가시화하고 산책을 권유하면서 건물을 더욱 깊이 이해하도록 초대

긴 경사로가 건축적 산책의 의지를 드러내는 아테네움

하며, 뮤지엄을 방문함으로써 산책의 즐거움을 느낄 수 있게 해주기 때문이다. 따라서 걸으면서 보는 뮤지엄에서 경사로의 전면 배치는 건축적 산책 의지를 강력하게 표명한 것이다.

마이어가 설계한 건물에서 공간 경험을 누적시키는 산책은 내부와 외부로의 순차적 조망과 함께 중첩된 백색 벽체들에 닿는 자연광의 광량 차이에 따라 발생하는 미묘한 농담 변화를 통해 공간의 깊이감을 느끼게 한다. 자연광과 백색을 중시하는 방법론이 건축적 산책으로 빛을 발하는 것이다. 전시품을 위한 배경으로 존재하는 뮤지엄 전시공간의 본질을 거스르지 않는 특징이다. 이러한 작품 성향에서 뮤지엄에 대한 마이어의 생각을 유추해볼 수 있다.

마이어의 뮤지엄에 공통적으로 나타나는 건축 특성

눈길을 끄는 입구 홀

다음 장에서 곧 다시 거론될, 현대 뮤지엄의 입구 홀을 뮤지엄의 '공간적 초점'으로 보는 시리아니의 생각은 마이어의 뮤지엄 입구 홀에도 잘 들어맞는다. 소장과 전시라는 이전 뮤지엄들의 단순했던 기능에 비해 교육, 연구, 판매, 휴식 기능을 겸비하는 추세인 현대 뮤지엄에서 입구 홀은 동선을 적절히 분배하고, 전시품 위주인 전시공간에 비해 자유롭게 건축적 표현을 할 수 있는 곳이다. 마이어의 뮤지엄들은 건축적 산책의 출발점으로서 외부에서 입구 홀을 쉽게 눈에 띄게 해 진입을 유도하고, 그 초대를 받아 입구 홀로 들어선 방문객들에게 좋은 공간성을 선사하고자 노력한다.

● 외부에서 식별되는 입구 홀: 곡벽을 이용한 시선 끌기

뮤지엄은 가능한 한 많은 입장객을 기다리는 건물로, 대개 주 출입구 위치가 쉽게 눈에 띄도록 신경 쓴다. 마이어의 건축 작품 대부분에는 격자체계의 평면을 바

하이 미술관 외관

바르셀로나 현대미술관의 입구

탕으로 평탄한 면들이 이루는 상자형 볼륨에 원통형이나 그랜드피아노의 곡선을 닮은 곡면이 눈길을 끄는 요소로 덧붙여져 있다. 그가 설계한 뮤지엄들도 마찬가지로, 원형을 포함한 곡벽은 주 출입구가 있는 입구 홀이나 입구 홀과 연이은 대공간이어서 눈길을 끈다.

마이어가 계획한 하이 미술관이나 울름 슈타트하우스, 바르셀로나 현대미술관, 텔레비전과 라디오 박물관에서는 원통형 볼륨이 전면에 나선다. 하이 미술관에서는 먼저 커다란 원통형 볼륨으로 끌린 시선이 그 우측 아래에 있는 그랜드피아노 곡선형의 입구 홀로 이어진다. 건물 대부분이 직각의 모서리를 가진 게티 센터 미술관이나 앞서 그림이 제시된 디모인 아트센터에서도 입구 홀이 있는 쪽에 평면적·단면적으로 그랜드피아노 곡선형의 볼륨이 있어 시선을 끈다. 프랑크푸르트 수공예박물관에서도 곡벽이 정방형 격자 속에서 이형적 요소로 등장해 주 출입구의 위치를 알린다. 바르셀로나 현

게티 센터 미술관의 진입부 외관

대미술관에서는 개구부 안쪽으로 계단이 들어 있는 원통형 볼륨이 보여 깊이감이 느껴지는, 들린 사각의 면 아래를 지나 원통형의 입구 홀로 들어가게 된다. 이처럼 직선과 평탄면에 대비된 곡면을 활용한 입구 알리기가 외부적 형태놀음에 그치지 않도록 그 안에는 내부적 존재 이유까지 담보되어 있다.

내부에서의 입구 홀: 대공간과 연계된 공간적 핵

초기 뮤지엄의 입구 홀은 "입구에서의 안내와 체크포인트의 기능 및 전시의 보조적 역할"[16]만을 수행했다. 현대 뮤지엄 입구 홀의 역할은 초기 때와는 비교할 수 없이 확대됐지만, 기능적·공간적·상징적 역할을 넉넉히 감당할 만큼의 입구 홀 면적을 확보하기가 현실적으로는 쉽지 않다. 이런 어려움으로 인해 또 다른 공공 공간, 즉 동선 구성과 자연광 유입 등 여러 목적으로 도입되는 내·외부 중정이나 대공간, 또는 외부 자연 등을 활용해 입구 홀에 집중되는 복합적 요구를 분담하려는 시도들을 현대 뮤지엄 건축에서 볼 수 있다.[17]

이런 대응은 비교적 복잡한 기능을 포함하고 있는 일정 규모 이상의 뮤지엄에서 주로 나타난다. 그중 '대공간과 연계된 입구 홀' 유형을 마이어의 뮤지엄들에서 볼 수 있다. 여기서 대공간은 주변 모두가 특정 용도의 실내공간으로 둘러싸인 내부 중정과 달리 적어도 한 면 이상이 외부와 직접 닿아 그 지점에서 외부와의 교류가 가능한, 여러 목적을 갖고 뮤지엄에 도입된 큰 공간이다. 이 공간이 상대적으로 협소한 입구 홀을 보완하는 유형이 '대공간과 연계된 입구 홀' 유형이다. 이때 외벽에 면함으로써 외부에서도 그 존재가 식별되는 대공간은 쉽게 눈길을 끌게 되므로 이에 대응해 입구 홀에 별도의 조형성을 부여해, 그 위치를 확실하게 드러낼 필요가 있다.

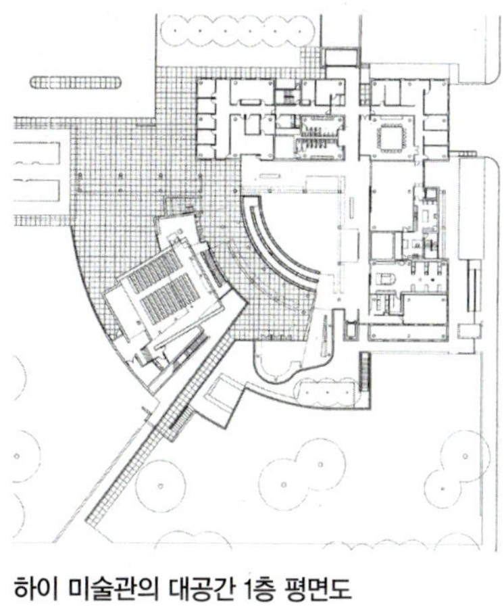
하이 미술관의 대공간 1층 평면도

하이 미술관에서 1/4 원통형 대공간에 접한 그랜드피아노형 평면의 입구 홀과 바로셀로나 현대미술관에서 전면 파사드를 장악한 경사로를 담고 있는

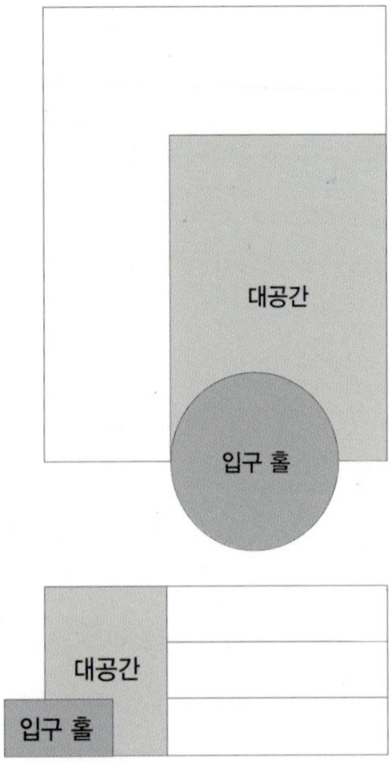

'대공간과 연계된 입구 홀' 유형에서 대공간과 입구 홀의 관계를 보여주는 다이어그램

하이 미술관의 대공간

바르셀로나 현대미술관의 대공간

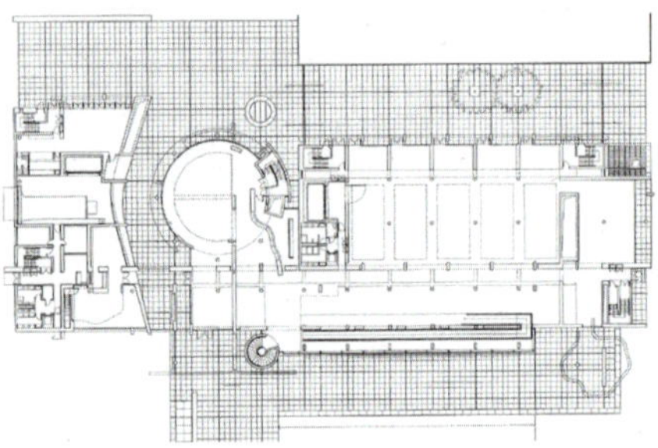
바르셀로나 현대미술관의 1층 평면도

대공간에 대응한 원통형 입구 홀이 그러하다. 이때 입구 홀은 방문객을 받아들이고 대공간은 동선을 분배하면서 전체 공간을 통합하는 이원화된 구성을 취한다. 프랑크푸르트 수공예박물관의 입구 홀에 들어서면 맞은편 전면창을 통해 넓고 조형적인 분수가 있는 아름다운 정원이 보인다. 게티 센터 미술관도 입구 홀에 들어서면 맞은편 전면창을 통해 전시공간으로 둘러싸인 외부 중정이 보여 별도의 대

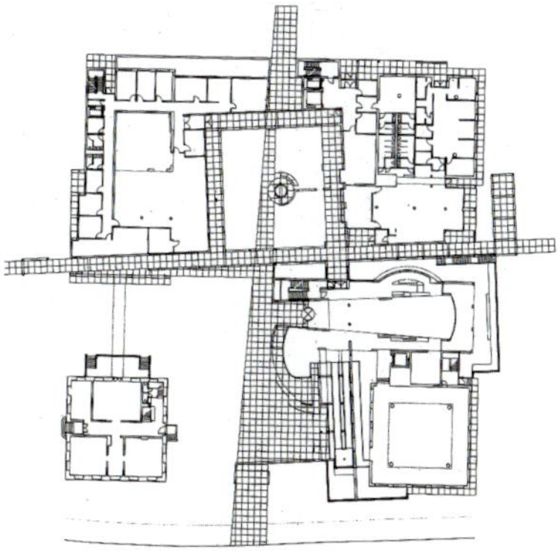

프랑크푸르트 수공예박물관의 1층 평면도

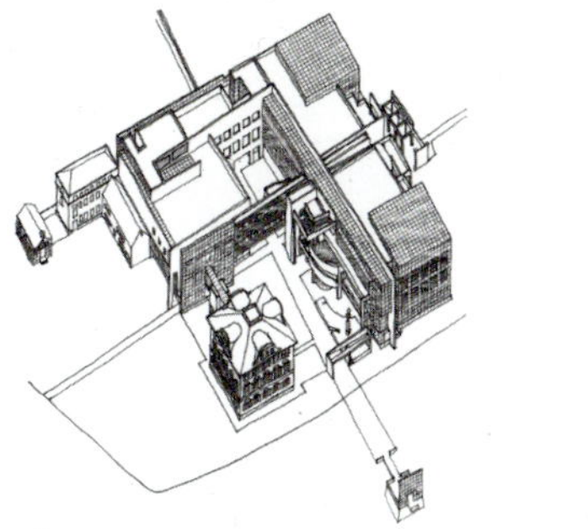

프랑크푸르트 수공예박물관의 부등각 투상도

게티 센터 미술관 입구 홀의 원형 천창

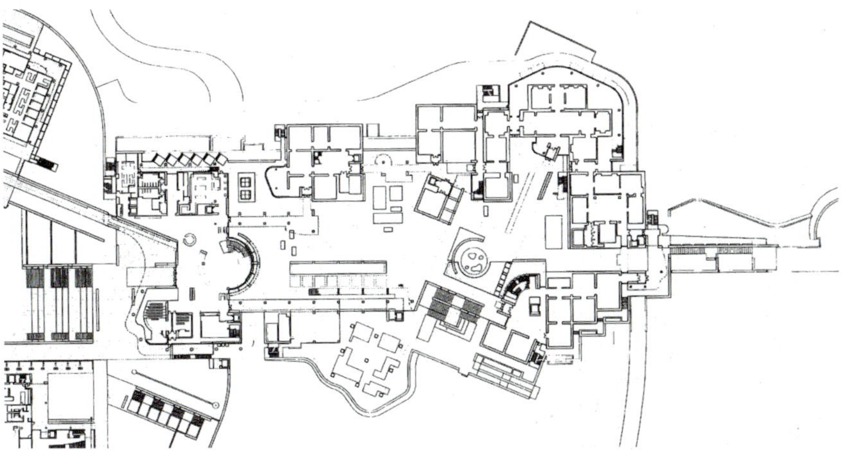

게티 센터 미술관의 1층 평면도

공간이 필요하지 않다. 게티 센터 미술관에서 입구 홀의 후반부를 차지하는 원통형 공간은 공통으로 원통형 입구 홀 또는 대공간이 있는 마이어의 다른 뮤지엄들이 지닌 공간적 특성을 여기서도 취하려는 의도를 드러낸다.

경사로를 품은 프랑크푸르트 수공예박물관의 정면

동선, 내·외부가 교차되는 건축적 산책의 장

경사로를 품은 바르셀로나 현대미술관의 정면

외부에서 주 출입구와 입구 홀을 쉽게 눈에 띄게 해 진입 의욕을 고취하고 안으로 들어온 후 처음 접하는 공간성에 주의를 기울이는 마이어의 뮤지엄은 이후 전개되는 동선에서 건축적 산책에의 의지를 공공연하게 드러낸다.

먼저, 각 층을 여유 있게 산책하게 해주는 경사로를 정면에 전진 배치한 것이 그러하다. 진입로에 있는 대형 유리상자 속에 들어 있는 경사로가 아니면 외형상 무슨 용도의 건물인지 분간하기 어려웠을 프랑크푸르트 수공예박물관, 경사로가 1/4 원통형 대공간의 곡면 유리 안쪽에 붙어 있는 하이 미술관, 경사로가 주 파사드의 과반을 차지한 텔레비전과 라디오 박물관과 바르셀로나 현대미술관에서 경사로는 마이어가 건물의 용도가 뮤지엄임을 드러내는 방식이다.[18] 건설되지는 않았지만, 마이어가 1989년 수공예박물관에 접해 있는 정원의 다른 쪽에 설계한 인류학 박물관에도 경사로가 정면에 배치될 계획이었다.

바르셀로나 현대미술관의 경사로

여기서 볼 수 있는 또 다른 공통점은 경사로의 한 방향에서는 내부를, 경사로가 꺾인 반대 방향에서는 외부를 주로 바라보게 한 것이다. 이는 뮤지엄 건축에서 볼 수 있는 건축적 산책 유형 중 '내·외부 교차 산책' 개념에 해당한다. 내·외부 교차 산책이란 내부를 이동하면서 외부로의 조망을 적절히 이용해 내부와 외부를 순차적으로 느끼게 하는 산책을 말한다. 이 산책은 르코르뷔지에의 건축적 산책 개념을 "외부와 내부가 연쇄적으로 교차하면서 전개되는 공간"으로 정의[19]하는 것에 부합한다. 같은 층에서는 연속되는 진시실 사이를 띄워 연결부에서 외부를 조망케 하고(수공예박물관, 울름 슈타트하우스, 게티 센터), 다른 층 간에는 한 면이 외부에 접해 있는 경사로를 이용해 오르내리면서 내부와 외부를 보도록 하는 것이다(수공예박물관, 하이 미술관, 바르셀로나 현대미술관, 텔레비전과 라디오 박물관).[20] 규모가 작은 울름 슈타트하우스나 크고 완만한 독립계단을 통해 2층으로 올라가는 게티 센터 미술관에는 경사로가 없다. 하지만 각 전시공간 사이를 양쪽 벽이 유리인 통로나 발코니로 연결해 내부와 외부를 번갈아 인식하게 하는 것은 같다.

프랑크푸르트 수공예박물관의 경사로

완만한 계단식 경사로를 품은 텔레비전과 라디오 박물관 정면

이 방식에서는 안에서 바깥을 볼 때 외부에 눈길을 끌 볼거리가 필요하다. 마이어는 자연광의 혜택을 충분히 누리는 이동로에서 건축적 조형물(게티 센터, 수공예박물관)이나 광장(바르셀로나 현대미술관), 대성당과 구시가지(울름 슈타트하우스) 같은 인공적 요소나 정원(수공예박물관, 게티 센터, 하이 미술관), 강(수공예박물관), 산(게티 센터) 같은 자연적 요소를 제시해 내부에서 이동할 때 외부로 던져지는 시선을 배려했다. 덕분에 전시공간에서 감상에 집중했던 마음이 이동공간에서 이완되어 다음 전시공간에서의 집중을 준비할 수 있다.

마이어의 뮤지엄에서는 이렇게 수직 동선이지만 완만한 경사로와 수평 동선인 내부 이동로가 외부로 노출되어 적극적인 산책 의지가 공표됐다. 작은 발코니나

울름 슈타트하우스의 두 볼륨을 잇는 유리 복도를 통한 외부 조망. 삼각형인 박공 천창은 이웃 건물들의 지붕 모양에서 따왔다.

게티 센터 미술관(사진 윗부분)과 정원을 보여주는 항공사진

게티 센터 미술관으로 둘러싸인 정원

테라스, 지붕의 개구부를 통해 중세적 환경의 주변과 대성당을 순차적으로 접하게 되는 울름 슈타트하우스에서 투명성과 함께 용이한 접근성을 느낀다는 언급[21]은 마이어가 설계한 뮤지엄에 공통으로 해당한다. 마이어의 뮤지엄에서 방문자는 전체 뮤지엄 계획에 잠재된 격자체계로 정리된 내부에서 자유로움을 느끼게 된다. 마이어가 설계한 뮤지엄들의 동선 전개를 보면 그의 첫 뮤지엄 완공작인 프랑크푸

게티 센터 미술관의 바깥 정원 모습

프랑크푸르트 수공예박물관의 우물 조형물

프랑크푸르트 수공예박물관의 분수 조형물

르트 수공예박물관에서 이미 그 특성이 뚜렷하게 드러났음을 알 수 있다. 곧이어 볼, 그의 뮤지엄에서 공통으로 감지되는 미묘한 모노톤 공간의 깊이감에서도 마찬가지다.

자연광과 백색으로 얻은 모노톤 공간의 깊이감

내·외부가 교차 인식되는 건축적 산책의 장임에도 불구하고 마이어의 뮤지엄에서는 전시공간에 중요한 집중성과 안정감이 확보되어 있다. 백색을 광범위하게 사용할 수 없는 제한 때문에 벽이 유색 직물로 마감된 게티 센터 전시공간을 제외한 마이어의 뮤지엄들에서 백색 위주의 모노톤 공간을 볼 수 있기 때문이다. 게티 센터의 전시실 내부 마감은 프랑스 건축가 데스퐁Thierry W. Despont이 1900년 이전에 제작한, 작품 전시를 위한 유색 공간으로 제시됐다. 마이어는 유색 벽과 그림들이 잘 어울린다며 수용했다.[22] 백색에 대한 마이어의 애착이 뮤지엄에서 각종 색을 지닌 전시물을 돋보이게 하는 데 유리한 중성적 배경색으로 당위성을 획득했다. 우리 주변의 자연은 늘 변하는 중이다. 마이어는 이때 건축이 덩달아 변하기를 시도하기보다는 변하는 자연의 색채를 더욱 강하게 지각하도록 돕는 것이 낫다고 생각했다.[23] 어차피 전시물에도 색이 있고 전시공간을 거니는 방문객들도 다양한 색의 옷을 입고 있기에 더욱 그랬다.

마룻바닥 이외의 기둥, 벽, 천장은 물론이고 창호 프레임과 금속 난간에 이르기까지 백색 일색인 마이어 뮤지엄의 내부에서는 공간의 깊이감이 느껴진다. 내부로 유입되는 자연광을 받아들이는 백색 면들의 명도 차이를 미묘하게 드러내는 공간적 켜 덕분이다. "면의 중첩이 깊이를 표현하고 공간의 의미를 만들어내는" 현상[24]에 의해, 백색이라는 동일한 중성적 색조에 드리워진 자연광의 강약 정도에 따라 단일 이미지 속에서도 겹쳐진 공간감이 배가된다. 공간의 깊이를 표현하는 용어인 '투명성transparency'으로 설명될 수 있는 이런 공간적 깊이는 마이어 뮤지엄에서 여러 양상으로 나타난다.

● 외부에서 내부로의 깊이감

먼저, 마이어의 뮤지엄을 외부에서 봤을 때 느껴지는 공간적 깊이는 불투명한 흰 면들의 중첩과 함께 이 면들의 열린 개구부를 통해 그 안쪽에 보이는 면이나 오브제의 중첩에서 나타난다. 뮤지엄을 포함한 마이어의 건축에서 흔히 발견되는 이러한 면들의 중첩에 의한 깊이감 발생은 서로 다른 면의 중첩으로 인해 생기는 상상적 공간의 깊이인 '현상적 투명성phenomenal transparency'에 해당한다.[25] 마치 얇고 가벼운 종이를 건축 재료로 사용한 듯한 두 겹의 파사드double façade에 의해 빛을 반사하는 백색 면과 그림자의 유희(울름 슈타트하우스, 바르셀로나 현대미술관, 텔레비전과 라디오 박물관)가 부각되거나, 파사드에 여러 볼륨을 배치해 3차원 상태를 여러 장의 2차원 상태로 받아들인 후 이것들을 재조합해 지각하는, 인간의 시각 인식[26](하이 미술관, 수공예박물관)을 이용한 공간적 깊이감이 생겨나는 것이다.

울름 슈타트하우스의 두 겹 파사드

이와 함께 전면 파사드에 배치된 경사로를 외부로 드러내는 전면창을 통해서도 공간 깊이를 외부에서 인지할 수 있다. 이는 전면창 안에서 꺾어지며 오르내리는 경사로 사이에 위치한 기둥이나, 때로 개구부가 있는 흰 벽 등이 물리적으로 투명

바르셀로나 현대미술관의 주 파사드

한 입면 너머에 보이는 오브제로 기능해 '자의적 투명성literal transparency'의 효과를 낸다.[27] 그 결과, 유리로 형성된 투명한 일차적 면 너머에서 인지되는 이차적 대상으로 인해 깊이감이 발생한다.

하이 미술관에서 대공간의 빛과 밝기가 다른 흰 면들

● 내부에서 외부를 향한 깊이감

마이어의 뮤지엄에서는 이처럼 외부에서 봤을 때 느껴지는 공간 깊이감과 함께 내부에서 외부를 향한 공간 깊이도 읽힌다. 이러한 현상은 특히 입구 홀이나 대공간 또는 경사로 등 자연광을 많이 받아들이는 이동공간에서 두드러진다. 대표적인 예로서 프랑크푸르트 수공예박물관에 있는, 직각체계에서 3.5° 돌아간 동선 축을 보여주는 경사로와 상설전시실 사이의 좁고 높은 틈의 공간적 역할을 들 수 있다. 이 틈 양편의 두 벽은 모두 다수의 정사각형 개구부로 뚫려 있어 틈에 의해 이격된 전시공간과 경사로 공간 간에 시선이 교류

프랑크푸르트 수공예박물관 경사로에서의 빛과 흰 면들. 좌측 전시실 공간과의 사이에 틈새공간이 보인다.

바르셀로나 현대미술관에서 대공간의 빛과 밝기가 다른 흰 면들

프랑크푸르트 수공예박물관의 첫 전시공간

된다. 이때 이 두 벽과 각 벽의 두께로 인한 개구부들의 측면이 모두 백색이어서 받는 빛의 양에 따른 미묘한 명도 차이가 공간의 품격을 높이며 깊이감을 유발한다.

바르셀로나 현대미술관의 경우 천창에서 자연광이 유입되는 좁고 높은, 대전시공간과 경사로의 사이공간에서도 유사한 깊이감이 발생한다. 하이 미술관과 디모인 아트센터의 1/4 원통형 대공간과 접해 있는 역광의 전시칸막이에서 느껴지는 깊이감은 곧이어 살펴볼 내부공간에서의 깊이감과 연관되는 것으로, 마치 내부에서 외부를 향해 느끼는 공간적 깊이감 같다. 대공간이 외부와 거의 동일한 조건으로 풍부한 광량을 지니고 있어서, 역광의 내부칸막이 너머의 밝음과 대비되는 내부 벽들의 명도 차이에서 공간적 깊이감이 비롯된다.

프랑크푸르트 수공예박물관의 상설 전시공간이 시작되는 2층의 경사로가 닿는 부분

프랑크푸르트 수공예박물관의 두 번째 전시공간

내부공간에서의 깊이감

이외에도 내부에서만 느껴지는 공간적 깊이감도 있다. 이 깊이감은 백색 공간 내에서 역시 흰 전시가구나 기둥의 존재로 인해 생성된다. 하이 미술관, 프랑크푸르트 수공예박물관, 바르셀로나 현대미술관 등에서 천장에 닿지 않는 자립형 전시가구나 전시용 칸막이 위로 공간을 흐르게 하고, 그 사이에서 천장을 받치는 수직 기둥들을 노출해 그 너머의 공간을 인식하게 하는 것이다. 이 모두가 백색이어서 일체성을 유지하고 무질서의 가능성은 배제됐다. 마이어에게 유색의 대상물은 전시품 자체가 지닌 색채로 충분했다.

이와 같은 백색의 모노톤 공간을 지닌 마이어의 뮤지엄이 공통적으로 지닌 공간적 깊이감은 그 자체로 엄격한 기하학적 질서 내에서 통제된 공간임에도 불구하고 공간적 풍요로움을 선사한다. 또한 공간 켜를 통해 여과된 빛을 유입시킴으로써 광량을 조절하고 다음 공간으로의 호기심을 자극한다. 디테일을 비롯한 건축물 자체는 매우 정교하게 고안됐으면서도 안정된 분위기 속에서 전시품을 감상할 수 있게 한다.

지금까지 건축가 리처드 마이어가 평소에 견지해온 건축 철학인 자연광 중시, 백색에 대한 신뢰와 건축적 산책에의 의지가 뮤지엄 건축에 적용된 결과를 살펴봤다. 그 내용을 다음과 같이 요약할 수 있다.

마이어의 뮤지엄은 먼저, 외부적으로 통용되는 전반적인 격자체계에 반해 눈길을 끄는 곡벽을 사용해 건축적 산책의 출발점인 입구 홀로 방문자를 유도하고, 정면에 배치된 경사로를 통해 그곳이 산책의 장임을 드러낸다. 전시품이 주인인 전시공간에서 일정 부분 억제돼야 할 건축적 표현을 입구 홀에서는 형태적·공간적으로 맘껏 드러내어 눈길을 끌면서 기능적 필요를 충족시킨 것이다.

또한 마이어의 뮤지엄은 경사로나 전시단위를 잇는 유리 통로를 통해 내부와 외부를 순차적으로 지각하게 해 이동공간에서의 이완과 전시공간에서의 집중을 도모하고 뮤지엄의 직각체계에 내재된 정리된 환경이 속박되지 않도록 해준다.

마지막으로, 백색 위주의 공간에서 내·외벽에 비치는 자연광의 강약에 따른 미묘한 명암 차이와 내부에서 자립형 전시가구나 전시칸막이 등을 통해 유발된 공간적 깊이감은 전시공간을 풍요롭게 하고 안정된 분위기 속에서 이동성을 고양시킨다. 백색 각각은 심심해 보일 수 있지만, 빛에 의한 밝기의 차이가 여러 톤의 레이어를 만들어 분위기를 연출한다.

마이어의 뮤지엄을 보면 건축가의 성숙한 건축 철학이 뮤지엄 건축에 투영된 사례임을 실감하게 된다. 이때의 성공 여부는 그것이 뮤지엄 건축 고유의 요구사항에 적합하게 반영됐는가에 좌우된다. 특히 전시공간에서 건축이 앞에 나서서 설치지는 않으나, 완전한 중성적 공간과 달리 건축의 존재감이 느껴지는 마이어 뮤지엄에서는 자연광 애호, 백색 고수, 산책하는 순로 설정이 특징을 이룬다. 마이어의 작품들이 외관에서 건물의 용도를 분간할 수 없을 정도로 유사한 건축 어휘와 요소를 반복한다는 비판에도 불구하고 그의 뮤지엄이 가치를 인정받는 이유다.

안도 다다오

Tadao Ando

Tadao Ando

안도 다다오의 반反통례적 뮤지엄

일본의 정신과 자연관을 기반으로 모더니즘 정신을 수정 계승한 건축가로 인정받는 안도 다다오는 역대 건축가 중 뮤지엄을 가장 많이 설계했다. 뮤지엄으로 분류되는 건물을 포함해 완공된 것으로 확인된 숫자만 무려 53개다. 계속 추적해도 아직 빠뜨린 것이 있지 않나 싶을 정도다. 안도 다다오가 현대 뮤지엄 건축에 남긴 공헌에 경의를 표하는 마음으로 그의 뮤지엄 리스트를 〈표 1〉에 실었다. 이외에도 안도 다다오에 의해 리노베이션되어 피노 컬렉션Pinault Collection을 전시할 예정인 파리의 상공회의소Bourse de Commerce, Paris가 2021년 개관을 기다리고 있다.

2001년 이후로 효고현립미술관을 포함해 여러 특대 규모 미술관도 설계했던 안도의 건축 정신은 그의 초기 경력에 해당하는 1987년부터 10년간 성취된 뮤지엄들에서 가장 잘 드러난다. 분량 문제로 다 거론하기 어려운 그 이후의 작품들에서도 규모의 대소와 무관하게 초기 뮤지엄의 정신이 고스란히 담겨 있다. 안도는 뮤지엄을 건축할 때 그의 다른 유형의 건축에서와 마찬가지로 기하학적 구성, 노출콘크리트라는 구성법과 재료에서의 일관성을 지키며 자연광과 물의 사용을 중시한다. 안도의 초기 뮤지엄 건축은 그의 평소 건축 철학에 충실하면서도, 일반적으로 뮤지엄 건축에 통용되는 상식에서 상당히 벗어나 있다. 여러 자료를 통해 안도가 자신의 평소 건축 철학으로 뮤지엄 특유의 요구사항들을 풀어갔음을 이미 알

〈표 1〉 안도 다다오가 설계해 세워진 뮤지엄들

뮤지엄 명	장소	기간
어린이 박물관(Children's Museum)	히메지	1987-1989
명화의 정원, 1990 엑스포(Garden of Fine Art, Expo'90)	오사카	1988-1990
문학관(Museum of Literature) I & II	히메지	1988-1991 1993-1996
베네세 하우스 뮤지엄(Benesse House Museum)	나오시마	1988-1992
나오시마 현대미술관(Naoshima Contemporary Art Museum)	나오시마	1988-1995
일본 스크린 갤러리, 시카고 예술협회(Gallery for Japanese Screen, The Art Institute of Chicago)	Chicago	1989-1992
오테마에 예술센터(Otemae Art Center)	니시노미야	1989-1992
일본 파빌리온, 1992 엑스포 세비야(Japan Pavilion, Expo'92 Seville)	Seville	1989-1992
장식고분박물관(Forest of Tombs Museum)	카모토	1989-1992
산토리 미술관과 플라자(Suntory Museum & Plaza)	오사카	1989-1994
치카츠 아스카 역사관(Chikatsu-Asuka Historical Museum)	미나미카와치	1990-1994
명화의 정원(Garden of Fine Art)	교토	1990-1994
갤러리 노다(Gallery Noda)	고베	1991-1993
나무 박물관(Museum of Wood)	미카타	1991-1994
나리와 미술관(Nariwa Museum)	가와카미	1991-1994
오야마자키 산장 미술관(Oyamazaki Villa Museum)	오토쿠니	1991-1995
고조 문화관(Museum of Gojo Culture)	고조	1991-1995
요코쿠라 산 자연숲 박물관(Yokogurayama Natural Forest Museum)	다카오카	1994-1997
사야마이케 역사관(Sayamaike Historical Museum)	오사카사야마	1994-2001
랑엔 재단/홈브로이히 미술관(Langen Foundation/Hombrioch Museum)	Neuss	1994-2004
고우미 고겐 미술관(Koumi Kogen Museum)	미나미사쿠	1995-1997
고우미마치 고겐 미술관(Koumi-machi Kogen Museum of Art)	나가노	1995-1997
퓰리처재단 미술관(Pulitzer Foundation for the Arts)	Saint Louis	1995-2001
석조미술관(Stone Sculpture Museum)	Bad Münster	1996-2000
일광 미술관(Daylight Museum)	가모	1997-1998
니시노미야 시립 조개류 박물관(Nishinomiya Shell Museum)	니시노미야	1997-1999

뮤지엄 명	장소	기간
효고현립미술관(Hyogo Prefectural Museum of Art)	고베	1997-2001
시코쿠무라 갤러리(Shikokumura Gallery)	다카마쓰	1997-2002
포트워스 근대미술관(Modern Art Museum of Fort Worth)	Fort Worth	1997-2002
니시다 기타로 기념 철학관(Nishida Kitaro Museum of Philosophy)	우노케	1997-2002
미나미데라(Minamidera)	나오시마	1998-1999
시바 료타로 기념관(Shiba Ryotaro Memorial Museum)	히가시오사카	1998-2001
도쿄 미술관(Tokyo Art Museum)	조후 시	1998-2004
후쿠오카 카메라 박물관(Fukuoka Camera Museum)	니시토나미	1999-2000
지중미술관(Chichu Art Museum)	나오시마	1999-2004
아오모리 현대아트센터(Aomori Contemporary Art Center)	아오모리	2000-2001
오노미치시 미술관(Onomichi City Museum of Art)	오노미치시	2000-2002
클라크 뮤지엄(Clark Museum)	Williamstown	2001-2014
그림책 뮤지엄(Picture Book Museum)	이와키	2002-2004
군마 곤충 세계(Gunma Insect World)	기류	2002-2005
사카노우에노쿠모 뮤지엄(Saka no Ue no Kumo Museum)	마쓰야마	2004-2006
21-21 디자인 사이트(21-21 Design Sight)	도쿄	2004-2007
지니어스 로사이(Genius Loci)	서귀포	2005-2008
뮤지엄 산(Museum SAN)	원주	2005-2012
푼타 델라 도가나 리노베이션(Punta Della Dogana Renovation)	Venice	2006-2009
샤토라코스트 아트센터(Art Centre for Château la Coast)	Aix-en-Provence	2006-2011
이우환 미술관(Lee Ufan Museum)	나오시마	2007-2010
아키타 미술관(Akita Museum of Art)	아키타	2010-2012
오로라박물관(Aurora Museum)	상하이	2009-2012
안도 박물관(Ando Museum)	나오시마	2011-2012
본태 뮤지엄(Bonte Museum)	서귀포	2011-2012
아시아대학 미술관(Asia University Museum of Arts)	우펑	2011-2013
펄 아트 뮤지엄(Pearl Art Museum)	상하이	2015-2017

교토 명화의 전당

오야마자키 산장 미술관

고 있었지만, 현장을 답사하면서 그의 뮤지엄에 지금도 당연시되는 기존의 뮤지엄 건축 공식과는 상당히 다른 점이 많음을 발견하고 새삼 놀랐었다.

여기서는 안도가 뮤지엄 건축을 시작한 1987년부터 1996년까지 10년간 계획한 뮤지엄 가운데 오사카 명화의 정원, 세비야 엑스포 92 일본관 같은 엑스포용 전시관이나 내부공간이 없는 교토 명화의 정원, 안도에 의해 새로 증축된 부분이 아주 자그마한 오야마자키 산장 미술관, 소규모 호텔의 일부인 베네세 하우스 뮤지엄을 제외한 10개 뮤지엄 가운데 대규모(연면적 2,000-6,000제곱미터 미만)에 속하는 8개 뮤지엄을 중점적으로 들여다보고자 한다.[1] 안도는 1969년 설계 작업을 시작해 형태의 부정을 통한 공간의 깊이를 추구했으며, 1980년대 중반에 이르러 프로젝트 규모가 점차 커짐에 따라 그때까지 억제해왔던, 기하학적 요소의 상충을 통한 형태 도출에 관심을 갖게 됐다.[2] 이 책에서는 안도가 이 시기에 뮤지엄의 건축적 요구에 대응하고 나아가 자신의 건축적 사고를 실현해나가는 방법론을 확립한 것으로 보고 시기를 분류했다.

뮤지엄 접근에서부터 내부로의 진입, 외부형태 인식과 내부공간 지각 순으로 외부에서 출발해 안으로 들어가면서 안도 뮤지엄의 특성과 그 의미를 알아보자.

뮤지엄 건축과 연관된 안도의 건축 철학

일본 건축의 추상성을 참조하면서 서구 모더니즘 건축 걸작들의 단순성에 영향을 받은 안도의 건축에서 조디디오가 간파한 세 가지 인상은 안도가 설계한 건물을 방문해본 사람이라면 상당 부분 공감할 것이다. 그것은 강한 콘크리트 벽의 존재로 인한 물질성materiality, 밀폐됨을 거부하고 빛과 바람을 수용하는, 일상적 존재의 무질서를 뒤로하고 고요의 나라로 방문객을 이끌어 딱딱한 벽이 부드럽게 느껴지는 감촉성tactility, 빛과 공간만이 방문객을 둘러싸는 텅 빈 모습emptiness이다.[3] 이러한 인상은 안도가 건축을 순수하게 정화된 상태로 만들기 위해 필요하다고 언급한 세 가지 요소와 밀접한 관계가 있다. 첫째, 실체성을 지닌 재료로서 자연 상태의 콘크리트나 목재 같은 진정한 의미의 재료이다. 둘째, 플라톤적 순수 입체도 가능하나 3차원의 기본적 틀이 되는 경우 더 가능성이 많은, 건축에 실제적 존재성을 부여하는 근거로서 기본적 틀을 제공하는 순수 기하학이다. 셋째, 원래 그대로의 자연이 아닌 인간에 의해 질서가 잡힌 혼돈 속의 자연, 또는 자연을 추상화해 얻어낸 질서다.[4] 진정한 재료와 순수한 기하학, 그리고 자연이 통합될 때 건축이 힘을 얻는다는 것이다. 노출콘크리트라는 재료의 단일성을 바탕으로 한 기하학적 구성으로 지역적 모더니즘의 주요 사례로 꼽히는[5] 그의 작품들에 나타나는 특성을 살펴보자.

지역적 모더니즘

안도의 건축은 일본의 정신과 자연관을 기반으로 모더니즘 정신을 수정 계승한 사례다. 정규적인 건축 학업과정을 거치지 않은 그는 독자적으로 르코르뷔지에와 아돌프 로스Adolf Loos, 1870-1933, 루이스 칸 등의 건축을 탐구했다. 그 결과 그는 서구 모더니즘의 건축 재료와 근대적 공간성을 이해했고, 여기에 더해 지역성과 장소성이 함축된 일본적 근대공간을 탐구하면서 지역의 정신과 감성을 계승하고자 했다. 안도에게 지역주의 건축은 지역이나 장소에 뿌리를 둔 그 지역의 문화적 환경과 같은 것을 구체화하는 건축이었다. 그는 일본 건축을 지형을 수용하고 자연을 의식하면서 인공의 것과 자연의 것이 융합해 이뤄지는 건축으로 이해하고 받아들였다.[6]

자연에 대한 안도의 사고는 석정과 일본 고유의 다실풍 전통건축이 만들어낸, 극한까지 간소화하려는 간결의 미의식을 지닌 스끼야數奇室 공간에서 보이는 관념론에 근거한다. 간間에 의해 완결되고 자립하는 부분이 중첩되고 새로운 장면이 자

일본의 전통 농가 내부

연 속에 전개된다. 일본의 민가民家도 건축적 골격이 일상생활을 규정하는 공간적인 전체성으로 안도의 정서에 영향을 미쳤다. 민가가 갖는 강인함은 단순한 골격 속에 내포된 생활의 간결함에 있다. 전체는 생활의 질서를 떠받치고(민가의 정신), 부분은 생활의 각 장면을 더욱 풍요롭게 하여(스끼야의 정신) 전체에서 부분까지 삶과 자연을 특유의 간결함으로 결합하는 것이 안도의 전통 계승 방법이다.[7] 지역에 근거한 안도의 모더니즘은 그의 건축의 트레이드마크라고 할 수 있는 기하학적 구성과 노출콘크리트라는 재료의 단일성을 통해 구현됐다.

기하학적 구성

안도는 건축 구성에서 장소가 지닌 특성을 끌어내기 위해 기하학을 적극적으로 활용한다. 대지의 특성을 살리기 위해 기하학적 형태를 매개로 자연과 건축을 서로 대화시키려는 것이다. 대부분 소규모 주거 건물이었던 안도의 초기 작품에서는 간단한 기능에 대응한 단순한 형태가 사용됐지만 뮤지엄처럼 프로그램이 더 복잡해진 경우 기하학의 복합적 구성을 마다하지 않았다.

라움플란의 대표작인 뮐러 주택

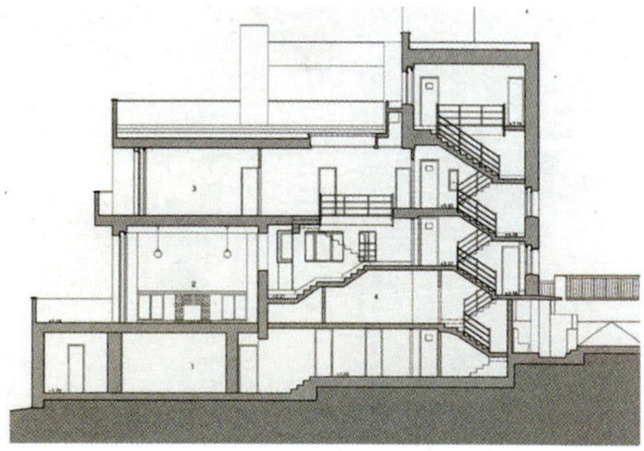
뮐러 주택의 단면도

안도는 기하학이 "자연에 대한 이성의 상징으로서 건축이 자연의 생성물이 아니라 인간의 의지를 표현하고 있다고 각인하는 것"[8]으로 보면서 아돌프 로스의 단순한 상자 속에 담긴, 라움플란Raumplan(=spatial plan)[9]에 의한 풍부한 공간을 잊지 않았다. 자연의 유기적 형태에 대해 기하학적 특성을 건물군에 부여함으로써 상호 대립적인 관계 설정을 즐기는 안도는 정합성이 높은 기하학적 규율과 정돈되지 않은 인간 일상사가 서로 조화를 이룸으로써 신선한 공간을 만들 수 있을 것으로 기대했다.

건축 형태로 원이나 정방형의 순수한 기하학을 선택한 안도는 기하학적 형태 도입을 그럴듯한 형태로 꾸미는 것이 아닌 공간 구축과 장소 구현의 본질 추구로 여긴다.[10] 알버스 Josef Albers, 1888-1976가 그린 일련의 회화 '정방형 예찬Homage to the Square' 시리즈에서 안도는 단순한 기하학적 질서의 통제하에 미묘한 비대칭과 색채를 사용해 깊이감과 역동성이 표현됨을 발견하고 기하학을 통한 건축 공간구성에 대한 영감을 받았다.

조세프 알버스의 회화 '정방형 예찬'

1985년 이후 안도의 작품들은 기하학적 형태를 상충시킴으로써 생기는 내·외부의 긴장 효과를 노린다.[11] 그에게 기하학은 건축에서 개별 형태요소의 위치와 크기를 구체적으로 결정하고 부분이 집적된 전체를 큰 질서

속에 통합하는 수단이다. 또한, 공간을 더욱 쉽게 통제하고 제어하는 장치다. 이 기하학의 상호관입을 통해 외형적 특징은 물론이고 기하학이 지닌 원형적·완결적 공간과 기하학 간의 충돌에서 파생한 이형적 틈새공간의 교차 지각은 방문자의 주의 깊은 이동을 전제로 한 안도 뮤지엄의 내부공간 전개에서 효과를 발휘한다.

노출콘크리트와 자연광

안도의 대다수 작품은 외부는 물론 내부까지 노출콘크리트로 마감됐다. 쉽게 구할 수 있다는 보편성과 적은 공사비로 큰 공간을 자유롭게 만들 수 있다는 발상에서 시작해 일본 다다미 건축의 수평적 확장을 모듈화된 콘크리트 입면으로 입체화하고자 했다. 단열에 덜 민감해도 괜찮은 일본의 기후 덕분에 내·외부 전면 노출콘크리트의 도입이 쉬워졌다.

안도의 노출콘크리트는 중량감보다는 표면의 잘 정비된 동질성을 강조하는 방식으로 사용되어 그가 큰 감명을 받았던 르코르뷔지에의 거칠게 마감된 노출콘크리트와는 구별된다. 태양광선에 의해 창조된 표면을 실현하는 데 가장 적합한 재료로서 표면이 매끈한 안도의 노출콘크리트 벽체는 추상적으로 되거나 부정되며

르코르뷔지에의 롱샹 성당 내부의 빛

로마 판테온 내부

궁극적인 공간의 한계에 접근한다. 벽의 실체는 상실되고 벽들이 에워싸는 공간만이 실재한다는 느낌을 준다.[12] 공간 체험만이 남는 듯한 원형으로서의 건축, 그러한 원형의 공간에 가까이 가기 위한 실마리로서 외부와 내부를 일체적으로 만들 수 있는 유일한 재료인 노출콘크리트로 빚은 결과다.[13] 이와 같이 건축 유형을 불문한 내·외부에서의 노출콘크리트 사용은 그의 건축에서 공통으로 나타나는 기하학적 완결성과 더불어 안도 건축의 일관성을 보증한다. 또한, 다양한 재료를 적용해 시선을 분산시키고 부분적 표현성을 억제해 그의 건축에서 빛과 공간의 중요성을 부각시킨다.

안도는 르코르뷔지에의 롱샹 성당 내부에서 건축의 형태가 아닌 공간의 볼륨과 거기에서 펼쳐지는 빛의 드라마가 인식됨을 간파했다. 빛을 추구하는 것만으로도 건축이 될 가능성을 발견한 것이다.[14] 또한, 로마 판테온이나 중세 로마네스크 수도원의 금욕적인 건축을 이미지의 원천으로 삼아 빛에 의해 연출된 공간을 있는 그대로 표현하는 방향으로 공간의 원형을 모색하는 데 관심을 기울였다. 일련의 주택 작품을 거쳐 다다른 빛의 교회Church of Light, Ibaraki, 1987-1988처럼

안도 다다오의 빛의 교회 내부

명확한 비례감각하에서 공간과 빛밖에 없는, 외부 도시 환경을 향해서는 닫혔지만 빛이라는 자연의 명시를 중시한 사례는 안도의 뮤지엄에서 나타나는 공간과 빛의 개념적 출처를 보여준다.

안도에게 빛은 공간을, 아름다움을 연출하는 중요한 요소다. 건축은 빛을 통해 사람들이 건축 안과 밖에서 자연을 느끼게 하기 위한 매체가 된다. 건축 안에서 잘라낸 공간은 빛과 그림자를 만들며, 이른바 실루엣이 되어 자연의 의미를 묻고 명확한 공간구성 요소로서 인식하도록 촉구한다.

안도는 건축의 본질을 공간의 구축이자 장소의 설정으로 여기며, 이 공간이 영감의 원천임을 토로했다.[15] 지역성에 근거한 현대적 감각으로 오브제를 오브제로 존재하게 하고, 공간과 형태를 연계하는 빛[16]과 어우러진 기하학적 구성을 노출콘크리트로 구축하면서 그의 뮤지엄이 지닌 독특성을 드러냈다.

안도 뮤지엄의 공통적인 건축 특성

접근: 인도되지만 자유롭게 오르는 산책

현대인은 여러 가지 이유로 일상의 터에서 잠시 떠나 새로운 경험의 장인 뮤지엄으로 간다. 뮤지엄은 전략적으로 이러한 방문자들을 끌기 위해 상징성이 강조된 형태를 추구하거나, 그렇지 않은 경우에도 앞서 본 마이어 뮤지엄의 사례처럼, 주출입구가 눈에 잘 띄도록 한다. 상식화되다시피 한 이러한 구성방식을 거부하는 안도의 뮤지엄은 접근방식에서 세 가지 공통적 특성이 보인다.

• 상승하는 접근과 불투명성의 전진 배치

안도의 뮤지엄은 접근 시 아래에서 위로 산책하며 올라가도록 구성되어 있다. 그 이유가 단지 뮤지엄이 높은 곳에 있기 때문만은 아니다. 건물 안으로 들어서기 직전 또는 직후에 그동안 올라오던 방문객을 아래로 내려가게 하는 안도의 동선 구성법과 관련 있다. 언덕이나 산에 있는 뮤지엄은 물론이고 주차장에서 직접 내려갈 수 있는, 작은 구릉 너머 낮은 곳에 있는 어린이 뮤지엄에서도 구릉으로 올라갔다가 내려와야 한다. 히메지 문학관도 오르막길의 중간 부분에 있는 주 출입구를 향해 올라가야 한다. 장식고분박물관과 치카츠 아스카 역사관은 아예 지붕을 계단과 전망대로 만들고 진입로로 삼아 방문객이 그 위를 지나 주 입구로 접근하게 한다. 저수지 제방 아래에 있는 사야마이케 역사관도 역사관 뒤편에 있는 경사로를 타고 오른 후 다시 내려가야 한다.

이처럼 직접 걸으면서 서서히 진행되는 상승은 뮤지엄 건축에서 나름대로 의미가 있다. 보행속도를 늦춰주고 주변을 돌아보게 함으로써 느긋한 산책이 시작된다. 일탈 행위로서 일상과 구별된 공간으로 느리게 이행할 때의 심정은 산사山寺로 천천히 걸어 올라가는 여유와 다르지 않다.

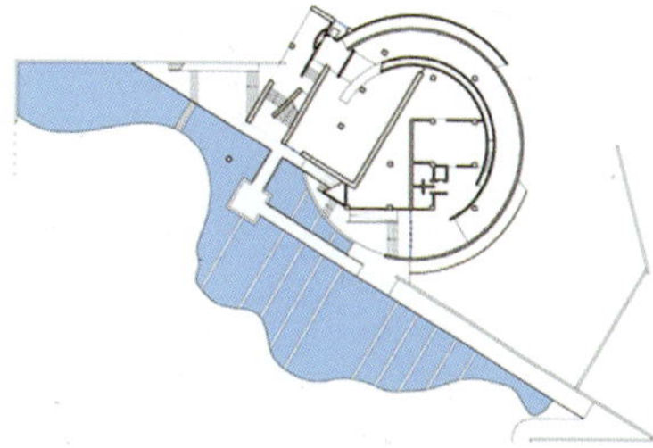

히메지 문학관 본관 1층 평면도

히메지 문학관으로 올라가며 접근하는 길

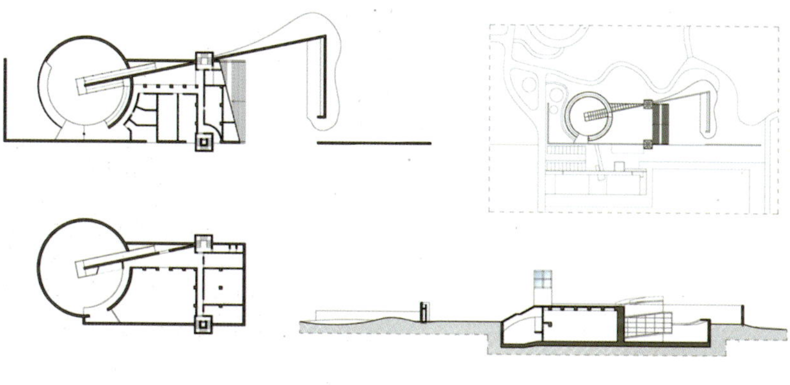

장식고분박물관의 입구 홀 층 평면도(좌상), 배치도(우상), 지하 전시층 평면도(좌하)와 종단면도(우하)

그림의 우측에서 계단을 통해 지붕으로 올라왔다가 원형의 경사로를 통해 내려가며 입구 홀로 접근하는 장식고분박물관의 항공사진

대부분의 뮤지엄이 주 입구로 방문객을 쉽게 유도하기 위해 신경을 쓰는 반면에, 안도의 뮤지엄은 그의 다른 유형의 건물들에서처럼 불투명성이 전진 배치되어 방문객을 맞이한다. 이때의 불투명성은 흔히 노출콘크리트로 홀로 서 있는 긴 가벽이다. 때로는 뮤지엄 본체의 불투명성이 직접 나서기도 한다. 상승의 출발점에서, 또는 진행 중에 접하게 되는 이러한 불투명성은 방문객을 막아서지 않고 끌어당기는 묘한 힘을 갖고 있다. 넘기 힘든 장벽이 아니라 그 너머로의 호기심을 유발하는 장치로 기능하기 때문이다. 특히 긴 가벽은 접근로를 따라 있어 방문객을 인도한다. 접근 행로가 인식된 상태에서 접하는 불투명성이, 역으로 "면의 중첩이 깊이를 표현하고 공간의 의미를 만들어내는"[17] 현상을 불러일으켜 기꺼이 그곳으로 발걸음을 향하게 한다.

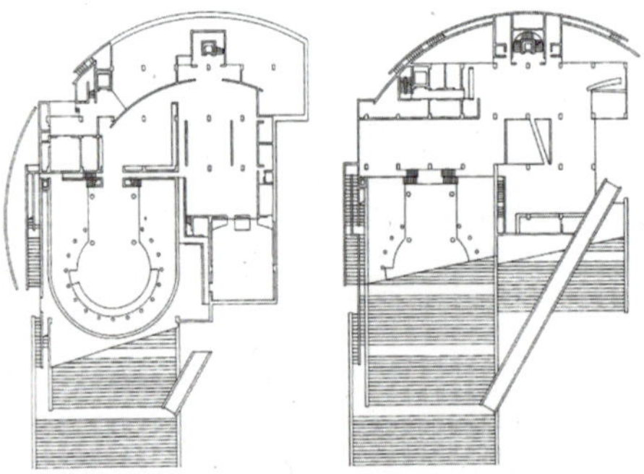

치카츠 아스카 역사관의 지하 전시층(좌)과 1층 입구 홀(우)의 평면도

지붕 계단을 통해 접근하는 치카츠 아스카 역사관

● **의도된 우회 접근로**

이렇게 높은 곳을 향해 걸어 올라가며 불투명성과의 예외적인 조우를 경험하는 방문객은 의도적으로 방향이 돌려진 접근로를 긴 가벽이나 옹벽의 인도를 받으며 오르게 된다. 안도 자신은 일본의 전통 사찰들을 방문한 경험을 통해 무의식적으로 '우회하는 접근'이라는 아이디어가 자신의 잠재의식 속에 각인돼 있음을 밝힌 적이 있다.[18] 때로는 독립적으로 때로는 뮤지엄 볼륨 속으로 파고드는, 어떠한 조작도 가해지지 않아 자체의 존재감이 뚜렷한 상태로 방문객과 동반하는, 건물의 기하학적 구성에 이화작용異化作用을 일으키는 긴 벽은 경사로를 따라 입체적으로 연관을 맺으며 상황을 연출해내는 장치다. 전방 시계를 트이게 하고 다음 시계에 호기심을 갖게 하는 힘 있는 벽이다. 방문객의 발걸음은 순로의 한쪽에 있는 긴 벽의 뚜렷한 방향성에 순응하지만, 시선은 벽의 맞은편으로 전개된다. 나리와 미술관이나 사야마이케 역사관, 장식고분박물관, 나오시마 현대

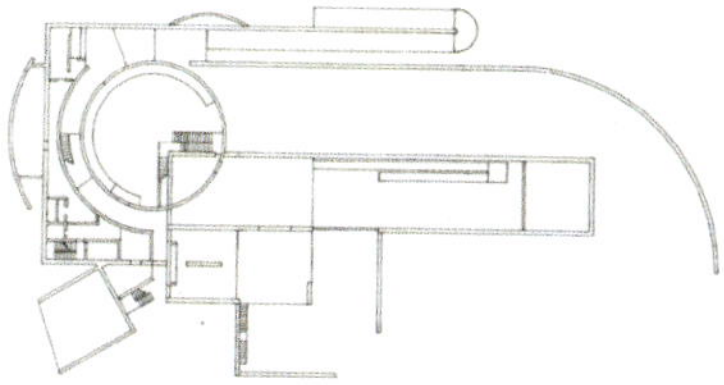

나오시마 현대미술관 1층 평면도

나오시마 현대미술관으로 올라가며 접근하는 길

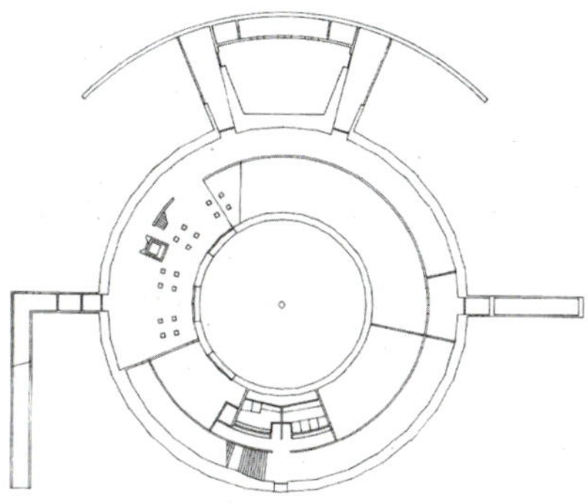

나무 박물관 진입층 평면

나무 박물관으로 올라가며 접근하는 길

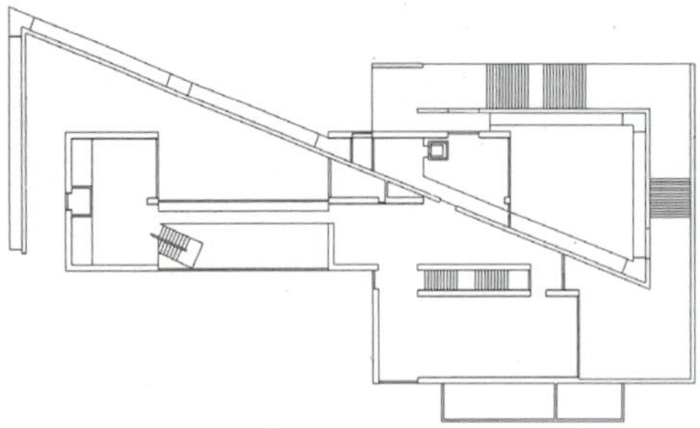

나리와 미술관의 2층 평면도. 건물의 외벽을 타고 도는 경사로를 통해 올라와 2층에 있는 좁은 입구 홀에 이른다.

나리와 미술관으로의 접근 동선

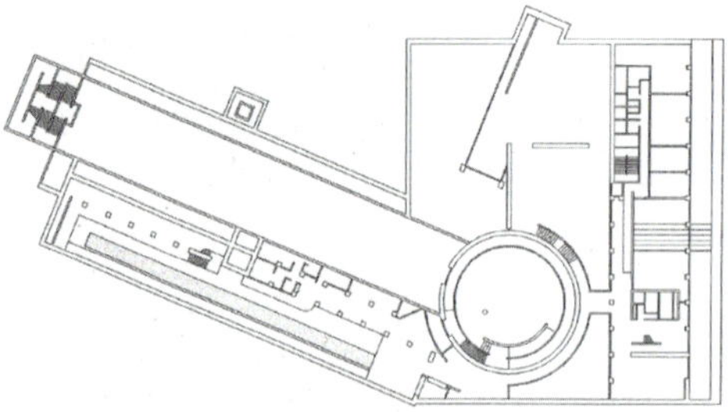

사야마이케 역사관의 2층 평면도

사야마이케 역사관으로 올라가며 접근하는 길. 왼쪽의 경사로를 타고 오른다.

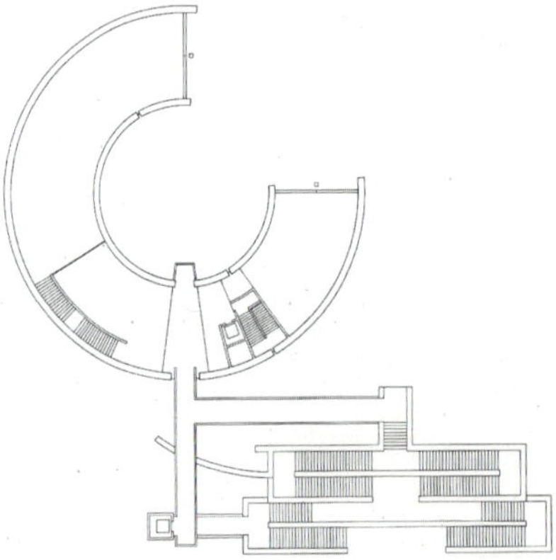

고조 문화관 3층 평면

고조 문화관으로 올라가며 접근하는 길

미술관과 물길을 따라 접근하는 치카츠 아스카 역사관 등에서 볼 수 있듯이, 이 벽들은 뮤지엄으로의 시선을 가리며 다른 방향으로 눈길을 향하게 한다. 이 동로의 명확한 지시와 시선 산개散開가 동시에 이뤄져 방문객은 편안하게 주변을 눈으로 즐기게 된다.

파리 유네스코 본부의 명상의 공간

인도하는 벽이 없이 일직선으로 진입하는 원형의 두 뮤지엄에서도 안도의 생각은 동일하다. 나무 박물관에서는 일직선의 경사로에 이르기 전에 이미 구불구불한 산길을 돌아 올라온다. 고조 문화관은 엘리베이터를 이용한 직진 진입로 왼편에 경사지고 구부러진 흙길이, 오른편에 여러 번 꺾여 올라가는 외부계단이 인접해 진입 시 다방향성의 시각적 여유를 누릴 수 있다. 안도가 이 두 뮤지엄에서 일직선으로 진입하는 것을 택한 이유는 주 볼륨이 원통형이기 때문일 것이다. 원통형이 지닌 집중성을 염두에 두고 그 중심으로 곧바로 나아가려는 염원을 볼 수 있다. 그의 작품 중 원형의 볼륨이 주 테마인 물의 절Water Temple, Tsuna, 1989-1992, 오야마자키 산장 미술관 증축, 파리 유네스코 본부 안에 있는 명상의 공간Meditation Space, 1994-1996 등에서 예외 없이 보이는 중심으로의

타원형의 물의 절.
가운데를 관통하며
내려가는 계단을 통해
진입한다.

일직선 진입 사례를 봐도 그렇다.

● 물, 접근의 동반자

안도의 뮤지엄으로 접근할 때 또 하나의 특징으로, 바다라는 압도적인 자연요소와 인접해 있어 별도의 물이 필요하지 않은 나오시마 현대미술관과 산토리 미술관, 언덕 정상에 자리 잡아 자연수를 끌어들이기 힘든 고조 문화관을 제외한 나리와 미술관, 나무 박물관, 사야마이케 역사관, 장식고분박물관, 치카츠 아스카 역사관, 히메지 문학관에서 보이는 물과 접근 동선의 밀접한 연계성을 들 수 있다. 물의 도시인 오사카를 중심으로 활동하는 안도의 건축에서 물은 물질적 존재로서만이 아니라 정신적 의미도 있다. 이 역시 "일본적 사고와 전통과 직접 연관된 영적 차원을 품으려는 시도"[19]로 여겨진다. 안도는 건축과 자연의 융화와 애매한 경계 형성을 위해 수공간이라는 자연 요소를 자주 이용한다.[20] 자연이나 건물 모습을 투영해 허상을 만들어내는 수면水面을 이동로와 연계하려는 데서 모든 생명체를 지탱하는 기본적인 자연 요소인 물과 뮤지엄의 문화, 역사적 의미가 일체화되기를 원한다. 맑음, 흐름, 심적 여운을 떠올리게 하는 물은 자연적일 때는 자정 능력이 뛰어나지만, 인공적일 때는 쉽지 않은 관리대상이어서 자연과 돌봄이라는 이중적 의미가 있다. 지하수의 자연적 흐름을 활용한 치카츠 아스카 역사관을 포함해 안도 뮤지엄에서 드물게 깨끗이 관리되는 물을 바라보며 물과 함께 접근하는 것은 인공적 구조물로 들어가는 부담감을 줄여주고 유지 관리에 들인 정성을 느끼게 한다.

물이 동반하는 히메지 문학관 진입로

사야마이케 역사관의 진입로에서 만나게 되는 물

큼직한 저수지 제방의 일부분을 전시물로 품고 있는 사야마이케 역사관으로 접근하며 만나게 되는 인공폭포는 그 낙수 소리와 함께 서로 마주 보는 물 커튼을 형성한다. 이 광경을 보면서 경사로와 계단을 돌아 내려가면 물 커튼의 뒤쪽에 이르러 멀찌감치 보였던 물의 수직 면이 눈앞에 나타난다. 안도의 건축에서 구조체의 강한 단순성에 의해 확증된 고요함을 전해주는 물이 여기서는 소리도 내면서 역동적인 수직 및 수평의 평면으로 나타난다. 이러한 물의 수직·수평의 면과 소리의 시청각적 효과는 부분적으로나마 교토 명화의 정원에서도 볼 수 있다.

진입: 감상의 마음을 준비하는 하강

절반이 지하에 묻힌 고시노 주택

안도의 뮤지엄은 접근 후 내부로 들어갈 때도 다른 건축가들의 뮤지엄과 구별되는 특징을 지니고 있다. 그것은 뮤지엄의 기하학적인 전체 구성 안으로 들어설 때나 주 입구로 들어설 때, 또는 들어선 후 전시공간으로 이동할 때 그동안 서서히 올라왔던 방문객을 반대로 내려가게 한다는 점이다. 대다수 다른 뮤지엄들은 여러 이유로 진입 시 몇 계단이라도 위로 올라서게 하는데, 안도는 이 상식을 뒤집었다.

안도는 한 발 더 나아가 외부에서 안으로 뛰어드는 듯 내려가는 방법을 취했다. 그는 초기 대표작 중 하나인 고시노 주택Koshino House, Ashiya, 1979-1980에서 콘크리트 상자를 땅속에 묻었다. 자연환경 속에 매몰시켜 일본의 회유식 정원[21]과 비슷한 형태로 배치하고 내부에서 입체적이고 추상적인 공간을 전개했다.[22] 이 방식이 뮤지엄이라는 공적 공간에 확대 적용됐다. 안도는 이 주택에서의 의도를 "외부세계와 단절된 이 집 안으로 들어왔을 때 빛과 바람 같은 것만이 의미를 갖게 된다. 격리된 빛의 단편들과 공기는 자연세계 전체를 암시한다. 내가 창안한 형태는 시간의 흐름과 계절의 변화를 보여주는 빛과 공기 같은 기본적인 자연을 통해 의미를 바꾸고 얻는다."[23]라고 설명했다. 안도의 뮤지엄에서 진입 시 하강은 두 가지 양상으로 나타난다.

경사로를 따라 올라왔다가 되돌아서 계단을 통해 내려가는 히메지 문학관의 전시공간 입구

옥상 계단을 통해 올라가다가 원형의 경사로를 타고 내려가는 장식고분박물관

● 내부로의 진입 직전 외부에서의 하강

뮤지엄으로 진입하면서 하강하는 어린이 박물관, 히메지 문학관, 장식고분박물관, 나무 박물관, 사야마이케 역사관에서는 모두 상승하던 동선이 뮤지엄 전체의 기하학적 구성의 범위 내로 들어서며 하강한다. 여러 방향으로 꺾였던 접근로를 지나 주 입구에 가까워지며 가벽이나 볼륨에 둘러싸임으로써 내부화된 외부로 진입하는 것이다.

경사로를 오르다가 우측으로 180도 돌아 원형의 주 볼륨 안에서 다섯 단의 계단을 되돌아 내려가야 하는 히메지 문학관, 지붕 계단을 올라 전망대에 이른 후 원형의 경사로를 따라 주변의 고분을 바라보며 입구를 향해 내려가는 장식고분박물관, 일직선의 접근 경사로를 오르다가 중심부가 비워진 도넛 형태의 박물관 볼륨 직전에서 경사로가 하강하며 원형 중정에 담긴 물을 내려다보고 둥근 하늘을 올려다보게 되는 나무 박물관, 접근 레벨에서 큰 소리를 내며 물이 아래

경사로를 타고 올라온 후 다시 경사로로 하강하는 사야마이케 역사관

로 떨어지는, 마주 보는 두 개의 인공폭포 바닥 레벨까지 내려가는 사야마이케 역사관은 상승하던 동선이 하강으로 반전됨으로써 아직 내부로 들어서지 않았지만 이미 전체 속으로 들어왔다는 느낌을 강화한다. 완만한 상승을 통해 마음이 풀어진 방문객의 주의를 다시금 끄는 것이다.

하강하면서 진입하는 나무 박물관

● 진입 후 내부에서의 하강

뮤지엄으로의 진입은 관람과 명상에 필요한 마음가짐을 준비하는 전이 단계다. 안도가 자신이 설계한 빛의 교회를 언급하며, "건물에 진입하는 것은 의지적 행위와 건축에의 지각을 요구한다."[24] 고 말한 데서 그가 교회나 사찰 같은 영적인 건물로 들어서는 방문객들에게 원하는 것을 추론할 수 있다. 뮤지엄이 과거 종교 중심의 시대에 교회가 했던 역할을 현대에 대신하는 유형으로 인정받고 있다는 점을 감안하면, 안도가 뮤지엄으로 진입할 때 동일한 생각을 적용하는 배경을 이해할 수 있다.

나오시마 현대미술관, 치카츠 아스카 역사관, 고조 문화관 및 나리와 미술관에서는 방문객이 가벽을 따라 여러 방향으로 돌며 경관을 조망하거나 뮤지엄의 구성

치카츠 아스카 역사관에서 아래로 내려다보이는 전시공간

나리와 미술관에서 내부로 들어섰을 때 내려다보이는 전시공간

나오시마 현대미술관의 중정을 통한 보완

을 점차적으로 이해하면서 경사로를 통해 뮤지엄 입구까지 올라오지만, 내부로 들어오면 곧 낮은 레벨의 전시공간으로 다시 내려간다. 이때 위에서 전시물이 있는 아래를 내려다보는 시각은 다음 이동공간에 친근감이 들게 한다. 이러한 현상은 입구 홀에서 다시 전시공간으로 내려가도록 계획된 나무 박물관과 사야마이케 역사관, 또는 전시공간이 지면 아래로 내려간 오야마자키 산장 미술관, 시바 료타로 기념관 등에서도 동일하게 포착된다.

그 결과 이 뮤지엄들은 전시공간으로의 이동을 자각시키되 아래로 내려감으로써 번잡한 외부에서 벗어나 전시물에 집중하게 하는 안정감을 북돋운다. 이렇게 하부로 확장되는 공간은 콘크리트 외벽으로 형성된 중정을 향해 바닥에서 천장까지 다 열린 측창을 통해 외부와 연계되거나(나오시마 현대미술관, 나리와 미술관), 천창이나 고측창에서 들어오는 자연광의 도움을 받으면서 바닥 면적에 비해 비례적으로 높은

시바 료타로 기념관의 입구 홀에서 내려다본 전경

고조 문화관의 높은 전시공간

천장고를 지녔다(나무 박물관, 고조 문화관, 사야마이케 역사관, 시바 료타로 기념관). 이런 공간의 수직적 여유가 아래로의 시선과 이동의 부담을 경감시켜준다.

단순 기하학이 조합된 형태

● 원형圓形공간의 존재 의미

앞에서 평탄한 면과 직각이 구축하는 기하학적 체계에 의지해 뮤지엄을 구성한 리처드 마이어가 주 입구로 시선을 끌기 위해 원형을 비롯한 곡벽을 활용했음을 살펴봤다. 마이어는 이렇게 곡면이 적용된 곳에 입구 홀을 뒀다. 이외에도 그르노블 미술관, 베를린 역사박물관 계획안A. Rossi, 1987-1988, 잘츠부르크 구겐하임 미술관 계획안 등 입구 홀을 원형의 공간으로 제시해 눈길을 끌려는 시도는 계속 있었다. 이와 달리 안도 뮤지엄의 상당수는 앞서 제시된 평면도들에서 확인할 수 있듯이 뮤지엄으로 진입하면서 먼저 지나도록 배치한 원형공간을 전시공간으로 사용한다.

원형이라는 흔치 않은 평면의 공간을 전시공간으로 사용하지만 안도의 원형공간에서는 다른 건축가들의 작품과 달리 중심성이 상대적으로 약하고 이동성이 강조되어 있다. 원형의 중심공간이 아예 외부로 빠져나가 도넛형 전시공간이거나(나무 박물관과 고조 문화관), 다른 볼륨이 관입되어 들어와 원의 중심성을 약화하면서 곡벽을 따라 경사로를 포함한 주 동선로가 강조되어 있기 때문이다(히메지 문학관과 나오시마 현대미술관). 이는 연속적이고 유연한 곡벽을 배경으로 전시하거나(고조 문화관, 나무 박물관, 나오시마 현대미술관) 곡벽 자체를 전시용 벽으로 적극 사용하는(히메지 문학관, 오야마자키 산장 미술관, 시바 료타로 기념관) 안도의 뮤지엄이 원형공간을 전시공간으로 활용한 사례의 원조격인 뉴욕 구겐하임 미술관의 영향을 받았음을 알 수 있다. 그러면서도 중심공간이 지나치게 강조되어 정작 작품이 전시된 곡벽 쪽으로의 주의를 약화할 수 있는 단점은 피했다.

장식고분박물관이나 사야마이케 역사관에는 이 원형공간이 진입 직전의 외부에 있다. 이때 방문객은 원형공간의 내벽을 따라 설치된 경사로를 오르거나 내려

히메지 문학관의 원형 전시공간

사야마이케 역사관 안으로의 진입 직전에 있는 외부 원형공간

가면서 입구로 향하는 집중성을 높인다. 이곳은 지붕이 없는 로톤다로서, 주로 바라보는 대상인 슈투트가르트 주립갤러리 신관의 외부 로톤다와 달리 반드시 통과해야 할 행로다.

안도의 초기 뮤지엄들 중 드물게 원형공간이 없는 나리와 미술관에서는 이 원형공간의 역할을 대행하는 장치가 있는지 궁금한데, 그 대답은 쉽게 찾을 수 있다. 긴 벽을 따라 한 번 꺾이는 경사로를 타고 올라 입구 홀로 들어왔을 때 그 벽이 계속 연장되어 다시 외부까지 뻗어 나가 반대쪽으로 꺾이면서 다른 뮤지엄이었으면 원형공간이 생겨났을, 두 층 높이의 공간적 여백이 있다. 뮤지엄 안으로 들어가기 직전에, 또는 들어온 직후에 직선과 직각이 주류를 이루는 일반적인 공간성과 다른 공간성을 제시했던 안도가 여기서는 좁은 입구 홀에 비해 상당히 넓은, 아래층에 있는 휴게실은 물론이고 그 너머 외부에 있는 물의 정원까지 끌어들인 공간적 여유로 대신했다. 이 물의 정원을 둘러싼 외벽 너머에 또 하나의 높은 외벽이 있음을 볼 때, 안쪽 외벽은 입구에

외벽을 따르는 경사로를 통해 진입하는 나리와 미술관

들어선 방문객들에게 이와 같은 공간적 확장감을 선사하기 위한 배려임을 알 수 있다.

나리와 미술관의 좁은 입구 홀에 들어섰을 때 창 너머로 내려다보이는 물이 담긴 넓은 공간

자연에 묻힌 장소로서의 랜드 아트와 자연 속의 오브제

기하학의 조합으로 구성된 안도의 뮤지엄은 자연과의 관계에서 두 가지 뚜렷한 양상을 보인다. 그것은 나오시마 현대미술관이나 치카츠 아스카 역사관, 장식고분박물관처럼 자연 속에 묻힌 장소로서 랜드 아트land art의 성격을 보이는 뮤지엄이거나, 이와 달리 나무 박물관이나 고조 문화관, 사야마이케 역사관처럼 자연 속의 단순 오브제로 보이는 뮤지엄이다. 지형 속에 자연스럽게 스며들거나 단순한 기하학적 형태로 환원되는 것이다. 히메지 문학관은 후자에 속하지만, 별관을 제외하면 앞의 세 박물관이 보이는 단순한 형상의 볼륨이라기보다는 원통형에 두 개의 정방형 볼륨이 집적되어 인근에 있는, 유네스코 세계문화유산이자 일본의 국보인 히메지 성의 이미지와 겹쳐진다.

국립공원 내에 있는 나오시마 현대미술관은 환경적 고려를 최우선으로 해 절반이 지하에 묻혔다. 치카츠 아스카 역사관이나 장식고분박물관은 모두 고분과 관련된 뮤지엄이다. 즉 지하의 이미지를 얻기 위해 전시공간을 지면 아래로 내리고 지붕을 통한 접근로를 기획한, 프로그램에서 개념을 추출해낸 사례다. 자신의 모습을 최소한만 드러내거나 마치 본래 그곳에 있었던 등고선을 살린 것처럼 몸을 낮

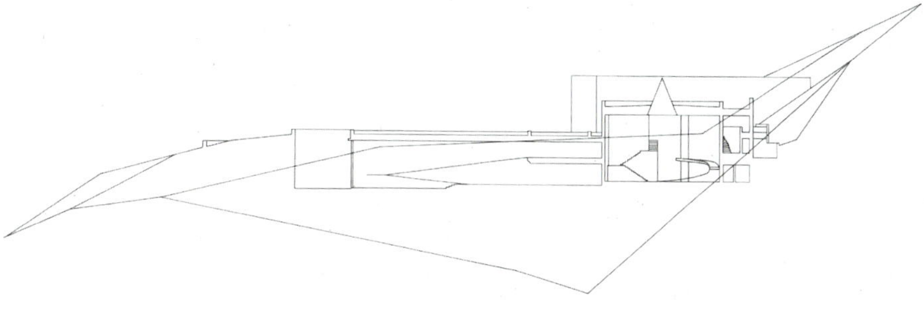

볼륨의 상당 부분이 지하에 묻힌 나오시마 현대미술관

춘 자세는 풍경 읽기를 중시하며 유일무이한 것을 만들기 위해 풍경으로부터 독특성을 유추해내려는 안도의 의도를 보여준다.

기하학이 조합된 사야마이케 역사관의 항공사진

역시 자연 속에 있지만, 주변보다 높은 곳에 자리 잡은 나무 박물관과 고조 문화관은 앞의 예들과 달리 자연 속에서 단순한 기하학적 볼륨으로 자태를 드러낸다. 자연과 경쟁하기보다는 그냥 그곳에 있는 온전한 기하학으로 존재한다. 넓은 평야에 있는 사야마이케 역사관도 멀리서부터 가까이 접근하기까지는 단순한 두 개의 장방형 볼륨만 솟아 있을 뿐이다. 그 미니멀리즘에 이끌려 가까이 다가가면 예상치 않았던 역사관 주 출입구까지의 다양한 접근로와 인공폭포의 존재를 접하게 된다. 이곳에서 다량의 수량이 뿜어내는 낙수 소리를 들으며 벽을 따라가다 엘리베이터를 타고 내려가면 어느덧 폭포수 아래에 내려와 있는 자신을 발견하게 된다. 이때 폭포수는 물이 만든 두 개의 커다란 수직면으로 단순한 장방형 볼륨인 역사관의 인상과 동조하며 곧이어 이르게 될 지붕 없는 로톤다의 원형공간을 부각시킨다.

이처럼 안도는 자연 속에 침잠해 화합하거나 일종의 공리公理와 연역적 추론의 유희인 기하학을 통해 원형이나 정방형, 정방형의 배수倍數에 근거한 장방형 같은 단순한 형상을 즐겨 사용한다. 자연에 대한 이성의 상징으로 인간의 의지를 표현하면서도 '자연'스러움을 거스르지 않는, 자연을 초월하는 자율성과 이미 확정된 조화를 구가하는 것이다.

● 주 파사드가 없는 뮤지엄

앞서 살펴본 안도 뮤지엄에는 또 다른 특이점이 있다. 바로 주 파사드의 개념을 찾기 어렵다는 점이다. 기념비성이 강조된 궁전이나 대저택, 종교적 건물 등에서 비롯된 뮤지엄 건축은 오늘날에도 여전히 정면성을 강조하는데, 안도 뮤지엄은 방문객들에게 깊은 인상을 주면서 안으로 들어오게 하려는 대다수 뮤지엄들과 다른 특성을 지닌다.

이런 주 파사드의 고의적 약화 의도는 인근에 있는 모네의 집에 대한 겸양의 표시로 자신의 모습을 히스bruyère 관목 아래에 숨긴 지베르니 아메리칸 미술관Musée Américain, B. Reichen, Giverny, 1990-1992, 지붕을 도시정원으로 할애한 오클랜드 미술관Oakland Museum, K. Roche, 1962-1968 등에서도 발견된다. 이런 뮤지엄들은 자기 존재를 과시하는 대신에 자연과의 친화성을 중시해, 인공 건조물 안으로 들어간다는 느낌부터 줄이려고 한다. 나오시마 현대미술관은 진입경사로를 오를 때 주 입구만을 가까스로 볼 수 있다. 치카츠 아스카 역사관이나 장식고분박물관은 진입방향에 대해 아예 등을 돌린 채 계단이 놓인 지붕을 통해 진입한다.

나무 박물관과 고조 문화관, 사야마이케 역사관은 기하학적 순수성을 고수하기 위해 주 볼륨에 변형을 가하거나 눈길을 끄는 오브제를 부가하는 등의 시도를 자제했다. 볼륨의 순수성 자체로 모든 방향에서 시선을 모으는 데 만족하며 어느 한 특정 방향으로 편중되는 것을 지양했다.

히스 관목 아래에 숨겨진 지베르니 아메리칸 미술관

히메지 문학관이나 나리와 미술관처럼 위의 두 경우에 속하지 않은 때에도 뮤지엄의 주 입구가 있는 정면을 진입 방향에서 가린 채 돌려놓은 것에서, 주 파사드를 강조해 방문객을 정면으로 대거 끌어들이기를 원치 않는 안도의 마음을 읽을 수 있다. 앞에서 슈투트가르트 주립갤러리 신관이 인접한 구 미술관의 기념비성에 개의치 않고, 구 미술관의 기단 높이에 들린 광장을 두고 건물을 뒤로 물린 채 외부 경사로를 통해 대지가 관통하는 것을 주 개념으로 삼아 주 파사드가 없는 건물을 제시한 것을 살펴봤다. 슈투트가르트 주립갤러리 신관에서 대지 상황, 프로그램상의 요구, 뮤지엄 건축에 대한 자신의 건축 철학이 어우러져 주 파사드가 없는 미술관을 계획한 것처럼, 주 파사드가 실종된 안도의 뮤지엄들도 그의 대지 읽기와 건축관이 종합된 결과다.

주변 환경을 넘어서기보다는 공존하고, 기하학적 순수성 자체로 자연과 교감하기를 추구하는 것이다. '입구가 저기 있으니 그곳으로 가자!'가 아니라 흔히 둔각으로, 예각으로 꺾이는 긴 벽의 인도를 따라 때로 주변을 확인하거나 감상하며, 때로 무심히 걸어 올라가다 보면 어느덧 주 입구에 닿게 된다. 비록 주 출입구의 위치가 금방 파악되지 않아도 주 입구를 향한 지향성이 분명하므로 진입 전의 행로는 느긋하다. 이와 같은 접근으로서의 산책 개념은 내부에 들어와서도 계속된다.

내부 구성

여유롭게 보이지만 사전에 치밀하게 계획된 행로를 따라 내부로 들어온 방문객은 안도 뮤지엄 특유의 내부공간성을 경험하게 된다. 내부 산책의 출발점인 입구 홀부터 보자.

• 내·외부 경계점으로서의 좁은 입구 홀

여기서 살펴보고 있는 안도의 초기 뮤지엄들 중에 연면적이 가장 넓은 치카츠아스카 역사박물관만 입구 홀로서의 독립성과 여유 있는 면적을 갖고 있다. 그 외 다른 안도 뮤지엄의 입구 홀은 독자적 영역성이 없고 면적 또한 좁다. 이는 안도 뮤지엄들이 다수의 방문객을 기대하기 힘든 곳에 입지해 있어서 교육, 연구, 상업 기능을 확장하는 경향이 있는 오늘날의 현대 뮤지엄들처럼 복합 기능에 넓은 면적을 부여할 필요가 없는 전시 위주의 뮤지엄이기 때문이다. 여기에는 뮤지엄 건축에 대한 안도 특유의 시각도 작용했다.

그것은 외부에서부터 유도해온 산책의 흐름을 입구 홀에서 오래 지체시키지 않고 전시공간과 즉시 연결하기를 원한다는 점이다. 작은 안내데스크 하나만 덜렁 놓여 있는 안도 뮤지엄의 좁은 입구 홀은 머무는 장소가 아닌, 내부 산책을 위한 새로운 출발점 역할에 만족한다. 좁은 입구 홀은 연이은 전시공간에서의 공간적 확장으로 보완된다. 앞서 언급했듯이 나리와 미술관에서는 입구 홀 너머로 아래층의 휴게실과 물의 정원으로 공간이 확장됐다. 장식고분박물관을 제외한 나머지 뮤지엄들에서는 좁은 입구 홀을 지나 곧바로 두 층 높이 이상의 전시공간으로 이어진다. 장식고분박물관의 경우는 원통의 내벽을 따라 설치된 외부 경사로를 따라 좁은 입구 홀로 들어서지만, 방금 전 내려온 원형의 지붕 없는 로톤다 공간이 좌측 전면 유리 너머에 있어 좁아 보이지 않는다. 입구 홀이 모래시계의 좁은 허리 역할을 하는 것이다. 덕분에 무한한 외부에서 들어오는 제한된 규모의 전시공간이 좁게 여겨지지 않는다. 모래시계의 동일한 위와 아래처럼 입구 홀의 안쪽인 내부는 상대적으로 작지만, 바깥쪽인 외부의 광활함에 못지않은 자기 세계를 지니고 있다. 다기능적 현대 뮤지엄처럼 넓은 입구 홀을 마련해 각 공간으로의 원활한 동선 배분에 유의하지 않아도 되는 상황에서 이웃해 있는 더 넓은 공간을 활용해 입구 홀의 공간적 협소함을 보완했다.[25] 기하학에 의한 형태 구성을 바탕으로 절제된 도입부와 극적인 공간 체험이 중시됐다.

장식고분박물관의 원형 진입 경사로 종점과 맞닿은 좁은 입구 홀

원주에 지어진 뮤지엄 산에도 미확정성 공간이 있다.

확정성 공간과 미확정성 공간의 교류

기하학적 구성을 우선시하여 배정된 안도의 전시공간은 각 기하학적 단위가 갖는 완전성으로 인해 확정된 공간과 이 기하학적 단위가 서로 관입되거나, 외부 벽이 내부로 파고들거나 내부를 관통해 다시 외부로 나감으로써 생기는 틈새 영역인 미확정성 공간과의 연속된 교류로 인해 특유의 공간성을 구축한다. 전시공간으로 활용되는 확정된 공간에 비해 특별한 용도가 없는 비워진 공간으로서 인간 스스로 정서적 경험을 바탕으로 공간의 의미를 만들어가게 되는 미확정성 공간은 안도 뮤지엄의 내·외부 모두에서 나타난다. 안도는 세계에 반응하는 정서적 존재로 건축을 구성하고 이해하는 '신체shintai'[26]의 움직임을 통해 공간을 경험하는 과정에서 건축 공간을 기능적인 것 이상의 정서를 유발하는 장치로 간주한다.

나오시마 현대미술관에 속하는 베네스 하우스 뮤지엄에 있는 미확정성 공간

그는 인간의 정서와 관련된 것들과 기능적으로 확정된 영역 사이에 존재하는 틈새 영역을 구성의 필수 요소로 여긴다. 선적인 공간구성과 동선의 흐름을 중시하는 안도 뮤지엄에서 기능이 확실한 공간 사이사이에 존재하는 미확정성 공간으로 인해 전체의 형태 혹은 형태 구성과 주위 환경의 관망, 정서적 결합이 가능해진다.

이렇게 안도의 뮤지엄에서는 확정성 공간에서의 전시품 감상과 미확정성 공간에서의 의외의 공간 혹은 자연과 연계된 정적인 공간이 순차적으로 전개된다. 이런 발상은 이 책의 분석대상인 안도 뮤지엄의 전시품들이 고가품이거나 희귀품이 아니어서 보안이나 보존에 극히 유의해야 하는 전통적 뮤지엄의 굴레에서 어느 정도 비켜나 있는 덕분이기도 하다. 대신 주변 환경이나 내부에서 공간과 공간의 관계, 전체 기하학적 형태 등을 인지하는 포괄적 기능의 공간을 부여할 수 있게 됐다. 안도는 "건축에서 비어 있는 공간으로 존재하는 틈새 영역은 건물 그 자체만큼이나 의미를 지니고 있어야 한다."[27]고 믿는다. 전시공간으로 할애된 확정성 공간과 빛과 그림자의 대비가 돋보이는 미확정의 틈새 공간 사이의 평형감이 느껴지는 이유다.

● 미로 같은 내부에서의 단일성과 연계성

안도 뮤지엄의 전시공간은 뮤지엄의 세 가지 동선 구성방법 중 선형 동선에 속하면서도 미로형 동선의 인상을 준다. 앞서 소개된 시무네의 일드프랑스 선사박물관이나 본 시립미술관Kunstmuseum, Axel Schultes, Bonn, 1985-1992 같은 전형적인 미로식 전시공간에서 겪는 위치 파악의 어려움과는 무관하면서도 전시품 관람을 위한 주 동선에서 여러 방향으로 산개되는 시선의 다방향성 때문이다. 뮤지엄으로 접근할 때 의도적으로 회유된 동선을 따라 올라오며 가야 할 지향점은 뚜렷하면서도 시선은 주변을 돌아보게 하는 방식이 내부에서도 지속된다. 가야 할 방향은 분명하나 회유하는 내부 동선에서 중첩된 기하학적 공간을 넘나들 때의 좁혀진 통로와 연이은 전시실에서 전개되는 상이한 공간성, 단면상 트인 상하층 공간 사이에서 대각선적으로 상승하거나 하강하는 시각적 확장성, 확정성 공간과 비확정성 공간의 교류 등이 미로를 걷는 듯한 인상을 주는 것이다.

이는 원형과 직각의 공간이 교차하면서 다양한 의미가 발생하고, 전체 구성을 형성하는 기하학이 단편적인 장면들까지 연출하면서 주변 외부와 내부의 전망을 위한 프레임인 동시에 스크린이 되어 사람을 서 있게, 오르게 하거나 내려가게 하는 통로가 되기 때문이다. 전시공간은 주로 노출콘크리트라는 단일성 재료로 마감되어 정교한 공간 조작이 자칫 유발할 수 있는 모호성과 불연속성의 위험을 감소시킨다. 재료 선택에 있어서 안도의 고집이 외부에서 내부로 들어와 다시 외부로 나가기까지의 일련의 연속된 공간성에 일관성이라는 의외의 가치를 부여해준다. 안도는 20세기의 가장 중요한 재료로 유리, 콘크리트, 금속을 거론하며 자신의 일본적 아이디어를 이러한 재료들로 지어질 수 있는 형태로 교차시키는 방법을 모색했다. 산토리 미술관 외부에 스테인리스스틸을, 고조 문화관 외부에 아연도금철판을 사용했지만, 그의 주 재료는 노출콘크리트이며, 특히 내부에서 그러하다.

보편화된 안도의 개성

지금까지 안도의 초기 뮤지엄들을 외부 접근에서부터 내부 전시공간까지의 행로를 따라 살펴본 결과 공통적으로 발견되는 건축적 특성과 그 의미를 다음과 같이 정리할 수 있다.

안도 뮤지엄에 접근할 때 물과 동행하며 의도적으로 우회된 접근로를 따라 오르게 되어 있다. 이때 먼저 접하게 되는 예외적인 불투명성은 방벽이 아니라 너머의 영역으로 이끄는 초대장이다. 방문객은 상승하는 길을 천천히 걸으며 일상을 벗어난다.

뮤지엄으로의 진입 직전 또는 직후 하강으로 반전된 행로는 외부 산책을 마치고 전시품 감상에 필요한 마음가짐을 준비하게 한다. 이러한 오르내림, 우회하는 동선은 안도의 뮤지엄이 가장 짧은 동선을 추구하는 편리 지상주의와 거리를 가짐을 의미한다.

자연과 인간이 조화롭게 구별되도록 단순 기하학이 조합된 안도의 뮤지엄은 그동안 당연시됐던 주 파사드에 대한 집착을 떨쳐냈지만 주 입구로의 지향성이 흐트러지지는 않았다. 마침내 다다른 입구 홀은 내·외부의 경계점 역할에 만족하며, 좁지만 연이은 공간적 확장으로 숨 쉬게 된다. 확정된 공간과 미확정성의 공간이 교차되는 전시공간에서는 기능적 공간과 정서적 공간이 결합되어 있다. 이때 노출콘크리트라는 단일성 재료는 연속된 공간성에 일관성을 부여한다.

본태 뮤지엄

안도의 초기 경력 이후 덩치가 커진 그의 뮤지엄들에서는 규모를 감안한 또 다른 제안들이 보이지만 초기 뮤지엄의 독특한 건축 구성은 여러 후기 뮤지엄들에서도 여전히 발견된다. 안도의 초기 뮤지엄들이 지닌 이런 특징들을 파악하고 나면, 십여 년 후에 우리나라에 지어진 본태 뮤지엄과 뮤지엄 산Museum SAN의 건축적 요소나 특징들 대부분이 어떤 근거로 발상이 이루어졌으며 의도가 무엇인지를 정확하게 이해할 수 있다. 안도의 뮤지엄이 지역적 모더니즘에 근거한 그의 건축 철학에 철저히 기초하면서도, 의외로 뮤지엄 건축에서 상식으로 통하는 것들과는 다른 특이점들이 그대로 유지된 것이다. 자신의 건축적 사고에 충실하며 지속적으로 연구한 결과, 개성이 뚜렷하면서도 건축주가 수용할 수 있고 건축이 마련한 공간을 관람객이 즐길 수 있는 보편화에까지 이를 수 있었다.

뮤지엄 산 진입부

앙리 시리아니

Henri Ciriani

Henri Ciriani

앙리 시리아니의 연속적 근대공간으로서의 뮤지엄

우리는 건축가의 건축 철학과 그로 인한 아이디어가 결실을 맺은 뮤지엄의 관계를 계속 살펴보고 있다. 어떤 건축 유형에 관한 더 깊은 지식이 필요해지면 건축가는 그 유형의 기존 건물들을 답사하고 자료들도 찾아보게 된다. 의미 있는 뮤지엄 작품을 남긴 또 한 명의 건축가 앙리 시리아니는 1981년 파리에 아랍 세계 연구소 건립을 위한 국제공모전을 준비하며 처음 뮤지엄 건축을 경험했다. 그러나 뮤지엄 건축에 대한 그의 생각이 제대로 형성된 것은 1983년에 응모했던 아를 고대사박물관을 계획했을 때였다. 거장들의 작품 분석과 함께 건축 역사에 대한 꾸준한 관심, 건축 작업 못지않게 교수로서 오랜 기간 심혈을 기울인 교육을 수행하며 쌓은 지식, 몸에 밴 잦은 건축 답사를 통한 뮤지엄 건축에의 이해가 그 바탕에 있었다.[1] 그가 뮤지엄 건축의 역사적 교훈을 통해 얻은 세 가지 가정은 '자연광', '동선'과 '입구 홀'에 관한 것이다.

뮤지엄 건축을 위한 세 가지 가정

뮤지엄 내부에서의 자연광

우리는 앞에서 여러 건축가가 자연광을 귀하게 여기는 것을 살펴봤다. 시리아니에게도 자연광은 가장 소중하고 긴요한 건축 재료였다.[2] 그는 최고의 질을 품은 빛을 끌어들이는 것뿐 아니라 유입 방식이 전시공간에 미칠 영향에도 유의했다. 그는 알바 알토가 설계한 도서관Aalto University Library otaniemi에 들어오는 아름다운 빛이 자신의 뮤지엄 빛에 영감을 주었다고 고백했다. 하지만 알토가 설계한 알바 알토 뮤지엄Alvar Aalto Museum, Jyväskylä, 1971-1973과 쿤스텐 근대미술관KUNSTEN Museum of Modern Art, Aalborg, 1968-1972의 각 전시공간에서 매우 큰 천창 구조물이 주는 부담감도 지적했다. 위도가 높은 핀란드나 덴마크에서 낮은 각도의 햇빛을 많이 받아들이기 위해 천창 구조물이 너무 커져 그 밑에 전시된 작품들이 위축된다는 것이다. 역시 아름다운

온타니에미 알토대학 도서관에 유입되는 자연광

쿤스텐 근대미술관의 천창이 보이는 전시공간

빛으로 정평이 난 렌조 피아노의 뮤지엄들에는 이런 약점이 없다. 예를 들어, 메닐 컬렉션Menil Collection, Houston, 1981-1987의 천장은 새시를 이루는 3차원 격자보로 받쳐진다. 이 지붕의 제일 위에는 자외선을 막는 수평 유리 면이 골조 위에 배치된 어린 떡갈나무 위에 받쳐져 있다. 골조와 떡갈나무 바로 아래에는 두께 25밀리미터의 철이 함유된 시멘트로 만든, 빛 조건에 따라 움직이는 전향轉向판이 빛을 반사하고 확산한다. 이 무수히 반복되는 작고 얇은 판은 천장 전체가 빛을 품은 하나의 면처럼 느껴지게 한다. 이 빛의 면은 자연광을 유입시키되 작품 감상에 집중하는 관람자의 눈길을 빼앗지 않는다. 아래 공간을 압박하지도 않는다. 시리아니가 공장 건축에서 유래된 뮤지엄의 톱날지붕고측창이 주는 유용성을 인정하면서도 전시공간에서는 '기술적 천장plafond technique'이 아닌 '아랫면sous-face'으로서의 천장이 필요하다고 보는 이유다.[3]

메닐 컬렉션의 전시공간

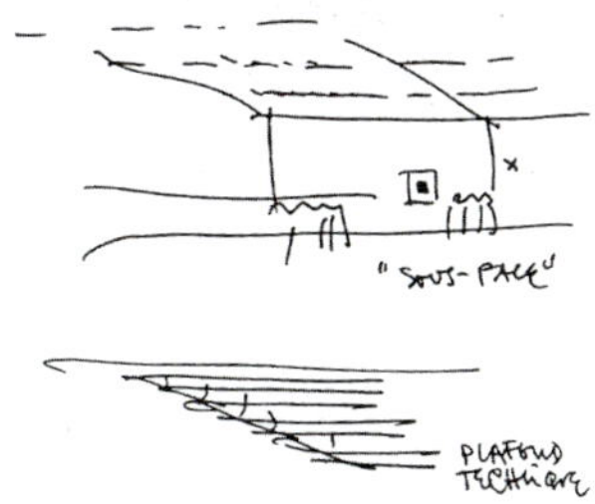

아랫면과 기술적 천장을 묘사한 앙리 시리아니의 스케치

이런 판단은 평소에 내부에 빛을 들이는 방법에 대한 시리아니의 숙고와도 관련 있다. 그는 공간과의 관계에서 본 자연광 연구에서 빛을 네 가지로 분류한 후 '감동으로서의 빛lumière-émotion'을 뮤지엄에 필요한 빛이라고 봤다.[4] 내부에서 표명되는 외부로서 집중을 유도하기 위해 주의를 모으는 이 빛은 드러내는 건축적 대상이 주목을 끌게 함으로써 스스로 건축적 대상이 된다. 전시공간에서의 자연광은 가능한 한 빛이 들어오는 유입구를 잘 보이지 않게 해 자연이 준 선물로서 '이미 그곳에 존재하는' 빛을 내부로 들이는 방안을 모색했다. 그 결과 시리아니의 뮤지엄 전시공간에 유입되는 자연광의 유입구들은 대부분 주 동선 방향에서 보는 첫 시선에서 가려진 채 이미 들어온 빛만 먼저 보인다. 예술작품이 주는 자극이 무의식적이면서 설명적이지 않고 그 의도가 덜 노골적일수록 감상자의 상상과 감정과 반응에 더욱 큰 영향을 미치는 이치와 같다.

시리아니가 실내의 자연광에서 늘 시도하는 것이 빛과 동선의 결합이다. 유입시킬 빛을 동선과 연계시켜 가는 길을 동반하게 하거나 가야 할 곳을 지시하게 하는 것이다. 라이트와 르코르뷔지에의 뮤지엄에서 얻은 지혜로서,[5] 곧이어 보겠지만 시리아니의 두 뮤지엄은 빛과 동선이 결합됐을 때의 효과를 보여주는 교과서 같다.[6]

뮤지엄 계획의 선결 조건인 동선

뮤지엄의 동선에 대한 시리아니의 관심은 각별하다. 건축 내부에서 빛의 중요성에 대한 그의 강조에도 불구하고 뮤지엄 건축에서만큼은 선결과제로 동선을 든다. 그는 필자와 대화하던 중 뮤지엄에서 동선의 중요성을 강조하며 "신이여 용서하소서! Dieu, pardonnez-moi!"라며 십자가 성호를 긋는 시늉을 했다. 건축에서 자연광을 매우 중시하지만 뮤지엄에서는 동선이 우선한다고 생각해 빛을 선물해준 신에게 용서를 빈 것이다. 그는 뮤지엄이 건축적 산책의 장이라는 것에 동의하면서 이전 뮤지엄과 근대 뮤지엄의 가장 큰 차이점이 동선에 있음을 역사적 선례들을 통해 파악했다.

시리아니는 뮤지엄의 세 가지 동선 형식인 선線형, 순환형, 미로형 중 선형과 순환형의 장점은 인정하나 미로형에 대한 판단은 유예했다. 그는 뮤지엄 방문 후 어떤 전시실을 건너뛴 것을 알고 매우 언짢았던 기억을 필자에게 말한 적이 있다. 미로형은 방문자가 순로를 선택할 수 있는 자유를 주지만 전시실을 빠뜨리지 않거나 두 번 지나지 않기 위해 적잖은 주의가 필요하다. 그렇다고 시리아니가 미로형 동선을 전적으로 부정한 것은 아니다. 그는 앞서 거론된 시무네의 일드프랑스 선사박물관을 높게 평가했다.[7] 이 박물관과 시무네의 또 다른 뮤지엄인 노르 근대미술관 Musée d'Art moderne du Nord, Villeneuve-d'Ascq, 1978-1983은 둘 다 미로형에 속한다. 시리아니는 자신과 같은 르코르뷔지에 계열의 건축가로서 비록 동선의 구성법은 다르더라도 노출콘크리트라는 재료, 빛 처리, 공간성 등 여러 면에서 시무네와 동질감을 느끼는 듯했다. 선형과 순환형에 관심 가진 결과 나타난 공간의 연속성과 확장, 동선

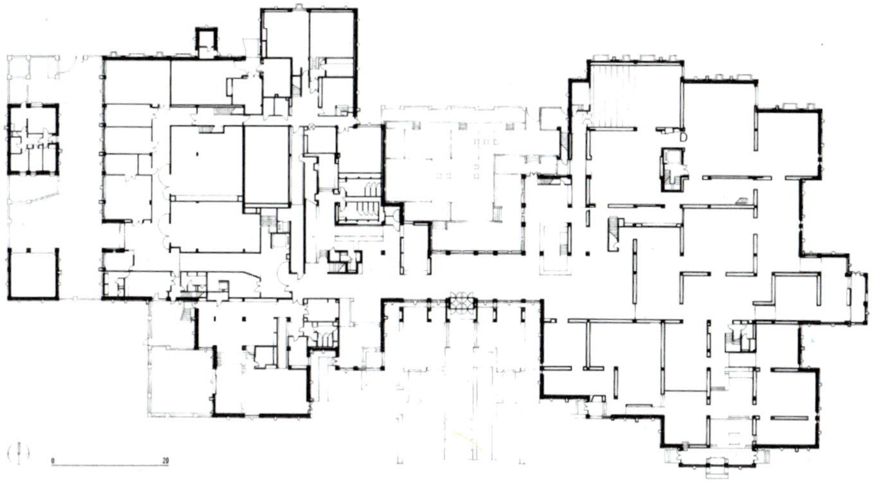

노르 근대미술관 1층 평면도. 우측이 전시공간이다.

을 지시하고 동반하는 자연광 같은 전시공간에서의 특성은 시리아니 뮤지엄 특유의 공간성을 창출한다.

'공간적 초점'으로서의 입구 홀

뮤지엄 입구 홀의 중요성에 대한 시리아니의 강조는 다른 건축가나 이론가에게서 찾아보기 어려운 독특한 시각이다. 앞서 리처드 마이어 뮤지엄의 입구 홀을 얘기할 때 나온 '공간적 초점'이라는 용어는 시리아니가 현대 뮤지엄의 입구 홀이 뮤지엄 건축에서 수행해야 할 역할을 설명할 때 쓴 표현이다. 그는 궁전 같은 건물을 개조해 사용하는 뮤지엄에서 발생하는 기능적 어려움이 한 장소에서 현대 뮤지엄의 복잡한 구조를 모두 이해시켜야 하는 입구 홀에서 먼저 발생한다고 봤다. 궁궐이나 대저택 등이 개방되어 뮤지엄이 되었기 때문에, 한 개인의 영광을 과시하기 위해 만든 입구 홀이 오늘날 문화의 민주화를 상징하며 모든 사람을 위한 장소가 된 뮤지엄의 입구 홀로서 더 이상 적합하지 않다는 것이다. 그렇기에 논리적으로 뮤지엄의 입구는 완전히 새로운 요소로 나타났으며, 시리아니의 첫 관심은

'입구를 놓치지 않는' 것이었다.[8]

특히 현대 뮤지엄의 프로그램은 더욱 복합화되어 수장과 전시를 주로 하던 과거와 비교할 수 없이 다양한 용도의 공간이 포함됐다. 입구 홀은 이러한 여러 공간으로 가는 동선을 배분해줘야 하고, 이곳으로 들어선 방문객에게 각 용도를 이해시켜야 한다. 따라서 시리아니는 현대 뮤지엄의 입구 홀은 대규모 뉴욕 호텔의 로비처럼 충분히 넓어야 한다고 보았다.

다른 한편으로 그는 전시품이 주인공인 뮤지엄 전시공간에서는 건축적 표현이 자제되기를 바랐다. 공간 예술인 건축이 너무 나서면 작품 감상에 방해가 된다는 것이다. 그렇다고 해서 건축이 사라지다시피 한, 창고 같은 완전히 중성적인 공간에 동조하지는 않는다. 그가 구현하려는 것은 '건축이 나서지는 않으나 엄연히 존재하는' 수준 높은 전시공간이다. 전시공간에서 자제된 건축가의 표현 의지는 건축적 감흥을 주는 공간적 시도가 가능한 곳인 입구 홀에서 발현될 수 있다. 입구 홀이 뮤지엄의 이미지를 좌우하는 중요한 출발점인 셈이다.

아를 고대사박물관에 나타난 삼각형 평면의 의미

건축은 기능적 요구를 충족하는 내부공간과 대지의 맥락적 상황에 대응하는 물리적 외부형태를 갖고 있다. 건축행위는 이러한 건축의 두 가지 구성인자를 적절하게 연계해 건축물의 내적 공간요구를 만족시키면서 주변 환경과의 관계를 설정해 나가는 작업이다. 이 두 영역을 조화롭게 통합하는 것은 쉽지 않다. 평면을 짜는 일에 능숙한 건축가는 대지에서 떠오르는 개략적인 형상을 느낌대로 먼저 잡은 후 그 안에 내적 공간요구인 기능을 맞춰 끼워 넣는 것이 일반적인 작업 순서다.

여러 가지 현실적 문제에 의해 형태 우선 설정의 불가피성을 인정하더라도 이후의 내부공간성 구현과의 마찰은 최소화하고 극복해야 한다. 선택된 형태에 기능적·공간적·상징적 의미가 동반돼야 하며, 이로 인해 건축의 존재 이유인 내부공간이 받는 제약을 오히려 더 특징 있는 공간을 만드는 계기로 삼아야 한다.

이런 점에서 앙리 시리아니가 설계한 아를 고대사박물관은 삼각형 형태를 우선 설정한 점과 이후 내부공간을 풀어나가는 방법에서 주목을 끈다. 시리아니가 필자에게 처음 공개한 초기의 스케치 중 첫 날짜의 그림에서 박물관의 삼각형 평면이 이미 단선으로 그려져 있었다. 그에게 건축설계를 배운 제자라면 그가 평소의 설계 작업에서 형태를 위해 내부공간이 희생되는 것을 혐오하는, 철저하게 합리적인 사고로 내부공간을 중시하며 작업하는 건축가임을 안다. 그럼에도 아를 고대사박물관에서 평소와 다르게 먼저 삼각형을 직관적으로 정하고 그것을 실현해 나가는 과정은 시리아니에게 도전이자 실험이었다.

여기에 나타난 삼각형 형태가 어떤 의미를 지닌 채 시리아니에게 수용됐으며, 그 결과로 남겨진 삼각형 형태의 전시공간에서 어떻게 자신의 건축 철학에 맞는 공간성을 구현했는지 궁금하다. 직관에 의해 주어진 외부형태에 제시된 논리를 검증하고, 형태에 의해 주어진 제약을 독특한 공간성으로 승화시켜 내적 공간요구와 주변 환경과의 균형 잡힌 통합을 성취하는 방안을 따라가 보자.

삼각형의 현대적 상징성

시리아니가 선택한 삼각형은 지중해와 멀지 않고 고대 로마 시대부터 중세 시대까지 형성된 시가지가 잘 보존된, 유네스코에 의해 세계문화유산으로 지정된 고도시 아를의 특수성에서 먼저 발상의 근거를 찾을 수 있다. 이 삼각형에는 로마 시대의 원형극장을 비롯한 고대와 중세의 유적지들을 품으며 구도시 전체가 이미 뮤지엄인 곳에서 고대사박물관을 신축해야 하는 한 모더니스트의 고뇌가 담겨 있다.

시리아니의 건축이 역사적인 건축과 조우하는 방안은 최대한 과거를 있는 그대로 보존하면서 신축된 현대 건축물에 의해 오히려 서로의 특징을 돋보이게 하는 데 초점이 맞춰진다. 건축계에서 포스트모더니즘이 전성기를 누렸던 시기인 1983년, 그는 고대 로마 건축의 겉모습에서 드러나는 장식적 기교를 통해 유적들과 새 건물의 조화를 모색하지 않았다. 대신 원형과 정방형, 장방형이 주류를 이루는 고대 로마 건축을 직시하면서 현대성과 통하는 특성을 찾고자 했다. 그러나 그가 찾

앙리 시리아니가 그린 아를 고대사박물관 투시도

아야 할 현대적 단순성은 고대 로마의 그것과는 구별돼야 했다. 현대건물로서의 신분을 잃지 않아야 하기 때문이다. 그 결과 로마 건축에는 없는, 가장 간소한 기하학인 삼각형을 떠올렸다. 시리아니에게 삼각형은 형태 유희가 아니라 그 장소에 적합한 현대성의 발로였다.

대지와 프로그램에 응답하다

삼각형이 고대 로마 건축의 기하학적 특성뿐 아니라 단순하고 추상적인 현대건축의 특성을 동시에 고려한 정신적 배경이라면, 주어진 대지의 형태와 아울러 신·구시가지의 연결점으로 로마 전차경기장에 근접한 대지의 위치는 이러한 결정을 응원하는 물리적 배경이다.

삼각형 이미지를 떠오르게 한 직접적인 이유이기도 한 대지는 론강le Rhône, 아를 시민에게 식수를 공급하는 인공 수로와 발굴 중인 고대 로마 시대 전차경기장으로 둘러싸인 삼각형의 작은 반도다. 길이 400미터, 폭 100미터로 21,000명 수용 규모인 전차경기장의 회전부인 스피나spina의 궤적에서 불과 7미터 떨어져 있는 박물관의 주 파사드는 전차경기장의 배경으로 나타난다. 결과적으로 박물관의 삼각형은 건립 장소인 작은 반도에서 전차경기장과의 사이에 긴장감을 유발하면서 전체 대지를 공간적으로 점령한다.

삼각형은 또한 공모전 설계지침서에 명시된 동선의 세 가지 원칙에 대응한 형태적 제안이었다. 지침서는 방문객과 직원의 불필요한 피로를 줄이기 위해 동선을 짧게 할 것, 건물을 배치할 때 완전히 고정된 요소들이 아닌, 어떤 지시대상을 이용한 논리적이고 쉬운 연결을 찾을 가능성이 클 것, 공사단가를 절감할 것을 요구했다.[9] 시리아니는 "고리 모양의 노정을 해결하고 동선의 길이를 줄이며 논리적이고 쉬운 맥락을 찾을 수 있는, 또한 최소한의 면적을 가진 채 미래의 확장을 가능케 하는 가장 좋은 형태"[10]로 삼각형의 당위성을 설명했다.

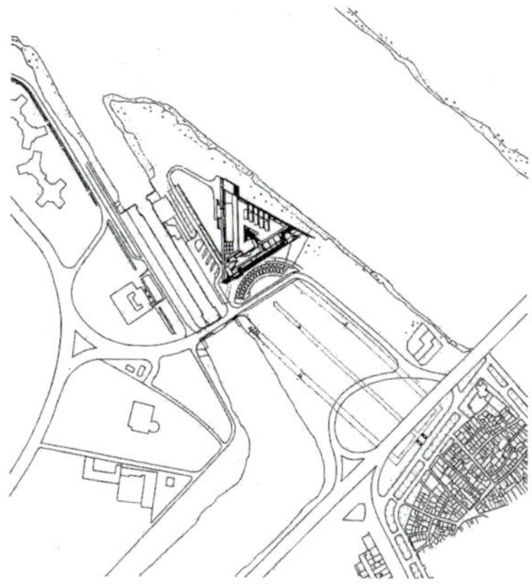

아를 고대사박물관 배치도

세 개의 구역으로 나뉘는 박물관 프로그램도 삼각형을 선택한 이유 중 하나다. 박물관은 발굴된 유물들의 보수와 보관 및 임시 전시, 발굴교육학교 등을 포함한 '과학구역', 도서관과 회의실, 사무실, 카페테리아, 가이드 양성학교 등을 포함한 '문화구역'과 '상설 전시구역'으로 크게 나뉜다. 이 세 주요 기능이 삼각형으로 표출되어 과학구역은 수로 쪽, 일반인들이 자주 찾는 문화구역은 박물관 전면인 전차경기장 쪽에 위치하고 그 사이에 상설 전시공간(전시구역)이 자리 잡았다.

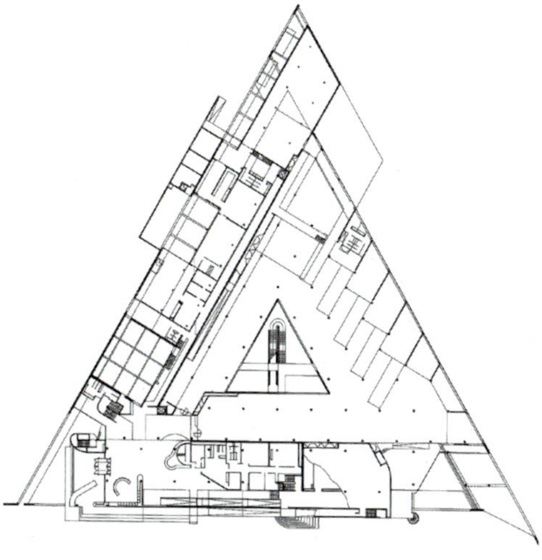

아를 고대사박물관 1층 평면도

삼각형 평면의 문제점과 해결책

그러나 삼각형이 실제 건물의 평면이 되면 몇 가지 문제점이 생긴다. 먼저, 평면으로서의 삼각형은 건축적으로 다루기가 어렵다. 모서리 쪽에 서 있지 않고는 평면에서의 삼각형을 3차원적으로 인식시키기도 쉽지 않다. 또한, 최소 구조 형태인 삼각형은 근원적으로 정적이어서 구조의 변형이 어렵다. 변형의 어려움은 고착적이고 폐쇄적인 공간성을 불러온다. 고착성이나 폐쇄성은 20세기 모더니스트들이 탈피하고픈 지난 시대의 공간 특성이었다. 근대적 공간성을 추구하며 닫혔으면서도 열린 공간, 열렸으면서도 닫힌 공간을 뜻하는 '폐쇄적 개방공간·개방적 폐쇄공간'을 오랜 기간 연구한 시리아니에게 삼각형 평면은 극복해야 할 도전 대상이었다. "왜냐하면, 내 문제의식의 본질이 여기에 있기 때문이다. 어떻게 닫힌 공간을 열고 열린 공간을 닫을 것인가? 어떻게 갇힘을 피하고, 비록 이상적이나마, 각자 자신에 대해 빗장을 거는 현대 사회에서 어떻게 연속체의 느낌을 유지할 수 있을까?"[11]를 고민하던 그였다.

아를 고대사박물관의 물이 담긴 삼각형 중정과 옥상 전망대로 오르는 계단

이런 문제점을 해결하기 위해 전체 삼각형의 중심부에 작은 삼각형의 외부 중정이 놓였다. 평면도를 보면 알 수 있듯이 뾰족한 세 모서리는 모두 각각의 기능과 목적을 갖고 돌출되거나 절삭됐다. 하늘을 향해 열려 주변에 빛을 공급하는 중심부의 외부 중정은 여름에는 고온이고 겨울이면 미스트랄mistral이라는 차가운 북풍이 부는 이 지역을 위한 배려이기도 하다. 여기서는 시선의 수직적 발산을 제공하는데, 이러한 사실은 중정의 포장석에 하늘이 반사되는 물을 담음으로써 강조됐다. 지중해적인 공간 내에서 물의 존재가 평화롭고 시원한 느낌을 준다. 이 수직성을 가시화하는, 옥상 전망대로 연결되는 중정 계단은 옛 도시와의 대화 기회를 제공한다.

전시공간을 위한 초기 구상

이렇게 결정된 삼각형 박물관에서, 형태적으로는 한 볼륨 안에서 붙어 있지만 공간적으로는 분리된[12] '과학구역'과 '문화구역'에 두 변을 할애하고 남은 작아진 삼각형이 상설 전시공간이다. 남겨진 삼각형의 상설 전시공간을 위한 초기의 사고 흐름을 추적해보자.

삼각형의 중심부는 외변과 거리가 멀다. 내부에서 유일하게 삼각형 평면인 전시공간에 자연광을 유입시키면서 동선에 방향성을 주기 위해 삼각형의 중정을 두기로 한다. 이 중정은 전시공간의 중심이 아닌 전체 삼각형 건물의 중심부에 있다. 그 결과 론강 쪽에는 널찍한 전시공간이 확보됐다. '문화구역'과 '과학구역' 쪽의 상대적으로 좁은 두 곳은 전시가 시작되고 끝나는 공간이 된다. 론강 쪽의 넓은 전시공간을 충분히 밝히기 위해 톱날지붕고측창을 도입한다. '문화구역', '과학구역'과 전시공간과의 두 경계벽이 지닌 완벽한 불투명성을 보상하고, 방문자가 시간을 초월해 흐르는 론강을 바라볼 수 있게 하려고 강을 향한 입면 전체를 개방한다.

이러한 결정과정에 따른 논리적 근거와 그 결과물의 건축적 특성을 살펴보자.

아를 고대사박물관에서 근대공간으로서의 전시공간

동선: '계획된 선택'

"이 박물관에서는 경로가 가장 우선이며, 동선과 빛을 통해 경로를 생각해야 한다."[13]

앞서 시리아니가 설계한 두 뮤지엄의 순로 형식을 '계획된 선택' 방식이라고 말했었다. 이것은 동선에서 강제와 자유 사이의 적정한 조화를 의미한다. 전체 동선을 명확하게 보여주면서 각 단계에서 방문객들이 자유롭게 거닐 수 있도록 배려하는 것이다. 이것은 강제적 동선이나 완전히 자유로운 동선이 가진 단점을 넘어서

아를 고대사박물관의 전시공간 입구에서 아르쿨의 사자와 미스트랄의 시가 새겨진 칸막이가 첫 전시공간으로의 시선을 가린다.

아를 고대사박물관의 전시공간으로 들어서기 직전에 출구를 통해 붉은 벽이 인상적인 전시의 마지막 장면이 먼저 보인다.

고 장점은 활용한다.

이를 위해, 먼저 관람의 시작과 종결 위치를 같은 장소로 일치시킨다. 시리아니가 설계해 완공된 두 뮤지엄에 모두 나타나는 특이점 중 하나는 전시공간으로 들어갈 때 첫 전시실로의 직접적인 시선은 가려지고 오히려 마지막 전시실의 내부가 잘 들여다 보인다는 것이다. 밝고 인상적인 마지막 전시공간을 먼저 보게 해, 행로를 지나면서 계속 기억에 담은 채 거닐게 한다.

아를 고대사박물관 전시공간 입구에는 선先로마 시대 조각의 걸작인 '아르쿨의 사자Lion de l'Arcoule'가 서 있다. 뒤에는 노벨상을 받은 아를의 시인 미스트랄Frédéric Mistral, 1830-1914의 시가 새겨진 칸막이가 있는데, 그 뒤쪽에 있는 전시공간의 시선을 가린다. 이와 반대로, 입구의 왼쪽에 있는 출구를 통해서는 전시

제1차 세계대전 역사관의 진입부에서 제1전시실은 우측의 벽 뒤에 있고 눈앞에는 전시공간 출구를 통해 마지막 전시실인 제4전시실이 보인다.

공간의 맞은편 끝까지 다 보일 만큼 활짝 열렸다. 잘 배열된 석관石棺들, 풍부한 빛으로 흠뻑 적신 좌측의 붉고 큰 벽, 일렬의 원기둥 행렬, 붉은 벽을 타고 오르는 경사로, 바닥에 깔려 전시된 모자이크를 위에서 내려다보기 위한 역광逆光의 육교 등 이 모든 것이 전시물을 감상하는 시간 내내 기억에 남아 호기심을 자극한다. 방문객이 이러한 방문의 마지막에 이르면, 전시공간에 들어서기 전을 떠올리고 전체의 흐름을 이해하게 된다.[14] 제1차 세계대전 역사관에서도 안내데스크 앞까지 이르렀을 때 우측에 있는 제1전시실은 벽으로 가려지고 전쟁이 끝났음을 알리는 남측 빛이 들어와 밝은 제4전시실이 눈앞에 있다.

이런 구성법은 시리아니의 두 뮤지엄 이외에는 비슷한 예를 찾기 힘들다. 일반적인 전시법을 따르면, 각 전시실에 접근하면서 눈길이 가장 먼저 가는 안쪽에 중요한 작품을 배치한다. 감상자는 그 방에 들어서면서 이미 그 작품을 인지하고, 갈

아를 고대사박물관의 첫 전시공간. 삼각형 중정 벽면의 절반 뒤쪽에서 들어오는 빛이 보인다.

아를 고대사박물관 첫 전시공간의 전시대

아를 고대사박물관의 대전시공간

론강이 내다보이는 아를 고대사박물관의 전시구역

은 전시실에 배치된 다른 작품들을 감상한 후 마침내 그 앞에 이른다. 시리아니는 이 방법을 전체 전시계획에 건축적으로 적용했다. 상대적으로 좁고 인공적으로 부분 조명된 첫 전시공간에서 건축적 전시가구로 인해 제시된 동선을 따르는 방문객은 앞서 본, 더 넓고 자연광으로 조명된 밝은 공간이 자신을 기다리고 있다는 기대를 갖게 된다.

전시공간의 전체 동선은 삼각형 중정 주변을 시계 반대 방향으로 돌게 되어 있다. 전시의 처음에 해당하는 '선사 시대'와 '로마 도시국가 초기 시대'의 전시장 폭은 가장 좁은 11.5미터이다. 이곳에서 방문객은 시리아니가 디자인한 전시가구의 위치와 모양에 의해 인도된다. 의무적이지는 않지만 권유하고픈 경로가 제시되는 것이다. 조심스럽게 시작된 동선은 이어서 넓은 전시공간에 이른다. 이곳에서는 정해진 경로 없이 자유롭게 전시를 구경할 수 있다. 방문객은 전시대를 돌면서 자신의 경로를 선택한다. 톱날지붕고측창을 통해 들어온 빛 아래에서 조각을 감상하거나, 전시 프로그램을 따라 배치된 진열장 내의 작은 오브제들을 감상한다. 론강 쪽의 전면 유리를 통해 자연을 내다볼 수도 있다.

이 넓은 전시공간에서도 건축적 형상을 지닌 전시대들의 연속된 모양이 사전에 설정된 전시계획의 흐름을 보여주지만, 방문객들이 반드시 따를 필요는 없다. 자유로운 산책이지만 궁극적으로 가야 할 방향은 출구를 통해 이미 봤던 커다란 붉은 벽을 통해 지시된다. 이 벽은 그리스 사원의 벽과 주랑 사이에 있던, 민주적 공간인 고대 광장을 향한 갤러리인 스토아stoa를 모델로 고안됐다.

아를 고대사박물관 전시공간의 붉은 벽

전시의 종점부인 석관 전시공간에서 이 붉은 벽을 타고 오르는, 폭 2.13미터로 충분히 넓은 경사로는 벽에 걸려 있는 전시물을 가까이에서 감상하고 이곳을 통해 바닥에 깔려 있는 모자이크를 내려다 볼 수 있게 한다. 이 경사로의 경사 자체가 수직과 수평만 존재하는 공간에서 변화를 가져온 요소다. 벽에 붙어 가던 경사로가 벽과 수직으로 뻗어 나와 바닥에 깔린 모자이크 전시공간 위를 가로지르는 육교가 되는데, 공간 속에 부유한 채 기둥들의 수직성에 대조되는 수평성으로 나타난다. 이 육교를 오르내리기 위한 콘크리트 계단은 기능과 직접적인 관계가 있는 오브제이다. 또한, 경사로와 육교는 단층인 전시공간 내에서 여러 가지 다른 높이의 시점을 제공해 이미 지나온 전시공간을 새로운 시각으로 바라볼 수 있게 한다.

아를 고대사박물관에서 바닥에 전시된 모자이크를 내려다보는 육교

삼각형 중정 주위는 설계지침서에서 요구한, 바쁜 사람들을 위한 짧은 경로로 쓰인다. 이곳에는 전시가구가 없어 빠른 순환이 가능하다. 제시된 방향을 따라 혹은 시계 반대 방향으로 자유롭게 거닐며 맞는 동선의 완성은 여러 가지 복합적인 조건들이 충족될 때 가능해진다. 보통의 경우 뮤지엄들은 전시실의 순차적 배치로

아를 고대사박물관 전시공간의 건축적 오브제인 계단

동선이 결정된다. 이와 달리 아를 고대사박물관에서는 '자유로운 평면' 개념에서 빛의 효과적인 사용과 더불어 나아가게 하는 것들과 멈추게 하는 것들을 제공함으로써 동선을 구성한다. "건축은 결코 한순간도 멈추지 않고 그것을 가로지르는 완벽한 사람들에 의해 대강 읽히도록 만들어진 것이 아니다. 어떤 곳에서는 늦춰져야 한다."는 신념의 결과다.[15]

전시공간에서의 '자유로운 평면'

20세기 근대건축의 주요 특성 중 하나인 '자유로운 평면'이 뮤지엄 건축에서는 쉽게 받아들여지지 않았음을 앞에서 살펴봤다. 현대건물 안에서 자연스러운 기둥의 존재가 전시공간 안에서는 드물다는 사실에 비춰볼 때, 아를 고대사박물관 전시공간의 '기둥의 숲'은 예외적이다. 기둥이 동선의 흐름과 전시품 감상에 방해요소로 여겨지는 상황에서 기둥 노출은 조심스럽다. 기둥마저 축출된 자유로운 전시공간은 베를린 신新국립미술관 이후 기술 지향적인 건축가들이 추종했던 이상이었다.

시리아니의 '자유로운 평면'은 미스 반데어로에의 '보편적 공간'과는 달리 기둥이 필요하다. 시리아니는 어떠한 제약도 없는 공간에서는 오히려 자유의 의미가 퇴색된다는 이유로 미스의 완벽하게 열린 공간을 전적으로 지지하지는 않는다. 그에게 기둥은 건물의 무게를 감당하는 역할 외에도 공간적으로 여러 가지 의미와 기능이 있으므로 내부에서 꼭 필요한 존재다.[16]

아를 고대사박물관의 상설 전시공간에서는 어떤 기둥도 가려지지 않고 독립적으로 서 있다. 삼각형의 공간 안에 있다는 사실을 인식하기 어려운 전시공간에서 삼각형 격자 위치에 놓인 기둥들은 삼각형 중정과 함께 독특한 공간성을 자아낸다. 하나로 통합된 전시공간을 지지하는 이 기둥들은 전시물 대부분을 차지하는 대리석 오브제들과 조화를 이뤄 별스럽지 않다. 마치 이 전시물들을 품고 있던, 고대 로마의 건물에 원래 있었던 기둥인 양 자연스럽다. 이는 우연히 한 방문객에 의해 관찰됐다. 휴가 때마다 전 세계의 뮤지엄을 방문하는 것이 취미라는 그를 이틀째 전시공간에서 만났을 때였다. 기둥에 대해 질문하자, 그는 여기에 기둥이 이렇

아를 고대사박물관의 육교 위에서 내려다본 대전시공간

게 많았었냐며 기둥들이 어떠한 이질감도 주지 않는 것에 새삼 놀라워했다. 많은 투시도를 손수 그리면서 톱날지붕고측창의 리듬과 기둥의 높이와 간격을 고심한 시리아니의 노력 덕분에 전시공간은 무성하게 덮인 나뭇잎들 사이로 햇빛이 들어오는 밝은 숲속 휴식처 같다.

앞에서 다른 용도의 건물을 뮤지엄으로 개조할 경우 원래 있던 구조 기둥을 그대로 노출하는 경우가 많고, 이때 일반적인 선입관과는 달리 이 기둥들이 전시와 동선에 별다른 문제를 일으키지 않음을 얘기했다. 아를에서 건물 설계와 함께 전시계획까지 위임받은 시리아니도 기둥들에 어떤 불편도 느끼지 않았다. 그는 내부에 기둥이 없는 넓은 전시공간을 덮기 위해 비용이 많이 드는 특별한 구조체계를 원치 않았다. 그가 설계한 다른 건물들에서처럼 기둥을 사용해, 전시공간에 기둥이 다수 노출돼도 괜찮음을 보였다. 대다수 신축 뮤지엄들의 전시공간에 기둥이 보이지 않는 것에 비하면, 아를과 페론에 시리아니가 설계한 두 뮤지엄의 기둥들은 매우 이례적이다.

자연광: '빛을 만들어라'

아를 고대사박물관의 첫 전시공간에 삼각형 중정으로부터 유입되는 자연광

아를 고대사박물관의 마지막 전시공간에 삼각형 중정으로부터 유입되는 자연광과 출구

"우리는 빛에서 태어났다…. 자연광은 건축을 건축이 되게 하는 유일한 빛이다."[17]

자연광을 전시공간 안으로 유입시키기 위해 건축가는 여러 수단을 동원했다. 중정 주위의 측창, 강을 향해 전면적으로 열린 유리창, 톱날지붕고측창, 석관 전시공간의 크고 붉은 벽을 밝히는 수평고측창이 제시됐다. 그중에서 중정을 향한 창들과 채광보다는 조망의 역할이 더 중요한 론강을 향해 열린 긴 창 이외에는 모두 북쪽으로 열려 전시공간에 이상적인 빛을 받아들인다. 이것은 지중해변의 태양과 열기로부터 내부를 보호하는 방편이기도 하다. 이곳의 자연광은 동선과 긴밀한 관계를 유지하며 실내를 밝힌다.

먼저 중정의 창과 동선의 관계를 보자. 다 열어도 될 것 같은 삼각형 중정 세 면의 뒤쪽 절반씩만 열려 있다. 빛이 있는 곳을 향해 나아가는 발걸음을 고려한 이 빛의 도입은 상대적으로 좁은 전시의 처음 부분('문화구역' 쪽)과 마지막 부분('과학구역' 쪽)에서 유용하다. 전시의 가장 첫 부분인 '선사 시대先史時代'와 '원사 시대原史時代'에서는 자연광이 없이 인공조명으로만 밝힌다. 이곳의 중정을 면한 벽을 다 열었다면 남측 빛으로 인해 너무 밝았을 것이다. 문자로 역사를 기록하기 이전 시대의 전시공간이 너무 환해지는 것을 억제했다. 이곳의 자연광은 중정의 첫 번째 면 후반부의 열린 부분을 통해 들어와 가야 할 곳으로 걸음을 유도하며 다음 단계인 '고대 그리스 도시 시대'를 밝힌다. 중정 세 번째 면의 후반부에 들어오는 빛은 석관 전시공간에서 출구로의 방향을 지시한다.

론강 쪽의 넓은 전시공간은 톱날지붕고측창과 론강을 향해 전면적으로 열린 유리벽을 통해 조명된다. 넓은 장소에 균등한 빛을 선사하는 톱날지붕고측창은 이곳

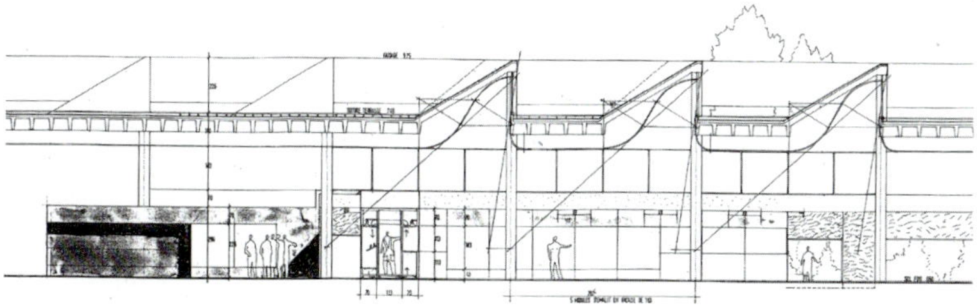

아를 고대사박물관의 대전시공간에 있는 톱날지붕고측창의 단면도

톱날지붕고측창을 통해 아를 고대사박물관의 대전시공간을 밝히는 자연광

이 자유로운 산책의 장임을 말해준다. 여기서 천장은 톱날지붕고측창들에 의해 운율이 주어졌다. 북향으로 열린 이 톱날지붕은 공장에서처럼 균등하면서도 S자 곡선형의 천창 아랫면에 반사되어 유입되는 부드러운 빛을 들인다. 톱날지붕고측창은 5미터 이상으로 충분히 높아 숲속의 빈터처럼 마치 지붕이 없는 곳 같다. '기술적인 천장'이 아닌 '아랫면'으로서의 천장 덕분이다.

앞에서 이미 언급한, 고측창을 통해 들어오는 풍부한 빛으로 조명되는 크고 붉은 벽은 궁극적으로 가야 할 곳을 확인시켜 준다. 이 빛은 붉은색을 공기 중에 확산시키면서 석관 전시공간을 극적인 장소로 만든다.

전시계획과 건축적인 전시가구

"우리는 이 박물관이 예술의 궁전이 될 뿐만 아니라 교육적 도구가 되기를 원했다. 보여주는 사명에 교육하고 이해시키며 감동을 주는 사명을 더하고 싶었다."[18]

상설 전시계획에서 첫 번째 어려움은 의미의 일체성과 공간의 일체성 사이의 완벽한 교감을 제시하고, 아이디어의 복원 요소들을 공간에 부여하는 것이었다. 두 번째 어려움은 기획전시에 비해 설비가 훨씬 더 구속받는다는 점이다. 어떤 전시에서는 아이디어를 확실하게 하려고 개념을 설명하는 오브제를 모으는 것으로 충분하다. 뮤지엄의 경우는 설명illustrations이 이미 존재한다. 바로 전시물들이다. 뮤지엄 계획안은 궁극적으로 소장품을 부각시키기 위한 것이므로 전시계획은 매우 중요하다.

뮤지엄을 건설할 때 흔히 건축가의 역할은 건물을 설계하는 데 한정된다. 그러나 아를 고대사박물관에서 시리아니는 전시계획뿐 아니라 뮤지엄에 필요한 모든 가구까지 디자인하는 기회를 얻었다. 전시계획은 설계경기 당시부터 요구됐던 것으로, 이미 있었던 중요한 소장품들과 목표의 정의를 바탕으로 설정된 자세한 전시계획 프로그램이 있었다. 이 프로그램은 전시품을 시대에 따라, 그리고 주제별로 전시하기를 원했다. 그 결과 선사 시대부터 고대 말기까지 흐름이 있다.[19]

시리아니는 설계경기 당시 개략적으로 고안했던 전시계획을 구체화하기 위해 12년을 끈 공사기간 중 많은 시간을 투여했다. 이 박물관의 초대 관장인 생테Claude Sintès는 건축가에게 전시계획을 일임한 이유를 묻는 필자의 편지에 다음과 같이 회신했다. "우리가 보기에 외부 미적 정신外部美的精神과 내부 미적 정신內部美的精神 사이의 평가 오류를 피하기 위함이다. 오르세 미술관이 하나의 예가 될 것이다. 이러한 선택은 일관성을 유지하기 위해 같은 사람이 전시계획을 수행하기를 원한 프랑스 박물관국의 결정이기도 했다. 우리는 프로그램과 아울러 전시품과 관련된 전문적인 바람을 설명했고, 건축가는 그것을 생생하게 표현했다."[20]

생테가 말한 용기容器와 내용물 사이의 일관성을 유지하는 것은 뮤지엄에서 매우 중요하다. 전시계획을 위한 시리아니의 개념은 전시공간에 대한 그의 철학과 전시해야 할 오브제들에 대한 이해와 밀접한 관련이 있다. 시리아니는 아를의 소장품을 깊이 신뢰했다. 그는 소장품이 아주 좋은 경우가 아니라면 독립적인 방들이 연결된 실室 시스템이 소장품을 부각시키는 데 유리하므로 더 논리적이라고 여긴다. 그러나 아를에서처럼 소장품이 훌륭하면 방을 나눌 필요가 없다고 봤다. 필자가 전시공간으로서 근대적 공간의 적절성 여부를 질문했을 때 그는 "현대 뮤지엄에서 찾아야 하는 장점은 통합된 공간이며, 이것이 자신이 생각하는 공간, 사회적이어야 하는 공간을 실험하는 유일한 방법이다."라고 대답했다. 그는 방문자들에게 밀도감과 더불어 자유로움을 함께 주고 싶어 했다.

시리아니는 아를 고대사박물관의 소장품들이 지닌 불완전한 형태에 유의했다. 대부분의 오브제들은 완전하지 않은 파편들이어서 혼자 서 있을 수 없었다. 이런 이유로 공간적 연속성·융통성·가변성을 특성으로 하는 근대공간만이 이것들을 통합하는 유일한 공간이라고 생각했다.

조각난 오브제들을 모델로 삼고, 건축적 공간의 응고되고 시간을 초월한 모습을 대위법적으로 하여 순간과 미완성 형태의 작업이 진행됐다. T자형 또는 직각형 지주, 돌출부 등 각각의 전시대 형상이 다음 것을 보충해주고 새로운 활기를 준다. 고의적인 불안전성을 띠는 전시가구의 외양은, 그 위에 글씨와 지도가 미묘하게 그려진 편평한 대리석의 존재로 인해, 다시 되돌아 나오는 긴장의 논리적인 연속을 부드럽게 한다. 전시공간에 전체적으로 펼쳐진, 신중하게 다듬어진 많은 양의 정보는 그림책의 내부를 관통하는 모든 어린이의 공통된 꿈을 실현한다. 잘 조화되고 전체에 속하는 각각의 부분들은 완벽하게 통제된 것처럼 나타난다.

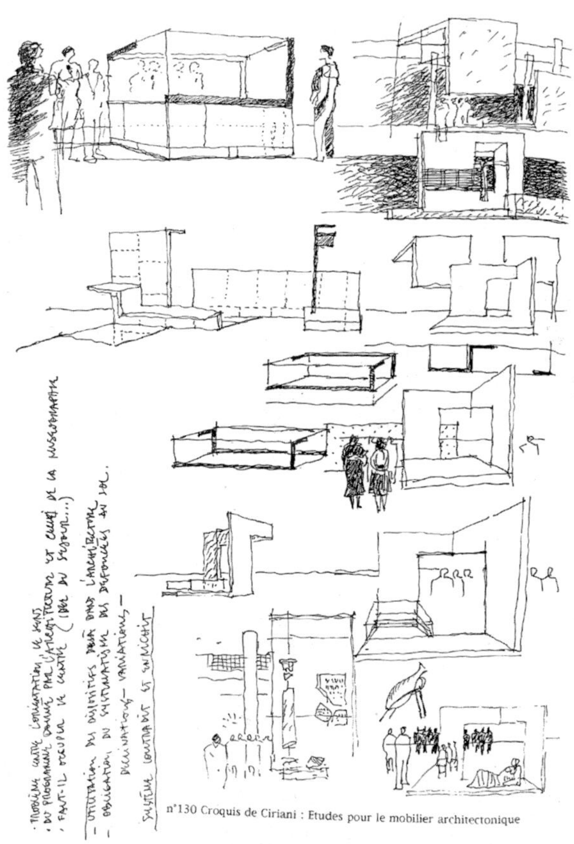

아를 고대사박물관의 건축적 가구를 위한 시리아니의 스케치

모든 요소가 작은 건축 작품처럼 다뤄졌다. 형태적 대화가 생기고 건물과 전시방법 사이의 가장 직접적인 비율 관계가 수립됐다. 각각의 진열대와 전시받침대는 자율적으로 구상되고 그려졌다. 동선은 더 이상 조직화되지 않고, 전시가구에 적용된 동일한 수사학을 본다는 사실은 긴장감을 느끼고 전시계

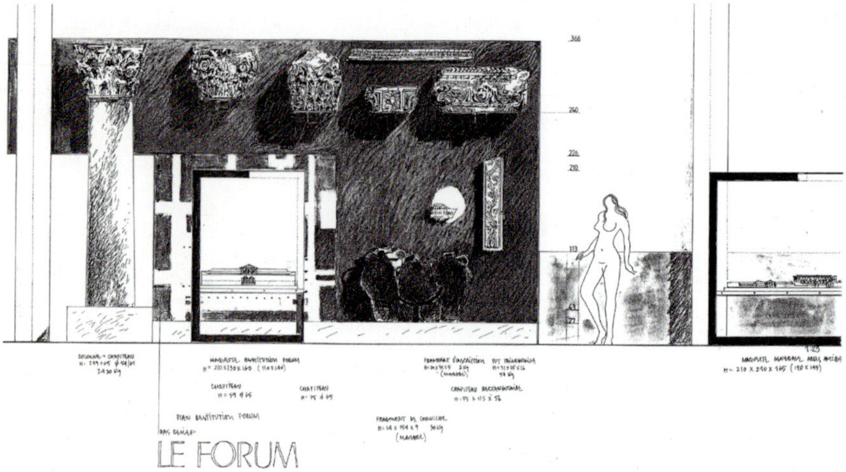

아를 고대사박물관의 전시계획을 위한 시리아니의 스케치

획에 관심을 갖게 한다. 이러한 효과는 카스텔베키오 미술관Museum Castelvecchio, Carlo Scarpa, Verona, 1957-1964을 연상시킨다. 이 미술관의 전시계획은 시리아니의 전시계획에 실제로 영향을 미쳤다. 특히 조각 갤러리에서 사용된, 색이 칠해진 채 독립적으로 서 있는 전시 배경판은 그 형태와 재료 및 색조, 조각을 지탱하는 방법은 물론 조각을 잘 드러내고 중성적 공간에 생기를 불어넣는 등의 유사한 역할을 한다. 건축가 스카르파에게는 뮤지엄 건축이 더 이상 예술작품을 정돈하며 서비스하는 공간도, 전시하기 위한 기계도 아니었다. 그에게 뮤지엄 건축은 예술작품을 인식시키고 이해시키는 비평적인 매개물이었다.

아를 고대사박물관의 전시대

카스텔베키오 미술관의 전시대

그림에 능숙한 시리아니는 색채에도 세심한 주의를 기울였다. 대부분의 조각은 이탈리아 전문가들에 의해 흙손으로 시공된, 대리석 가루인 마모리노Marmorino가 칠해진 칸막이 앞에 전시됐다. 재료와 사용된 색조 사이의 교감은 작품을 만족시키고 박물관 전체에 일체감을 주기 위해 충분히 고려되어 오브제를 선명하게 드러낸다. 이 채색된 전시 배경 판들은 서로 대비되고 공간에 운율을 주고 동선을 암시한다. 이 채색된 격자 덕분에 반복적인 주제들은 서로 의미를 주고받는다. 이 배경 판들은, 과거 아를에서 그러했듯이, '작은 로마' 기념물들의 축제 같은 특성과 유사한 감정을 전달한다. 혼자 더 높이 솟아오른, 로마 초대 황제로 옥타비아누스Octavianus라고도 불리는 아우구스투스Caesar Augustus, BC 63-AD 14 황제의 기념비적 반신상을 제외하고, 전시계획 전체의 통일된 성격은 2.3미터로 한정된 높이를 지키며 유지되고 있다.

아를 고대시박물관의 첫 전시공간에서 대전시공간으로의 전환점에 서 있는 아우구스투스 황제의 반신상

치열한 작가정신의 발로發露

아를 고대사박물관은 프로그램과 대지 조건 등 제반 요구사항들에 대한 건축가의 대응으로 형태가 결정되는 뮤지엄에 생명력을 불어넣기 위해서는 치열한 작가정신이 필요함을 새삼 일깨운다. 건축가로서의 작가정신은 심상적 허상을 구체화하는 과정에서 생겨나는 많은 갈등과 모순을 회피하지 않고 연구자의 자세를 견지하며 발전적으로 풀어나가는 자세이다. 스스로 작가입네 하는 건축가들을 불편하게 바라보는 시각이 있지만, 투철한 작가정신을 인정받을 만한 건축가는 분명 있다. 외부와 내부 어느 한쪽도 손상되지 않게 하려는 집요한 시도와 자신의 해법이 보편타당한 진실 위에서 행해지도록 스스로를 가꾸는 부단한 노력이 느껴지는 것이다.

시리아니가 선택한 삼각형은 직감적이었지만 결코 느낌의 충족을 위한 유희가 아니었다. 대지의 형상과 프로그램에서 근거를 찾았고, 고대 도시 로마가 간직하고 있는 고전성과 상충되지 않고 조화로우면서도 현대성을 잃지 않고자 했다. 여기서는 분량의 문제로 전시공간만 거론됐지만, 이러한 수긍할 만한 이유로 제시된 삼각형의 특이성에 만족하지 않고 건축가가 내부공간 구성에서 자신의 건축 철학을 살리면서 풍부한 공간성을 구현했음을 확인할 수 있었다.

프로그램상의 세 주요 공간과 전시공간에서의 두 가지 동선 요구를 형태로 풀었다. 독특한 동선 구성, 전시공간에서의 '자유로운 평면' 적용, 동선과 연계된 자연광의 다양한 역할 추구, 전시품과 공간의 특성에 어울리는 전시계획과 전시가구의 실현은 비록 혁신적이거나 특별한 구조 또는 재료 등을 이용한 특수 효과를 쓰지 않고도 빛과 색채, 오브제가 한 공간에서 결합하는 현대 뮤지엄 건축의 한 형식을 탄생시켰다.

제1차 세계대전 역사관의 공간 특성

시리아니가 설계해 성취된 두 번째 뮤지엄인 제1차 세계대전 역사관의 전시공간 분석을 통해 그가 아를 고대사박물관에서 추구했던 건축 개념이 다른 장소, 다른 프로그램이 주어졌을 때 어떻게 적응하며 발전했는지를 살펴보고자 한다. 이후로는 이름이 긴 이 역사관을 Historial('이스토리알'로 읽음)로 줄여 쓰고자 한다. Historial은 불어 Histoire역사와 Pictoral생생한을 합성한 신조어로서 직역하면 생생한 역사라는 의미다. Memorial이 과거에 대해 폐쇄적이고 경직된 관점을 드러내는 반면, Historial은 능동적으로 역사를 연구하는 자유로움과 융통성을 지닌다.

고통의 중심지

제1차 세계대전 때 솜 지역에서 팠던 참호

파리 북쪽의 소도시 페론이 위치한 솜Somme 지역은 제1차 세계대전 때 불과 10여 킬로미터의 땅을 차지하기 위해 1916년 여름과 가을 동안 독일군과 연합군 쌍방 간에 백만여 명의 사상자를 낸 참혹한 전쟁터였다. 하지만 36만 명의 프랑스군 사상자를 낸 200킬로미터 동쪽의 베르됭Verdun 전투1916-1917와 제2차 세계대전에 가려 잊혀가고 있었다. 제1차 세계대전 참전군인들 중 생존자가 거의 사라져 가는 1986년에야 비로소 솜 전투를 기리는 전시관을 만들기로 하고 건립 계획이 추진됐다.

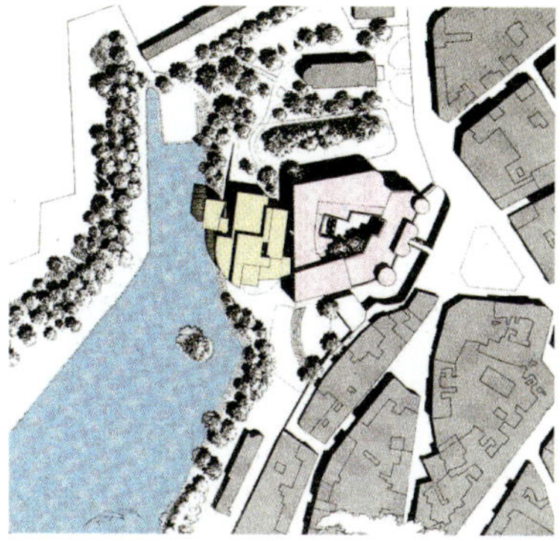

Historial의 배치도

페론 성의 주 파사드

지명 설계경기 당시에는 전시품에 대한 명확한 제시 없이 시대순의 전시실 편성만 주어졌다.[21] 계획한 대지는 프랑스 역사에서 중요한 여러 사건이 있었으나 제1차 세계대전 때 독일군 주둔지로 쓰이면서 공격을 주고받아 이곳저곳이 훼손된 채 폐허로 남아 있던 중세 성과 성 뒤편 호수까지의 좁은 빈터였다. 설계경기에 출품된 계획안 대다수는 성에 적잖은 변형을 가하며 그 안에 새 구조물을 심었다. 반면에 시리아니의 계획안은 성 뒤쪽 대지에 본 건물이 자리 잡았다. 대신 성문을 Historial의 주 진입구로 삼고 성의 중정을 '일상을 떠난, 하늘로만 열린 감압의 장소'로 활용했다. 성 내부에는 최소한의 변형을 원칙으로 원래 있던 내부공간에 임

페론 성과 Historial, 호수의 위치 관계를 보여주는 항공사진

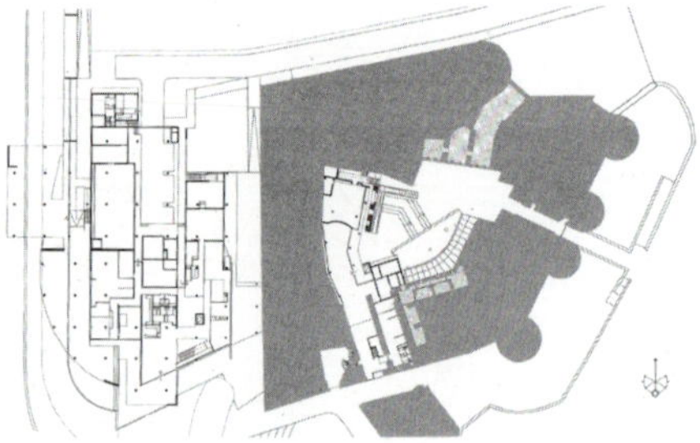

Historial의 1층 평면도

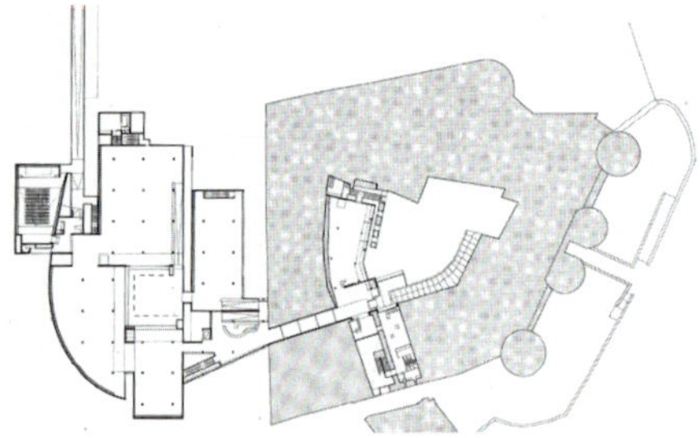

Historial의 2층 평면도

시전시실, 레스토랑, 뮤지엄 숍 등이 들어섰다. 성 뒤편에 세워져 진입부인 성 앞 광장에서 의도적으로 감춰진 뮤지엄 본체의 아래층은 부속시설에 할애되고, 필로티 위에 얹힌 2층에 전시실과 시청각실이 배치됐다.

Historial의 2층 전시공간은 르코르뷔지에의 무한성장박물관 계획안처럼 7미터×7미터 격자로 배치된 기둥으로 떠받쳐진 네 개의 전시실이 정사각형의 초상화실을 중심으로 시계 반대 방향으로 놓여 나선형 동선을 취하고 있다. 이것은 르코르뷔지에가 제시한 원심적 회전성장과는 다른, 파동형 회전성장 개념이다. 르코르뷔지에의 전시공간은 규모가 커질 경우 나선이 길어져 마지막 점이 중심에 있는 출발점에서 멀어지지만, 시리아니의 전시공간은 파동의 폭이 더 커지며 본래의 출발점으로 되돌아온다. 이것은 아를 고대사박물관에서처럼 전시의 시작점과 종점이 일치하며, 더욱 양호한 공간성 확보 등의 장점을 취하고, 뮤지엄이 커지면 점점 깊어지는 필로티 아래를 통해 뮤지엄 중심으로 들어가야 하는 단점을 보완해 연속적인 원심성장의 한계를 해결하기 위한 선택이다. 전체적으로는 시계 반대 방향이라는 미리 정해진 순서를 따르지만, 각 전시실 내에서는 자유로운 산책이 가능하다.

닫힌 직각과 빛의 직각으로 확장되는 공간

Historial의 전시공간은 '숨이 틔는' 공간이다. 이 전시실들은 하나의 '불투명한'[22] 직각을 이루는 두 면과, 빛을 위해 열려 있는 (실제로는 닫혔으나 빛을 실내로 반사시키는 역할을 하는) 두 면으로 이뤄졌다. 네 벽 중 전시용 벽면으로 쓰이는 불투명한 직각은 각 전시공간을 한정하고 유지하면서 내부에 필요한 안정감과 집중력을 높여준다. 빛에 할애된 두 면은 실내지만 막혀 있다는 느낌을 덜어주며, 이후 상세히 거론될 독특한 공간성을 창출한다. 시리아니는 직각의 가능성을 높게 평가한다. 오목한 동시에 볼록해 한꺼번에 두 가지 능력을 표명하는데, 공간을 품기도 하고 밀어내기도 한다는 것이다. 그래서 가장 많은 차이점을 받아들이고 또 만들어내는 직각의 장점에 대한 그의 인식은 남다르다.[23] 네덜란드 화가로 몬드리안Piet Mondrian, 1872-1944과 함께 근대 회화 운동인 데스타일De Stijl을 이끈 두스뷔르흐Theo van Doesburg, 1883-1931가 1918년에 그린 〈Composition XIII〉에서 직각 공간의 특징을 유추해낸 시리아니는 Historial에서 최소한의 면으로 공간을 유지하는 직각의 능력을 최대한 활용했다.

제2전시실 입구에서 대각선으로 본 닫힌 직각

제4전시실의 닫힌 직각

Historial에서 불투명한 직각은 언제나 각 전시실로 들어가는 진입구가 있는 모서리의 대각선상에 위치한다. 그 덕분에 시리아니가 근대공간의 한 특성으로 중시하는 '대각선적 확장dilatation diagonale'이 일어나 실제 이상으로 넓게 보인다. 각 전시실로의 진입부와 다음 전시실로의 출구 위치 및 닫힌 벽의 위치를 공간적 의도에 따라 배치한 것이다. 이 대각선적 확장은 각 전시실 내에서만 존재하지 않는다. 제2전시실과 제3전시실을 잇는 긴 확장이 있고, 특히 제3전시실과 제4전시실 사이에는 두 전시실 모두의 대각선에 해당하는 확장이 있

Composition XIII, Theo van Doesburg, 1918년

다. 또한 네 전시실의 중심부에 위치해 이들 모두와 시각적으로 교류하는 초상화실[24]은 구획된 전시실 전체를 하나의 공간으로 통합한다. 시리아니는 공간의 확장과 함께 방해되는 것들을 제거한 주변 지향적인, 즉 안에서 밖으로 향하는 공간으로 근대적인 공간성을 설명했다.[25]

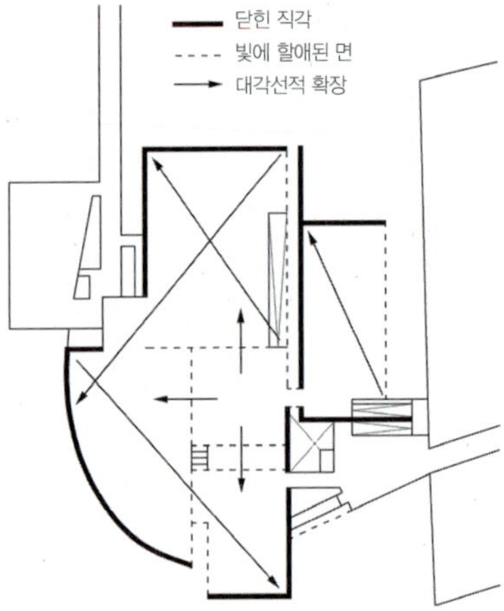

Historial의 닫힌 직각과 빛에 할애된 직각, 대각선적 공간 확장

개방적 폐쇄공간, 폐쇄적 개방공간

어떤 건축 작품의 가장 큰 특징이 까다로운 프로그램상의 요구를 해결하는 과정에서 얻어지는 경우는 드물지 않다. 앞에서 본, 스털링의 슈투트가르트 주립갤러리 신관에서 인상 깊은 외부 경사로와 중앙의 원형 로톤다의 존재가 그러했다. 이 미술관의 증축이 미술관 외곽으로 돌아다녀야 하는 동네 주민들의 불편함을 없애면서 대지 전·후면의 고저차를 직접 연결할 수 있는 방안을 제시하라는 설계지침서의 요구에 대한 해법이었음을 우리는 앞서 확인했다. Historial의 프로그램에서 가장 어려웠던 요구는 '단층faille' 개념을 도입해 "백악층의 참호와 전선의 은유로서 적절한 건축적 방법을 통해 대치 중인 두 세계(독일군과 연합군)의 공간적 나눔을 표현하라."[26]는 것이었다. 제1차 세계대전이 자연 엄폐물이 적은 유럽 평원에 총길이 1,000킬로미터가 넘게 파인 참호 안에서 주로 이뤄진 전쟁이어서 주문한 과제였다.

이 요구사항을 해결하기가 쉽지 않았음은 설계경기에 참가한 일곱 팀이 제출한 응모안에서 시리아니를 제외한 누구도 단층 개념을 공간화하지 못했던 것에서 알 수 있다. 반면에 시리아니에게는 Historial에서 인상 깊은 공간성을 착안하는 계기가 됐다. 실제로 각 전시실의 기간적 나눔에 대응할 뿐 아니라 열림과 닫힘을 적절히 조화시켜 그가 연구해온 '개방적 폐쇄공간, 폐쇄적 개방공간'을 또 다른 방식으로 녹여낼 수 있었다.

앞서 제시된 Historial의 2층 평면도가 보여주듯이 남-북 방향의 단층은

Historial을 동서로 나눈다. 먼저 전쟁 발발 이전인 제1 전시실에서 전쟁 시작 직전의 초상화실 및 전쟁이 터진 제2전시실 사이에 남-북의 단층이 있어, 제1전시실에서 초상화실로 들어서려면 이 틈에 놓인 작은 다리를 건너야 한다. 이 다리의 좌우는 유리로 개방되어 전쟁으로 돌입하는 시대적 '나뉨'을 시사한다. 제1전시실의 불투명한 서쪽 외벽과 이웃한 제2전시실의 동쪽 유리 벽면 사이의 틈새(7미터×7미터 격자 구조의 1/3)인 이 남-북 단층은 물품 반입구가 있는 아래층의 한가운데까지 자연광이 내려가게 한다. 또한, 전쟁의 가열과 종전을 구분하며 제3전시실과 제4전시실 사이를 띄운다.

Historial의 제1전시실에서 초상화실로 넘어가는 다리에서 우측으로 본, 제1전시실과 제2전시실 사이의 단층

이 단층은 제2전시실에서 독창적인 공간성을 연출한다. 초상화실에서 제2전시실로 내려가는 경사로가 붙어 있는 제2전시실 동쪽 벽은 전면 유리로 열려 있

Historial의 남측에서 본, 제3전시실(좌)과 제4전시실(우) 사이의 단층

Historial의 제1전시실과 제2전시실 사이의 단층을 통해 제2전시실로 유입된 자연광이 초상화실에서 제2전시실로 내려가는 경사로를 동반한다.

다. 그러나 실상은 그 유리 너머로 단층의 반대쪽 면을 형성하는 제1전시실의 서쪽 외벽으로 인해 공간적으로 한정되어 있다. 이렇게 생긴 유리 너머 두 전시실 사이의 단층 공간은 외부지만 제2전시실의 연장으로서 내부공간으로 편입된다. 이 단층은 빛을 품은, 빛만이 존재하는 공간으로 시리아니가 탐구해온 '사로잡힌 공간espace captif'에 해당한다. 시리아니는 루이스 칸의 건축이론인 '서비스하는 공간servant space'과 '서비스받는 공간served space' 개념에서 서비스받는 공간이 서비스하는 공간에 지나치게 종속되어 결과적으로 폐쇄적이고 실망스러운 공간이 되는 것을 비판한다. '사로잡힌 공간'은 이 두 공간 사이에 기하학적이고 빛을 담은 완충 공간을 도입해 서비스받는 공간을 서비스하는 공간의 속박에서 해방시키고자 추가한 공간이다. 시리아니는 연면적 10만 제곱미터가 넘는 초대형 규모의 건축물 내부 깊숙이까지 자연광을 유입시키고자 이 공간 개념에 대한 발상을 했다.

앞에서 설명한 제2전시실의 공간 특성은 단층이라는 프로그램상의 어려운 요구를 건축가가 평소에 추구해온 '개방적 폐쇄공간, 폐쇄적 개방공간'의 개념에 맞춰 풀어낸 것이다. 네 벽 중 두 벽만 전시용 벽면으로 활용되고 나머지 두 벽면의 전시 기능 상실은 바닥과 공간 자체를 전시에 활용함으로써 보완됐다.[27] 전시용으로 바닥 면을 적극 활용한 점은 제1차 세계대전의 참호전투를 연상시키기도 한다.

페론성과 Historial의 만남. 전쟁의 상처를 그대로 보여주는 육중한 중세 성의 벽체에 비해 백색 콘크리트의 볼륨이 필로티 위에 가볍게 얹혀 있고 제1전시실이 큰 유리창으로 열렸다.

제1전시실의 동쪽 벽 전면 유리와 그 너머의 성벽 사이, 즉 새로운 역사관과 중세 성벽 사이의 간격은 제1·2전시실 사이 단층의 간격보다 두 배 넓지만, 이곳도 단층과 같은 효과를 보인다. 유리 너머의 성벽이 콘크리트 벽을 대신했다. 중세 성의 붉고 장중한 매스와 현대 뮤지엄의 희고 가벼운 볼륨을 대조시키면서, 둘 사이의 간격을 새 박물관의 구조와 연계시켜 단층 아닌 단층으로, 열렸으나 닫힌 공간을 구축한 것이다. 덕분에 중세 성벽에 선명하게 남아 있는 포격과 총탄의 흔적이 그대로 전시물이 됐다.

Historial 제4전시실에서의 연속된 유리 면

전쟁 중인 제3전시실과 종전 후인 제4전시실 사이의 남-북 단층은 다른 모습으로 존재한다. 제4전시실 서쪽 벽 상단의 긴 남-북 수평창은 서쪽으로 90° 꺾여 고측창까지 바닥에서 8.16미터의 수직창이 되어 상승한다. 이 수직창은 꼭대기에서 제4전시실에 남쪽 빛을 들이는 동-서 수평고측창으로 이어졌다가 다시 90°로 꺾여 입구 홀에 빛을 끌어들이는 남-북 고측창으로 연결된다. 이러한 긴 유리 면의 연속적 이음은, 많은 작품에서 보여주는 면의 연속성에 대한 시리아니의 관심이 여기서는 투명한 면의 연속으로 건축화된 것이다. 여기서 더 자세한 설명을 하기는 어렵지만 Historial의 여러 곳에서 면의 연속성을 발견할 수 있다. 면의 연속에 관한 관심과 실현은 공간의 연속성 느낌을 강화한다.

평면도에서 볼 수 있는 것처럼 각 전시실은 기간적 나눔을 따라 분리되지만, 시리아니는 앞서 언급한 공간적 확장, 닫힘과 열림을 이용한 공간적 조율과 함께 빛을 방문자의 동선과 적극적으로 연계시켜 시각적·심리적으로 하나의 공간 연속체를 만들었다.

제1차 세계대전 역사관에서 빛과 공간 연속체로서의 전시공간

Historial의 빛은 지붕 높이보다 더 높이 치솟은 고측창을 통해 들어온다. 이때 각 전시실의 두 벽을 빛의 반사체로 활용해 측창채광의 단점인 눈부심이 없는 간접광이 됐다. 이곳에서는 동서남북 네 방향에서 빛이 모두 들어온다.

자연으로서의 빛

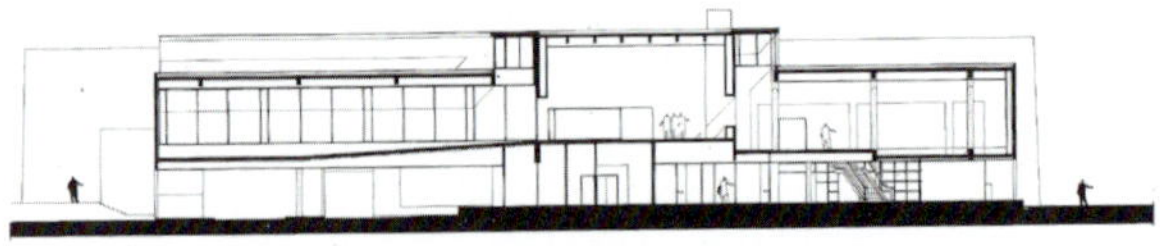

Historial의 종단면도. 제2전시실(좌)–초상화실(중)–제4전시실(우)

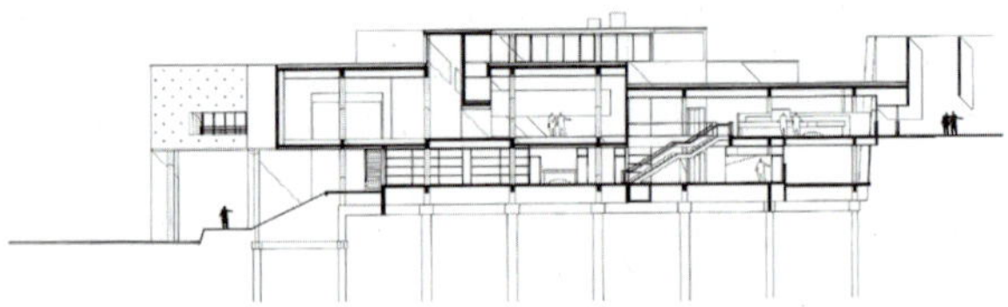

Historial의 횡단면도. 제3전시실(좌)–제4전시실(중)–입구 홀(우)

Historial 내부로 유입되는 자연광의 특징 중 하나는 빛을 유입하는 건축적 장치가 가려져 쉽게 보이지 않는다는 점이다. 이곳의 고측창은 지붕 높이를 넘어 치솟은 벽이 ㄱ자로 접힌 끝부분에 설치됐다. 따라서 올려다봐도 이 수평창을 보기 어렵다. 대부분의 장소에서는 내부로 빛을 반사하는 크고 흰 벽만 보인다.

시리아니는 빛과 벽체의 관계, 특히 뮤지엄에 적합한 빛과 벽의 관계에 주목했다. 그가 뮤지엄에서 기대한 '감동적인 빛'은 그것이 없으면 존재하기 힘든 불투명성과 관계있다.[28] 진부한 상자일 뻔했던 라투레트 수도원의 부속 성당에서 보이는, 거친 시공을 잊게 하며 콘크리트를 초월하게 하는 '감동으로서의 빛'은 불투명성의 밖과 안 사이에 위치함으로써 실내에서 연출되는 자연이다.[29]

Historial에서의 빛이 자연의 존재를 암시하고 있음은, 전시공간에서 가능한 한 억제된 외부로의 조망과도 관계가 있다. 전시공간에서 유일하게 외부로 열려 있는 제1전시실의 동측 전면 유리 너머에는 곧바로 제1차 세계대전의 피격 상처가 선명하게 남아 있는 높은 성벽이 있어 원경으로의 시선을 가린다. 제2전시실의 동측 전면 유리도 단층 너머 제1전시실의 외벽으로 가려져 있다. 제2전시실과 제3

전시실 사이, 외관상 제3전시실의 곡벽과 시청각실의 튀어나온 볼륨 사이의 오목한 부분에 있는 창도, 그 너머로 있는 곡벽이 연장된 콘크리트판으로 인해 앞으로의 시선이 차단된 채 아래와 위로 호수의 물과 하늘만 볼 수 있다. 제3전시실과 제4전시실 사이에 있는 단층의 남쪽으로 열린 창도 양옆에서 돌출한 두 전시실의 측벽으로 인해 시야가 극히 좁혀 있다. 그럼에도 앞서 언급된 공간 확장과 중앙의 초상화실과의 시각적 교류로 인해 닫힌 느낌이 들지 않는다. 다양한 방향에서 들어와 벽 전체로 반사되며 시간의 흐름과 함께 변화하는 빛이 내부 지향적 건물에서 외부와의 단절감을 줄이고 자연의 생동감을 내부로 들이기 때문이다.

라투레트 수도원 부속성당의 자연광

Historial의 제2전시실과 제3전시실 사이의 틈.
하늘과 물만 보이고 원경은 가려졌다.

Historial의 제3전시실과 제4전시실 사이의 틈

이것은 제1차 세계대전이라는 인류의 비극 앞에서 아름다운 주변 경치로 인한 흐트러짐을 막고 전시물에 집중해 역사와 대화하게 하기 위함이다. 방문 후 아래층의 카페테리아에 내려가서 비로소 접하는, 필로티 아래에서 파노라마로 펼쳐지는 평온한 호수 전경에서 돌아온 평화가 새삼 느껴진다.

Historial에서 중세 성벽을 향해 전면창으로 열려 있는 제1전시실

안내자로서의 빛

Historial의 빛과 동선의 관계에서 또 하나의 중요한 특징은, 아를에서처럼 빛을 동선 유발의 중요한 요소로 보고 활용한 것이다. 이 점을 확인하기 위해 첫 전시실에서부터 마지막 전시실까지 방문 경로를 따라가며 빛의 위치를 확인해보자.

Historial의 제1전시실로 들어서며 대각선적으로 바라본 모서리는 닫혀 있다.

Historial의 초상화실

첫 전시실 동측 벽의 전면 유리로 인한 투명성은 빛의 유입과 함께 방문자들을 자연스럽게 전시실 깊숙이까지 끌어들인다. 유리 면을 따라 바닥에 놓인, 전쟁 직전 유럽 열강의 대립상황을 설명하는 전시물들을 읽으며 나아가게 된다. 여기서 바닥 면을 전시로 활용한 것은 유리벽 너머 보이는 성벽에 새겨진 전쟁의 상처를 가리지 않기 위함이다. 이 전시실을 공간적으로 해석하기 위해 시리아니는 바실리카basilica[30] 회당식의 평면을 그리는데, 그 축성은 투명성을 향해 측면으로 기운다. 그는 좌우 양편이 모두 투명하게 열리는 것을 용납하지 않는다. 이 경우 사람을 가운데로 걷도록 강요한다는 것이다. 반면에, 한쪽만의 투명성으로 얻는 확장은 산책을 유발하고, 산책을 하는 순간부터 공간은 우리에게 속한다고 여긴다. 그에게 건축은 첫 불투명성을 배치했을 때 생긴다. 자신의 내부공간은 외부의 질에 종속되고, 구축된 공간의 본래적인 질은 그것을 외부와 분리시키는 데 있으며, 더 잘 열기 위해서 어떻게 닫을 것인가를 알아야 한다고 봤다. 만약 이 불투명성이 없다면 더 이상 살 수 없는 곳이 된다는 것이 그의 소신이다.[31]

Historial의 초상화실에서 제2전시실로 내려가는 경사로와 단층을 통해 유입되는 자연광

다음 전시실인 초상화실은 주변의 다른 전시실들에 의해 밝혀지는 빛의 스펀지로서 빛의 우물과 반대되는 공간이다. 이 방에서 빛은 정남향의 노란빛에서 정북향의 파란빛까지 단층의 진로와 평행한 궤도를 따른다. 시리아니는 이 방에서 일시적인 머묾의 의도를 표현했다. 동선의 한가운데서 중추에 필요한 정사각형인 이 전시실은 안정성과 비방향성을 품고 있다. 움직임을 지

Historial의 제2전시실로 내려가는 경사로의 끝에서 바라본 제3전시실 방향. 빛을 반사하는 밝은 벽이 그쪽으로 오도록 초대한다.

Historial 제3전시실에서 전쟁의 가속을 상징하는 곡벽

Historial 제3전시실에서 제4전시실로의 이동을 격려하는 밝은 벽

시하는 수평성과 반대로 이 전시실의 수직성은 내부에 설치된 12개 수직 판들의 도움으로 강화됐다.

초상화실에서 제2전시실로 내려가는 경사로는 제1전시실과 제2전시실 사이에 있는 단층을 통해 들어오는 빛으로 밝게 조명된다. 빛이 이동경로와 함께하는 것이다. 다른 세 전시실에서와 마찬가지로 이 경사로의 출발점에 서면 대각선으로 시선이 던져지는 곳에 불투명 직각이 있어 이 전시실을 품어준다. 빛을 따라 경사로를 내려가 전시공간으로 들어서기 위해 왼쪽으로 돌아서면, 다음에 가야 할 제3전시실이 있는 남측 내벽 전면이 고측창을 통해 들어온 빛으로 밝아서 그쪽으로 오도록 초대한다.

종전 후의 평화를 상징하는, Historial에서 유일하게 들어오는 남측 빛을 품은 제4전시실

제2전시실의 불투명한 직각 벽과 바닥, 공간에 설치된 전시품들을 둘러본 후 제3전시실로 들어서면, 전쟁의 가속을 상징하며 외부에서도 유일하게 식별되는 곡벽을 따라 시선이 이동한다. 이 곡벽이 만나는 동측 내벽 전면은 전체가 상부의 고측창에서 들어오는 빛을 받아 환하다. 그곳에 제4전시실로의 진입구가 있다. 제4전시실에는 유일하게 남쪽 빛이 유입되어 환하다. 전쟁이 끝나고 평화가 찾아온 것이다.

Historial에서 단층을 이용한 빛의 유입과 빛을 이용한 동선 유도의 유효성은 필자가 빛의 세기가 약한 겨울인 크리스마스 시즌 휴관 때 특별허가를 받아 인공조명이 다 꺼진 상태에서 전시공간을 돌아보며 분명하게 확인할 수 있었다. 어둠 속에서 침묵으로 자연광을 받아내는 제2전시실의 크고 흰 벽은 유리로 보호된 추상 캔버스로 청정함을 자아낸다. 각 전시실에서 가야 할 다음 전시실 쪽을 바라볼 때 어둠 너머에서 밝게 빛나는 맞은편 벽은 무의식 속에서 이미 그쪽으로의 발걸음을 발동시킨다. 맑게 갠 날이면 반대편에 있는 불투명한 직각 벽에조차 인공조명이 필요 없을 만큼 살아 있는 빛이 퍼져 나간다. 발원지가 감춰진, 각 전시실의 벽 전면을 타고 들어오는 빛은 전화戰禍 속의 희망이며 생명이다.

‘평화의 작품’

Historial의 전시공간은 근대적인 내부공간을 중시하는 시리아니의 연구 결과로서 다음과 같이 몇 가지 특성을 정리할 수 있다.

세 가지 동선 형태 중 ‘선적’인 동선과 가운데 공간을 중심으로 한 ‘순환적’ 동선의 장점을 취해 전체적으로는 동선의 방향이 뚜렷이 제시됐으면서도 각 전시실 내에서는 자유롭게 거닐 수 있는 ‘계획된 자유로움’을 구가한다.

또한, 프로그램을 감안하며 빛의 유입구를 심사숙고함으로써 조명으로서 빛 이상의 역할을 공간에서 구사할 수 있었다. 목적에 부합하는 전시 환경을 위해 외부를 향해 닫힌 내부에 자연으로서의 빛을 들이고, 방문자의 움직임과 연계시켜 행로를 동반하며 가야 할 방향을 지시하는 등 동선과의 적극적 연계가 돋보인다.

프로그램상에서 요구된 단층의 존재를 전쟁 전과 전쟁 중, 전쟁 후로 시간적으로 나눈 것은 물론이고 빛과 동선과의 관계, 공간의 열림과 닫힘 등 그의 건축

호수 건너편에서 바라본 Historial

적 관심과 묶어 해결해나가는 데서 이 작품의 완성도를 볼 수 있다. 2층 전시공간에서 전시품 감상을 마치고 1층으로 내려와 호수 건너편까지 걸음을 해야 비로소 Historial의 전체 모습을 바라볼 수 있다. 필로티 위에 얹힌 백색 콘크리트의 긴 볼륨이 자아내는 외부적인 수평성과 함께 내부에서의 청정함은 이 역사관이 대전의 참화가 아닌 전방과 후방에서 전쟁기간 동안의 시민사회를 회상하기 위한 것임을 알려주며, 따라서 평화를 상징하는 '평화의 작품une oeuvre de paix'이어야 함을 강조하는 프로그램[32]에 합당하다.

Historial의 전시공간은 건축이 평화의 행위라는 신념을 지닌[33] 시리아니의 이상과 맞물려 전시품을 위한 외피로서의 역할을 감당하면서도 적절히 제어된, 건축이라는 예술을 잠재하고 있는 공간 연속체로서 근대적 공간의 가능성을 보여준다. 필자는 미스 반데어로에 건축상 수상작을 뽑는 심사자로서 이곳을 방문한 한스 홀라인이 Historial의 공간적 질의 우수성을 높이 평가하면서도, 전쟁의 비극을 표현하지 못하고 너무 평화로워 아쉽다는 판정을 내린 심사 소감문을 Historial의 자료실에서 우연히 봤다. 홀라인이 '평화의 작품'을 요구한 설계지침서의 내용을 몰랐는지 알고도 무시했는지는 알 수 없다. 그 결과 대상이 아닌 우수상이 주어졌는데, 앞서 살펴본 대로 표현적인 건축을 좋아하는 홀라인의 건축관을 떠올려보면 그가 그렇게 판단한 이유가 이해된다. 이렇게 건축가에 따라 건축은 달라진다.

노먼 포스터

Norman Robert Foster

Norman Robert Foster

노먼 포스터의 뮤지엄에 나타나는 기술적 이미지와 맥락적 조화

이제는 현대 뮤지엄의 건축 경향 중 기술을 중시한 뮤지엄으로 눈길을 돌려보자. 미국과 유럽은 문화적 풍토가 다른 만큼 뮤지엄 건축에 대한 태도도 다르다. 제법 오래전 일이지만 뉴욕 소재 모 뮤지엄 관장이 받는 연봉이 거의 같은 규모의 마드리드 소재 국립 뮤지엄 관장의 연봉보다 열 배 많다는 기사를 읽은 적이 있다. 상업적 관심도 지녀 수익성을 중시하기도 하는 미국의 뮤지엄들은 입구 홀에 백화점 등에나 어울릴 만한 에스컬레이터를 두는 데 거리낌이 없다. 하지만 퐁피두 센터 같은 극소수를 제외하고 유럽의 대다수 뮤지엄들은 에스컬레이터는커녕 엘리베이터의 시각적 노출마저 자제할 만큼 기계적 이미지를 드러내지 않으려 한다. 이런 유럽의 분위기에서 기술 지향적 성향을 고수하면서도 고전적인 주변 상황에 잘 대응하는 뮤지엄들이 있어 눈길을 끈다.

하이테크 건축가로 정평이 났으면서도 뮤지엄에 적절한 공간성을 추구하고, 장소를 차지하는 하나의 건물로서 주변과의 맥락을 고려해 조화를 이루려는 조처들이 관심을 끄는 영국 건축가 노먼 포스터의 뮤지엄들이 그러하다. 그의 뮤지엄들이 일관되게 기술적 이미지를 고수하면서도 내·외부에서 기존의 고전적 맥락과 조화를 추구한 양상을 밝히고, 그 특성이 현대 뮤지엄 건축에서 갖는 의미를 찾아보고자 한다. 포스터가 설계해 완공된 뮤지엄은 〈표 1〉과 같다.

〈표 1〉 포스터가 설계해 완공된 뮤지엄

뮤지엄 명	건립 장소	건립 시기	비고
세인스버리 시각예술센터(크레전트 윙)(Sainsbury Centre for the Visual Arts(Crescent Wing))	Norwich	1974–1978 (1988–1991)	신축 (괄호 안은 이후 증축)
카레 다르(Carré d'Art)	Nîmes	1984–1993	
새클러 갤러리(Sackler Galleries), 영국왕립미술원 (Royal Academy of Arts)	London	1985–1991	리노베이션
미국 항공박물관(American Air Museum)	Duxford	1987–1997	신축
조슬린 미술관 증축(Addition to Joslyn Art Museum)	Omaha	1992–1994	증축 포함 리노베이션
레드닷 디자인 뮤지엄(Red Dot Design Museum)	Essen	1992–1997	리노베이션
고르주뒤베르동 선사박물관(Musée de Préhistoire des Gorges du Verdon)	Quinson	1992–2001	신축
영국박물관의 그레이트 코트(Great Court at the British Museum)	London	1994–2000	리노베이션
보스턴 미술관(Museum of Fine Arts)	Boston	1999–2010	증축 포함 리노베이션
스페런 웨스트워터 갤러리(Sperone Westwater Gallery)	New York	2008–2010	신축
렌바흐하우스 미술관(Lenbachhaus)	Munchen	2002–2013	증축 포함 리노베이션
임페리얼 전쟁 박물관(Imperial War Museum)	London	2010–2014	리노베이션
노턴 미술관(Norton Museum of Art)	West Palm Beac	2011–2019	증축

이 가운데 뉴욕 맨해튼에 빽빽하게 들어찬 건물들 사이의 폭 7미터 빈틈에 지상 9층, 지하 1층으로 꽉 채워 들어설 수밖에 없어 높이 이외의 다른 특별한 맥락적 고려를 하지 않았던 스페런 웨스트워터 갤러리와 전시공간이 아닌 입구 홀과 주차장, 뮤지엄 숍과 레스토랑만 증축한 노턴 미술관을 제외한 11개의 뮤지엄을 주목하자. 2011년에 설계 계약을 맺고 아직도 공사 중인 다통 미술관Datong Art Museum은 머잖아 완공될 예정이다.

노먼 포스터의 건축관

기술 중시

포스터는 자신이 하이테크 건축가라기보다는 모더니즘 건축가라고 생각하지만, 그의 건축에 나타나는 기술 지향성은 뚜렷하다. 공학적 발명자를 존중하는 영국의 전통에 맞게 그는 1963년 건축가로 독립한 첫 출발부터 예일대 대학원에서 동문수학했고 첨단기술을 활용해 영국 모더니즘을 이끈 절친 로저스Richard Rogers, 1933-와 함께 'Team 4'를 구성해 4년간 동업했다. 당시의 대표작으로 입구가 하나이고, 직원 모두 함께 식사하는 공용식당을 둬 공간 위계에 의한 사용자의 직급 차별을 없앤 릴라이언스 컨트롤 전자공장Reliance Controls Electronics Factory, Swindon, 1965-1966이 있다. 조립식 건설부품들을 사용한 덕분에 이 건물을 저가로 1년 이내에 완공할 수 있었다. 화장실과 주방, 온실만 내부에 고정된, 단 하나의 철제 구조 볼륨의 내부는 칸막이 이동만으로 쉽게 공간을 바꿀 수 있는 융통성을 지녀, 당시 요람기였던 전자산업을 위한 새로운 사회적·기술적 지평을 열었다는 호평을 받았다.

이후 아내와 '포스터 어소우시에츠Foster Associates'를 설립했으나 일거리가 없었던 포스터는 그때까지 건축가가 별로 관여하지 않던 산업 분야에 본격적으로 도전했다. 그는 고품질의 건물을 신속하게 만들어내고, 산업 관계자들과 그들의 언어로 대화하며 유연성이 있는 결과물을 낼 수 있음을 실증했다.[1] 컴퓨터가 신성한 기계로 여겨지던 때에 IBM의 메인 컴퓨터가 놓일 신전이었던 IBM 파일럿 본사IBM Pilot Head Office, Cosham, 1970-1971와 에스컬레이터가 있는 아트리움과 큰 옥상정원 및 레스토랑을 지닌 윌리스 파버 앤 뒤마 본부Willis Faber & Dumas Headquaters, Ipswich, 1971-1975에서 융통성 있게 넓게 트인 공간을 감싸는 최

릴라이언스 컨트롤 전자공장

IBM 파일럿 본사

윌리스 파버 앤 뒤마 본부

갤러리아, 밀라노

신 커튼월 기술을 선보인 것이다. 두 건물에 모두 도입된 액세스 플로어는 정보기술의 혁신을 예고했다.

건축을 예술의 한 부류로 여겼던 한스 홀라인과 달리 1970년대부터 건축을 기술의 한 분야로 확신한 포스터는 팩스톤J. Paxton, 왁스만C. Waxman, 임스Ch. Eames, 프루베J. Prouvé, 풀러B. Fuller 같은 대가들로부터 유용성과 투명성을 함께 갖춘 경량건축에 대한 열정을 배웠다.[2] 포스터는 자신이 좋아하는 갤러리아Galleria, G. Mendoni, Milano, -1877와 팜하우스Palm House, D. Burton, London, 1844-1848 등에서 거대한 단일 볼륨을 덮는 기술적 접근에 큰 흥미를 느꼈다. 그 영향은 르노 물류센터Renault Distribution Centre, Swindon, 1980-1982같이 포스터가 설계한 여러 산업용 건물이나 스탠스테드 공항Stansted Airport, London, 1981-1991, 홍콩 국제공항1992-1998, 베이징 국제공항2003-2008 같은 공항뿐 아니라 세인스버리 시각예술센터, 미국 항공박물관, 영국박물관의 그레이트 코트 같은 자신의 뮤지엄 건축 계획에서도

팜하우스, 런던

르노 물류센터

스탠스테드 공항, 런던

실버리 힐, 에이브버리

13세기 중반에 완공된 샤르트르 대성당

발견된다.

포스터는 과거의 위대한 구조물들이 당대의 최신 기술을 사용했다는 점에 주목했다. 그는 고대에 지어진 영국식 피라미드 실버리 힐Silbury Hill, Avebury, BC 2400-BC 2300과 중세건축의 걸작인 샤르트르 대성당Cathédrale de Chartres, 1194-1260을 당대 기술의 최고 성취물로 인용한다. 그에게 기술은 문명의 일부이며, 반反기술은 지지할 수 없는 것이었다. 포스터의 초기 작품 중 기계를 찬양하는 요소들이 눈에 띈다. 그러나 그에게 기계는 편리함을 제공하면서도 때로 적대자로도 여겨지는, 기술적 진보가 제어되면서 활용돼야 하는 대상이었다. 모두에게 큰 유익이 되는 잠재력 있는 원천이지만, 잘못 사용하면 안 되는 것이다.[3] 모두에게 공평한 민주적인 공간을 제공하면서 포스터의 작업에 일관되게 적용되는, 오래된 것과 새로운 것, 기술적인 것과 영적인 것을 어떻게 화해시킬 것인지에 대한 그의 고민은[4] 기술 지향적이면서도 건물이 위치한 환경과 조화되는 건축을 낳았다. 구조를 솔직히 표현하면서도 형식에 대한 절제를 보여준다는 점도 그렇다. 기술을 도구로 사용하지만, 그것에 지배되지 않음으로써 하나의 건축물로서 장소성에 대응하는 형태와 공간을 창출할 수 있었다.

맥락과 지역성 중시

특히 역사가 깊은 유럽 대륙의 건축에서 기술 지향성은 기존 맥락 및 지역성과 갈등을 일으킬 소지가 다분하다. 리처드 로저스가 분절articulation을 지향한 반면 포스터는 건축에서 통합을 추구했다는 평가처럼,[5] 포스터는 기술 지향적이면서도 주변 상황을 중시했다. 기술 우선주의 성향으로 로저스가 설계한 로이드 건물Lloyd's Building, R. Rogers, London, 1979-1986을 찰스 황태자가 사재를 들여서라도 헐고 싶어 하자 "그의 마음은 올바른 곳에 있다."[6]고 화답했던 포스터의 건축은 한때의 동업자 로저스의 건축과 다르다. 황태자도 포스터가 1987년부터 작업을 시작한 킹스 크로스 터미널King's Cross Terminal 계획안을 공학기술로 훌륭하게 설계된 작업으로 인정하며 찬사를 보냈다. 이 계획안은 인접한 기존의 두 철도역을 시각적으로 가리지 않고 킹스 크로스와 세인트 팬크라스St Pancras 사이의 기차 차량보관소 자리에 아치형의 유리 지붕을 씌운 장대한 입구 캐노피를 제안했다. 두 주요 철로의 종점과 지하 시스템을 위한 넓은 환승장소로 삼고 미래에 스탠스테드 공항과 영국 해협 터널을 이을 새로운 영국 철도의 출발점을 준비한 포스터의 아이디어가 기존의 도시 전경을 해치지 않은

로이드 건물, 런던

킹스 크로스 터미널을 위한 노먼 포스터의 계획안

것에 황태자가 만족한 것이다.

포스터 건축의 맥락과 지역성 중시는 그가 개입한 뮤지엄 건축들에서도 명백한 특징으로 드러난다. 세인스버리 시각예술센터의 우아함은 전통의 재발견을 필생의 목표로 삼았던 건축이론가이자 도시계획가 크리어Leon Krier, 1946-의 마음을 뒤흔들었다.[7] 포스터는 새클러 갤러리 설계 과제에서 새것을 옛것과 연계해 과거를 존중하면서도 자신의 시대를 더욱 완벽하게 말하는 방법을 표명하려고 했다.[8] 포스터는 이때 역사적 구조물에 현대적 개입을 하는 것에 대한 명확한 입장을 세울 수 있었다.[9] 기술을 중시하는 포스터는 맥락과 지역성의 존중을 모더니즘의 실패 이후 회복된 가치 복원이라기보다는 건축으로서 장소에 대한 원초적 반응으로 대했다.

포스터의 작업에는 항상 예술공예운동Arts & Crafts Movement[10] 수준의 매우 강력한 수공예적 요소가 있으며, 재료의 특성을 존중한다고 평가된다. 이런 특징은 그가 당시에 유행하던, 포스트모더니즘의 향수를 불러일으키는 퇴폐적인 모방 작품에 반대했음을 드러낸다. 그는 포스트모더니즘을 모조품처럼 잘못 고안되고 추한, 비역사적인 속임수로 여겼다. 그에게 역사는 디테일의 카탈로그나 엄격한 법칙들의 세트가 아니었다. 따라야 하고 존중해야 할 가치들의 정적靜的인 코드가 아니라 이음매가 없는, 발견과 영감, 발명과 혁신이 계속되는 과정을 의미했다.[11] 역사가 적층된 맥락과 지역성은 응고된 불활성의 잔재가 아니라 거기서부터 새롭게 시작돼야 할 믿음직한 지침이 되는 것이다. 포스트모더니즘의 맥락 중시를 하나의 강박관념으로, 때로는 창작에서의 진부함에 대한 변명으로 폄하하는 그에게 과거는 현재가 모방할 대상이 아니라, 지키며 그것을 기반으로 어울리는 새로움을 창출해야 하는 과제였다. 과거는 구속이 아니라 전진해 맞아야 할 도전이었다.

포스터 뮤지엄의 기술적 이미지 양상과 맥락적 조화 방안

포스터가 설계한 뮤지엄들 중 상당수는 기존의 건물을 때로는 증축도 포함해 리노베이션한 것으로, 이미 있는 건물과의 조화를 신경 썼다. 그는 발상에서 더 자유로울 수 있는 신축 뮤지엄들에서도 기술적 이미지를 내포하면서도 주변과의 맥락적 조화를 중시하는 태도를 보인다.

신축 뮤지엄에서의 기술적 이미지

포스터가 신축한 네 개의 뮤지엄은 과감하게 구조를 드러내거나 주변에 조용히 침잠하는 두 가지 상반된 경우로 구별된다.

• 구조의 과감한 노출

세인스버리 시각예술센터와 미국 항공박물관은 뮤지엄 건물로는 흔치 않은 단일성과 거대성을 드러낸다. 세인스버리 시각예술센터는 건물을 작동하는 데 필요한 모든 설비장치를 간결한 튜브형 외피 구조물을 이루는 두께 2.5미터의 벽체 사이에 감췄다. 이 벽체의 외측은 교체 가능한 진공 성형의 알루미늄 패널이고 내측은 개폐 조정이 가능한 알루미늄 루버다. 내부공간에서는 절제된 간소함을 방해하

세인스버리 시각예술센터

는 어떤 것도 드러나지 않는다. 건물 양단에서 풍경 속으로 개방한 채 노출시킨 딥 트러스 구조물과 하나씩 들어내어 교체 가능한 외피 패널, 자연광과 인공조명의 유입을 조절할 수 있는 천장구조, 기둥 하나 없이 높고 넓은 무주無柱 공간은 이 센터의 강렬한 기술적 면모를 드러낸다. 2015년에 개봉한 영화 〈어벤져스 2〉의 마지막 장면에서 1978년에 완공된 이 시각예술센터와 1991년에 센터 바로 앞 가장자리에 반지하로 증축된, 지붕에 잔디가 깔린 크레전트 윙Cresent Wing이 나온다. 마흔 살을 앞둔 건물이었지만 최신 슈퍼 히어로 영화의 배경으로 전혀 손색이 없었다.

미국 항공박물관은 전시물 가운데 가장 큰 B52 폭격기에 내재한 뛰어난 기술력의 바탕인 단순성과 구조의 경제성을 드러낸다. 원환체 기하학toroidal geometry에 기반한 큼직한 싱글 스팬 볼트로 구성된 지붕이 다섯 장의 프리캐스트 콘크리트 패널 부재만으로 만들어졌다. 활주로와 밭이 내다보이는 광활한 지평선을 바라보며 완만하게 솟은 구릉의 단일성은

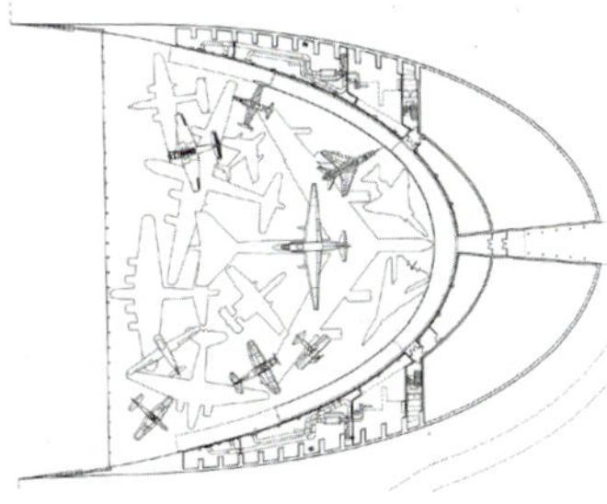

미국 항공박물관 평면도

내부에서도 공학기술이 가져다준 전시장소로 구현되어 커다란 항공기들을 전시할 수 있는 커다란 무주 공간을 제공한다. 물집 모양으로 전투기 조종석을 닮은 원환체 지붕은 공중에서 눈에 쉽게 띄지 않도록 일부가 잔디로 덮였다.

미국 항공박물관 외관

● 주변에 침잠한 기술적 이미지

같은 신축 뮤지엄으로 최신 기술과 재료가 적용됐음에도 포스터는 주변 여건에 따라 기술적 이미지를 순화하기도 한다. 건물 외피 전체가 유리로 마감된 가볍고 순수한 프리즘인 카레 다르는 기술적 이미지가 확연하면서도 구조미나 조형성을 내세우지 않는다. 카레 다르는 유리로만 싸인 겉모습도 그렇고 포스터의 작품이니까 당연히 철골 구조 건물처럼 보이지만, 인근 지역에 철골부재 제작 공장이 없는 남부 프랑스에서 가장 경제적이라는 이유로 철근콘크리트 구조로 지어졌다.

카레 다르 외관

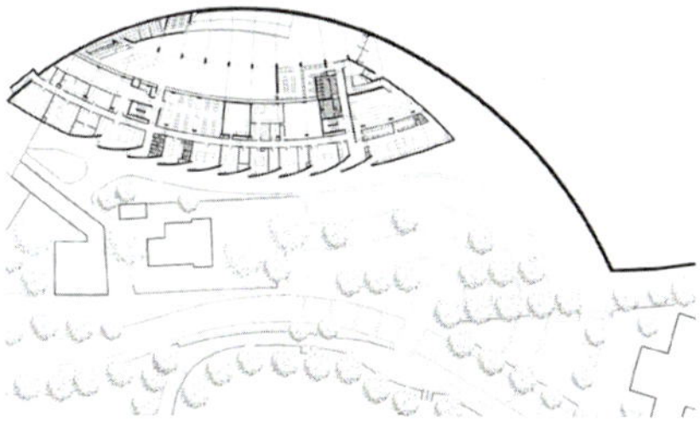

고르주뒤베르동 선사박물관 평면도

기둥 간격도 구조적 특이성이 드러나지 않도록 6미터를 넘지 않는다. 외형상 기술 집약성이 강한 철골 구조 같은 인상은 내부에서도 마찬가지다. 건물 중심부의 내부 중정에 있는 대규모 유리 계단과 유압식 엘리베이터 등이 현대 기술과 재료의 이미지를 드러낸다.

고르주뒤베르동 선사박물관도 전시 성격, 박물관의 위치와 규모 등을 감안해 기술적 이미지는 숨을 죽인다. 경사지를 이용해 자신의 모습을 과시하지 않으며 주변 배려에 중점을 뒀다. 그럼에도 송편 모양인 본체의 노출콘크리트, 산허리를 깊이 자르면서 생긴 긴 옹벽, 이 옹벽을 따라 걷다 보면 다다르게 되는, 9미터 높이의 아연도금 강판으로 지지된 입구 유리판, 유리 패널들로 측면에 배치된 이중문 등이 주는 현대적 이미지가 농촌 마을에서 튀지 않으면서 공존한다. 콘크리트 타설 시 거푸집을 조이는 볼트의 구멍 흔적이 보이

고르주뒤베르동 선사박물관 외관

지 않는 본체의 노출콘크리트 표면은 이 박물관에 수준 높은 시공기술이 적용됐음을 넌지시 알려준다.

신축 뮤지엄에서의 맥락적 조화

● 외부에서의 주변 배려

세인스버리 시각예술센터가 있는 중세 도시 노리치Norwich에 1968년 완공된 이스트앵글리어대학University of East Anglia, D. Lasdun은 야심차고 열광적이며 다소 디스토피아적인 1960년대 건축 관념으로 거대 구조물을 구축하려는 발상이 실현된 캠퍼스다. 지그재그 선형의 긴 건물과 계단식 피라미드를 줄지어 이어놓은 저돌적인 콘크리트 구조물이 밀밭이 펼쳐진 평원 위에 뻗어 있다. 여기서 시각예술센터는 분지의 윤곽과 마스터 플랜의 기하학에 응답하는 하나의 선적인 띠로 제안됐다. 캠퍼스의 거대 선형건물 끝에 있는 과학부와 이웃해 종점 역할을 하면서 크기에 비해 과시적이지 않게 자신의 정체성을 견지한다. 선형과 피라미드형의 건물이 끝나는 지점에서 이 두 구조물의 벌어진 두 단부와 같은 거리를 두고 자리 잡은 채 호수를 향해 열린 세인스버리 시각예술센터는 전체 캠퍼스의 흐름에 마침점이 됐다.[12] 이 센터의 단순하면서도 강인한 외관은 단부가 벌어지며 달려오는 두 구조물이 끌어오던 운동성과 방향성을 넉넉히 받아낸다.

이스트앵글리어대학 항공사진

미국 항공박물관 전시공간

인공적 대상들보다는 드넓은 자연에 기대어 스스로 설명되고 존재하기를 원해 앞서 설명한 기술로 만들어진 활 모양의, 마치 지반이 자연스럽게 융기된 것 같은 미국 항공박물관의 지붕은 허공에 매달린 무거운 비행기들을 지지한다. 수준 높은 공학기술로 설계된 건물 형태와 매 시기의 첨단기술이 적용된 비행기 전시물 간에 공명이 일어나 건물 자체가 전시물들을 돋보이게 한다. 구조 일부가 땅속에 묻혔음에도 가볍고 열린 공간인 이곳의 큰 유리벽은 내부에서 멀리 뻗은 활주로를 바라보게 해 이 박물관의 근원을 되새기게 한다. 과감한 구조물이면서도 파묻힌 땅에서 융기하는 형태는 풍경에 가하는 충격을 최소화한다.

고대도시 님Nîmes의 고대 로마식 그리드에 영감을 받은 카레 다르에서는 기술적 이미지임에도 건물의 배치와 높이, 외관에서 석조건물들로 이뤄진 고전적인 주변 환경에 순응하려는 여러 조처가 포착된다. 먼저, 무게감이 느껴지는 고전적 환경에서 상자형의 단순한 윤곽으로, 유리 외피로 인한 가벼움으로 겸손하고 평온하게 존재한다. 기존 것과 새것 사이의 질시나 주도권의 갈등 없이 서로를 인정한다. 다른 초청설계 응모안들과 달리 유일하게 장소의 성격을 바꾸려고 하지 않았다. 카레 다르는 지하 5층까지 내려갔는데, 인근에 있는 기존 건물들의 높이를 고려해 지상의 높이만큼 절반을 땅속으로 내린 것이다. 정면의 너비와 높이 비율은 맞은편 광장에 1세기 때부터 서 있는 고대 로마 신전 메종 카레Maison Carrée의 측면 비율과 같다. 상자형 건물의 유리 표피에서 돌출된 격자형 창틀은 인접한 석조건물들의 입면 패턴에 동화된다. 정면에서 그 아래에 주 출입구가 있음을 알려주는, 높이가 주변 건물의 처마 높이와 같은 금속 루버를 지지하는 다섯 개의 금속 봉은 1952년에

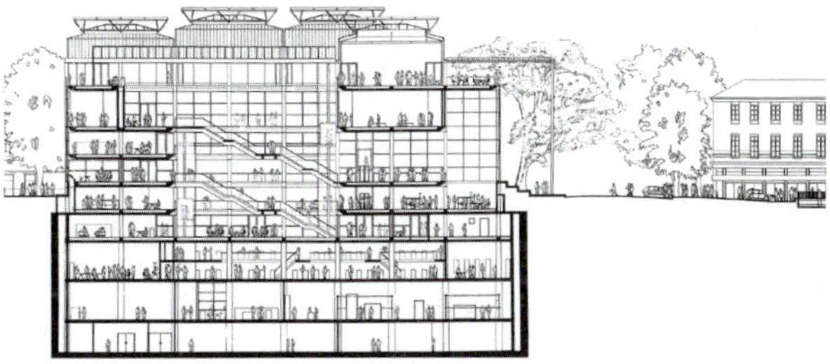

카레 다르 종단면도

메종 카레와 카레 다르

화재로 소실되기까지 그 자리에 있었던 고전 양식의 극장 열주를 연상시키며 메종 카레 입구에 있는 6개의 코린트 오더와 교감한다.

고르주뒤베르동 선사박물관은 소규모인 캥송 시청의 바로 맞은편에 건립되어, 이 마을의 물리적 환경과 밀접한 관계를 맺고 있다. 그곳의 자연 지형에 통합되면서도 현대적 성격 또한 유지하려는 이 박물관은 자신의 모습을 가능한 한 덜 드러내기 위해 산허리를 파고 들어갔다. 그 결과 생긴, 기존의 자연석 옹벽과 이음매 없이 연결된 길이 120미터, 높이 7-9미터에 달하는 곡선의 자연석 옹벽은 박물관의 입구 아트리움으로 방문객을 이끌며 주변의 오래된 건물들과 새로운 구조물 사이에서 연결고리 역할을 한다. 박물관 앞뜰은 마을의 네모진 광장과 마을로 가는 주도로를 포함하도록 조경되어 있다. 타맥tarmac 포장과 콘크리트라는 재료의 연속성은 이 세 개의 분리된 요소들을 통합해 박물관과 마을에서 개최할 이벤트들을 수용하는 넓은 장소를 제공한다. 박물관은 하나의 송편 같은 단순하면서도 표현적인 형태 안에 그 지역의 석재, 표면에 모래가 분사된sandblasted 콘크리트, 아연도금 강판, 유리와 채색된 석고 보드를 사용해 전통적 방식의 자연석 벽체로 지어진 마을과 상통한다. 콘크리트 색도 지역산 석재의 색에 맞춰졌다.

● 내부에서의 주변 고려

세인스버리 시각예술센터의 큰 내부공간은 기존 캠퍼스의 거대 구조물에 대응하는 방편으로 읽힌다. 밝고 넓은 빈 공간으로 강한 물질적 이웃을 견뎌내는 것이다. 미국 항공박물관에서 광활한 벌판에 어울리는 큼직한 하나의 내부공간을 확보한 것과 유사한 효과를 보인다. 센터가 세워진 대학에 작품을 기증하고 공사비의 절반을 댄 세인스버리 부부는 예술작품은 유쾌한 미적 경험으로 향유돼야 한다는 신념으로 전통적인 미술관이 아닌 미팅 장소 같은 새롭고 급진적인 형태를 원했다. 이 요구에 따라 영국 건축의 암흑기이자 모더니즘이 약속한 유토피아가 상실된 1970년대 후반, 비행기 격납고같이 커다란 이 갤러리의 한복판에 안락의자와 탁자가 배치되어 소탈한 가정집 분위기가 연출됐다. 공간적 위계도 사라졌다.

지역과 잘 어우러지려는 조처는 카레 다르의 내부공간 처리에서도 드러난다.

세인스버리 시각예술센터의 전시공간

여기서 지하 2층까지 자연광을 유입시키기 위해 중심부가 아트리움으로 비워졌다. 그 지역 어디서나 볼 수 있는, 여름철 남부 프랑스의 뜨거운 햇볕과 겨울의 차가운 북풍에 대응하고자 중정이 도입된 전통주거 양식을 따랐다. 중앙 아트리움 전체를 차지한 채 디딤판이 녹색 강화유리여서 자연광을 건물의 지하 깊은 곳까지 들어오게 하는 역동적인 계단은 지형의 고저 차 변화가 많은 님에서 흔히 볼 수 있는 외부계단을 내부로 들인 것이다. 최상부층인 3층과 4층에서 이 중앙 아트리움을 둘러싸고 있는 전시실들은 퐁피두 센터나 베를린 신국립미술관처럼 외피가 유리인 뮤지엄들이 누렸던, 하나의 큰 공간을 가변적으로 운용할 수 있는 융통성이 사라진 고전적인 전시실 배치를 보인다. 이에 대해서는 미스의 뮤지엄 개념이 후대 뮤지엄 건축에 미친 영향에서 이미 거론한 바 있다. 전시실들은 기둥과 설비 시스템을 감춘 두 겹의 백색 칸막이로 나뉘어 있다. 각 전시실을 잇는 출입구는 중심축에 있는 일방향성 배치다. 전시실들을 나누는 칸막이들은 건물의 무게를 받치는 내력벽처럼 보인다. 그 결과 근대적 전시공간 성격과는 거리가 멀지만, 주변 환경에 호응하는 고전적 성격을 드러낸다.

고르주뒤베르동 선사박물관의 기획 전시공간과 뮤지엄 숍, 카페를 지닌 3층 높이의 입구 아트리움은 더운 날 청량감을 주는, 박물관이 기념하는 동굴들을 떠올리게 하는 재충전의 장소다. 이 아트리움에서부터 외부에서 이어져 들어온 자연석 곡벽을 따라 흰 경사로가 원형의 관람행로를 시작하는 1층으로 방문객을 이끈다. 공간보다는 전시물에 집중한 빛은 최소한의 양이 유지된다. 세인스버리 시각예술센터나 미국 항공박물관에서처럼 여기에도 내다보는 곳을 향해 전면창이 있는데, 이것은 뮤지엄의 안정적인 전시와 외부의 활동을 연계하기 위한 장치다.[13]

지금까지 살펴본, 포스터가 설계한 신축 뮤지엄들에 나타나는 기술적 이미지와 맥락적 조화를 정리하면 〈표 2〉와 같다.

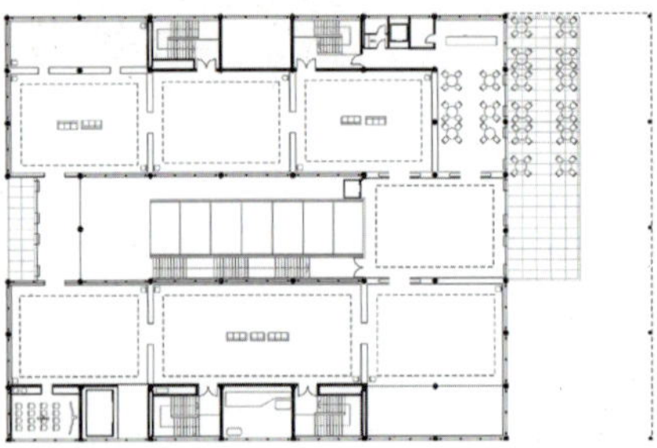

카레 다르의 최상층 전시공간 평면도

카레 다르의 전시공간

카레 다르의 중앙 아트리움

고르주뒤베르동 선사박물관의 전시공간

〈표 2〉 노먼 포스터가 설계한 신축 뮤지엄들에서의 기술적 이미지와 맥락적 조화

뮤지엄 명		기술적 이미지	맥락적 조화	
			외부	내부
구조적 드러냄	세인스버리 시각예술센터	건물 양단에서 노출된 딥트러스 구조물, 교체 가능한 알루미늄 외피 패널, 자연광과 인공조명의 유입을 조절할 수 있는 천장구조, 하나의 높고 넓은 무주 공간	거대한 선형 구조물의 마침표로서의 위치와 크기, 단순하나 강한 외관	외부의 거대 선형 구조물의 대항 수단으로서의 넓은 내부공간, 개인 집 살롱 같은 전시공간
	미국 항공 박물관	싱글 스팬 볼트로 이뤄진 지붕으로 덮인 하나의 큰 무주 공간	하늘에서 눈에 잘 띄지 않고 전경에 주는 충격을 최소화하기 위한 환상형의, 일부는 잔디로 덮인 지붕	드넓은 평야와 조응하는 큼직한 내부공간, 고정된 전시와 활주로의 활기와 드라마를 연계시키는 큰 유리벽
환경 속의 차분한 정착	카레 다르	외피 전체가 유리로 둘러싸인 가볍고 순수한 프리즘, 금속 현관 지붕과 그것을 받치는 강철봉, 디딤판이 강화유리로 된 계단과 유리로 둘러싸인 유압식 엘리베이터	고대 도시 님의 그리드에서 얻은 영감, 지하 5층까지 내려감, 외부 유리벽의 패턴, 주입면의 비율과 큼직한 현관 지붕	중앙 아트리움과 계단, 고전적인 전시실들
	고르주뒤베르동 선사박물관	거푸집을 조인 볼트 구멍의 흔적이 보이지 않는 송편 모양 본체의 노출콘크리트, 길고 흰 자연석 옹벽, 9미터 높이의 아연도금 강판으로 지지된 입구 유리 면	주변의 역사적 건물들과 새로운 구조물 사이에서 연결고리 역할을 하는, 대지의 지형에 순응해 길고 흰 자연석 옹벽, 지역산 석재의 색에 맞춰진 콘크리트 색	박물관이 기념하는 동굴을 연상시키는 3층 높이의 아트리움, 내부의 정적인 전시와 외부의 활동을 연계시키는 9미터 높이의 유리로 된 입구 면

리노베이션 뮤지엄에서의 기존 배려와 기술적 이미지

포스터가 리노베이션한 네 뮤지엄은 모두 외부에서 봤을 때 새로운 개입이 눈에 띄지 않도록 꽁꽁 감춰지는 특징을 공통으로 지니고 있다. 이렇게 새로운 개입이 외부에서 잘 보이지 않는 경우가 드물지는 않지만, 포스터는 다른 유형의 건물

을 리노베이션했을 때와는 달리 유독 뮤지엄 건축에서만큼은 이 원칙을 고수했다.

기존 외관 존중: 새로운 개입을 감추다

새클러 갤러리에서는 벌링턴 하우스Burlington House의 최상층에 있던 디플로마 갤러리Diploma Galleries를 대체하고 동선 전반을 개선하는 임무가 주어졌다. 이 갤러리가 들어선 영국 왕립예술원은 하나의 건물처럼 보이지만, 주택이었다가 18세기에 용도가 변경된 벌링턴 하우스와 그 뒤의 빅토리안 갤러리가 합쳐진 두 개의 건물이다. 포스터는 벌링턴 하우스와 고풍스런 증축부 사이에 있던 중앙계단을 철거하고 그 자리를 자연광을 끌어들이는 광정光井으로 활용하면서 새로운 승강기와 계단을 설치했다. 이 조치로 인해 원래 건물의 모습을 가렸던 이물들이 제거되면서 벌링턴 하우스의 중정 파사드가 다시 드러났다. 빛 효과를 극대화하기 위해 난간과 바닥판이 유리로 된 철제 계단과 투명 엘리베이터의 현대적 삽입과 빅토리안 구조물이 강하게 대비되는 이곳은 외부에서 보이지 않는다.[14] 최신 기술과 재료를 사용한 오늘날의 작업이지만 현재를 과시하기보다는 과거를 드러내 보이면서 역사적인 저택의 모습으로 환원시킨 것이다. 새클러 갤러리가 섬세한 병렬을 통해 과거에 대한 우리의 이해를 고양시킨 것은 뒤에서 다시 거론할 것이다.

새클러 갤러리의 광정(光井)

졸페라인Zollverein 탄광단지 내의 보일러 동棟에 입주한 레드닷 디자인 뮤지엄 에센의 외관도 말끔하게 보수되어 원래의 모습을 보전했다. 1928-1929년에 지어진 보일러 동은 기능을 중시한 산업용 건물답게 외부에 드러나는 수평수직의 철골 구조물들 사이에 적벽돌과 유리창이 돌출부나 후퇴부 없이 끼워진 간결한 구성을 보인다. 이 건물의 외관이 보여주는 평탄성과 단순함은 오늘날의 미적 감각에 이미 부합한다. 60여 년 전에 건설된 산업용 건물의 외관이 '디자인계의 오스카상'으로 불리는 레드닷 디자인 어워드를 수상한 현대 작품들을 전시하는 건물의 외관으로 손색없다. 1997년에 완공된 이 뮤지엄은, 네덜란드 건축가 콜하스Rem Koolhaas, 1944-가 전체 탄광단지 건물과 기계의 보존을 중심 아이디어로 삼고 주도해 같은 해인 1997년에 수립한 마스터 플랜의 기본 개념에 잘 어울렸다. 그 결과 4년 후인 2001년에 이 탄광단지는 20세기의 가장 중요한 산업 기념물 중 하나로 인정받아 유네스코 세계유산으로 지정되었다.

우리가 대영박물관으로 부르곤 했던 영국박물관의 중정을 유리로 덮은 그레이트 코트 역시 어떠한 외부 변형도 동반하지 않은 간소한 리노베이션인 동시에 극한의 개조이기도 하다. 원래 정원이었던 곳에 19세기 중반 특정인만 이용하는 리딩룸Reading Room[15]과 서고들이 들어선 이후 이곳은 박물관을 방문하는 일반 관람객들과는 무관한 장소가 됐다. 그레이트 코트는 사각형의 박물관 본체와 중정에서 남겨진 원형의 리딩룸 사이를 삼각 격자로 얽혀 둥그스름하게 위로 부푼 유리 천장으로 덮어 실내로 만든 프로젝트다. 보호된 '옥외 로비outdoor lobby'로서 열린 공간의 초점이 된 그레이트 코트는 연간 오백만 명이 넘는 방문객을 맞이하는 영국 박물관에 새로운 동선 시스템을 가동시켰다. 루브르 박물관의 중심부 광장 지하에 넓게 마련된 새로운 입구 홀처럼 이곳은 주변의 모든 갤러리와 연결된다. 총무게가 천 톤에 달하는데도 기둥 하나 없이 가볍게 부유하는 섬세한 천창으로 덮인 그레이트 코트는 주변이 건물로 둘러싸인 내부 공용공간으로는 유럽에서 가장 넓지만, 외부에서는 보이지 않는다.

레드닷 디자인 뮤지엄 에센

영국박물관의 그레이트 코트

임페리얼 웥 뮤지엄 런던은 1936년 가장 오래된 정신병원으로 유명했던 베들렘 왕립병원Bethlem Royal

Hospital 건물에 입주했다. 제1차 세계대전 발발 100주년을 맞이해 이 뮤지엄은 포스터에게 병원의 중정이었던 곳에 들어서 있던 전시 아트리움을 개조해 내부로 유입되는 자연광을 조절하고, 뮤지엄을 둘러싼 공원으로의 접근성을 높이며, 동선과 시설을 개선하라는 과제를 부과했다. 여기서도 외부에서의 변화라면 막혀 있던 1층의 창 중 일부가 열려 원형 복구된 정도다. 원래의 주 출입구는 건물의 기단 높이에 있는데, 주변 공원의 지면 높이로 낮춘 부출입구가 따로 마련됐다. 1층에 카페와 뮤지엄 숍을 두고 서쪽의 닫혔던 1층 창들이 복원되어 공원과 뮤지엄 간의 상호 조망이 가능해졌다. 기존 구조체는 그대로 둔 채 아트리움 내부 구조를 보강해, 아트리움의 천장에 새로 매단 한 층을 들어 올리는 적잖은 내적 변화를 보이면서도, 오래된 건축물의 고전적 모습과 현대 기술이 안겨준 장치들이 조화롭게 공존하는 모습은 뒤에 다시 언급할 것이다.

임페리얼 워 뮤지엄 런던

● 리노베이션된 내부에서의 내향적 접근

이렇게 포스터가 리노베이션한 뮤지엄들은 공통적으로 새로운 개입이 외적으로 감춰지는데, 그 내부도 모두 내향적인 공간 특성을 보인다.

새클러 갤러리에서는 두 기존 건물 사이의 중정, 새 갤러리로의 진입부와 전시실 내부가 집중적으로 개조됐다. 환대공간이자 조각 전시장으로도 활용되는, 반투명 유리로 측면이 싸여 빛만 들어오고 외부가 보이지 않는 갤러리 진입부에 조각품들을 놓기 위해 이 유리벽에 면해 길게 놓인 받침대는 빅토리안 갤러리의 흉벽parapet이 내부로 들어와 새로운 임무를 부여받은 것이다. 이 받침대와 맞닿은 바닥 일부가 투명한 강화유리로 마감되어 아래로부터 올라오는 기존 벽이 내려다보인다. 외부이던 곳이 내부가 된 곳임을 암시하듯 빛이 풍부한 이 간소한 백색 공간은 지극히 현대적이면서도 고전성이 느껴진다.

새클러 갤러리에서 조각품이 놓인 새 전시공간으로의 진입부

새클러 갤러리의 전시공간

새클러 갤러리 전시실에서 자연광이 유입되는 아치형 천장은 그림자를 없애 시간을 초월한다. 아치형 천장의 중심부에 종 방향으로 위치한 천창은 각 전시실의 자율성을 고양해 감상에 집중하도록 돕는다. 처음에는 하나의 큰 전시실이 검토됐지만, 개별성이 강하고 일체의 장식과 색이 배제된 방들의 집합체가 되어[16] 아카데미 내의 다른 전시실들과 자연스럽게 보완관계를 맺는다. 전시실의 크기와 모양에서 왕립 아카데미라는 고풍스러운 건물에 잘 융합되는 고전적이면서도 장식이 배제된 친근한 전시공간이 마련됐다.

레드닷 디자인 뮤지엄 에센은 역사성이 있는 보일러동 내부의 일부에 백색 칸

레드닷 디자인 뮤지엄 에센의 전시공간

막이를 설치해 전시배경으로 삼은 곳 이외에는 부분적으로 추가된 유리와 콘크리트 부분이 오래된 배관과 기계 부품들, 철제 계단들과 어울려 현대 디자인 제품에 영감을 불러일으킬 만한 전시 무대를 제공한다. '문화산업의 대성당'으로 불리는 새로운 중심부는 급탄給炭 장치가 있던 곳으로, 철제 증기 보일러들 사이에 입구가 있다. 돌출된 통로는 철제 보를 따라 금속 배관과 불에 거슬린 타일들을 지나 방문객을 이끈다. 바닥뿐만 아니라 벽과 천장에까지 다수의 작품이 매달려 있는데, 우선하는 동선이 없이 방문자는 각자의 흥미대로 자유롭게, 마치 탐험하듯 관람한다. 전시물들의 배경이 되는, 멈춰서 더 이상 작동하지 않는 산업시설이 최신 디자인 제품의 전시공간이 됐다. 여기서 크고 무겁고 거친 산업용 건물이라는 과거와 작고 가볍고 세련된 디자인 제품이라는 현재가 절묘하게 대비된다.

중정을 유리로 덮은 그레이트 코트에서는 중정을 둘러쌌던 외벽이 처음의 모습을 되찾았다. 안뜰을 향한 세 개의 이오니아식 석회석 주랑현관이 복구되고 과거 확장 때 파괴됐던 남측 주랑현관도 재건됐다. 주변을 둘러쌌던 서고들이 제거되면서 드러난 원통형의 리딩룸 외벽에는 기존 벽들과의 조화를 위해 색이 옅은 스페인산 석회석이 입혀졌다. 이 리딩룸 둘레를 감아 오르며 2층의 갤러리와 3층의 레스토랑으로 이끄는 두 개의 계단이 있는 타원형의 복층 볼륨이 첨가됐다. 고전적이면서도 현대적인 이미지를 동시에 드러내는 차분한 그레이트 코트는 이전 영국 박물관의 혼란스럽던 경험을 일소하고 질서감과 명료함을 부여하면서 박물관의 중심부를 빛으로 채운다.[17]

영국박물관 그레이트 코트에서의 재건된 파사드

임페리얼 월 뮤지엄 런던의 개조된 아트리움은 수직 이착륙 전투기, 제2차 세계대전 때의 영국 전투기, 독일의 로켓 포탄 등 크고 무거운 전시물들을 허공에 매달아 보여준다. 이 전시물들은 아트리움을 둘러싼 여러 층의 갤러리에서도 감상할 수 있다. 아트리움에서 종 방향으로 양편에 열 개씩 도열해 공중에 매달린 비행기들과 아트리움의 최상부에 추가된 1개 층의 갤러리를 지지하며 위로 치솟은 판형 기둥들은 고딕 성당 내부에서 느껴지는 상승감을 불러일으켜 건물의 고전적 성격에 동조한다. 포스터가 개입하기 전과 후의 아트리움 내부를 비교해보면, 역사적인 건물에 덧붙여졌던 이물들이 걷어지고 공간적·기능적 의미가 명쾌하게 드러나는 구조물이 추가됐음을 알 수 있다. 뚫려 있던 아트리움의 천창 아래에 매달린 새로운 갤러리는 그 아래에 있는 아트리움으로 들어오는 자연광의 양을 조절한다. 아트리움의 한 면에 보존된 기존의 벽돌 벽은 과거의 흔적을 지키며 내부에 건물

노먼 포스터가 개입하기 이전의 임페리얼 월 뮤지엄 런던 전시공간

노먼 포스터에 의해 개조된 임페리얼 월 뮤지엄 런던 전시공간

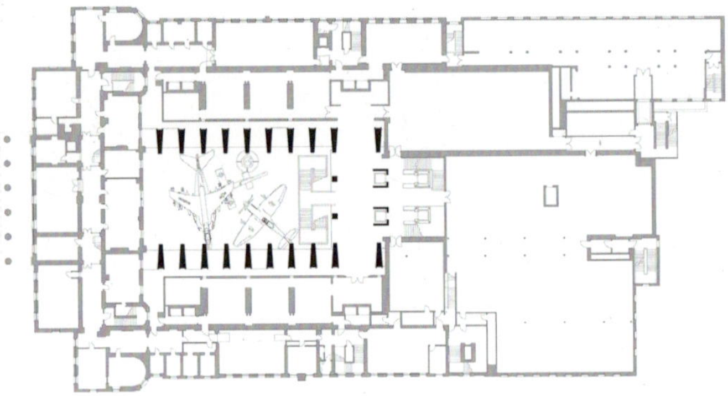

노먼 포스터에 의해 개조된 임페리얼 월 뮤지엄 런던의 3층 평면도

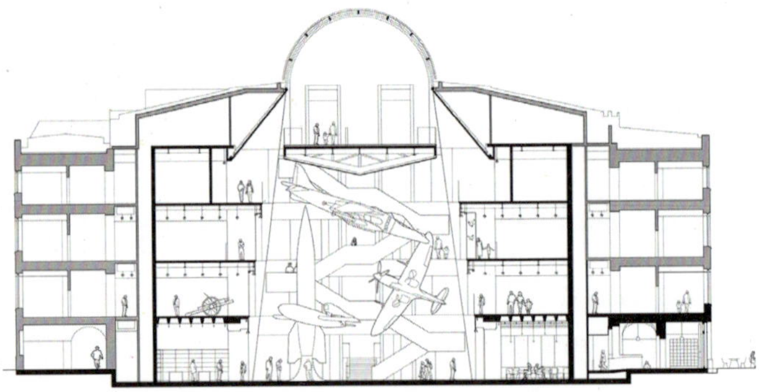

노먼 포스터에 의해 개조된 임페리얼 월 뮤지엄 런던의 전시공간 단면도

의 역사를 새긴다.

● 리노베이션 뮤지엄의 기술적 이미지 특성

새클러 갤러리는 역사적 건물 안에 오늘날의 개입이 어떻게, 얼마나 이뤄질 수 있는지를 보여주는 사례다. 중정으로 유입되는 자연광의 효과가 감소하지 않게 하려고 중정에 삽입된 계단과 엘리베이터에 간소한 철구조와 유리라는 현대 기술과 재료를 적용했다. 조각갤러리이자 환대공간에서 현대적 목적을 위한 오늘날의 재료를 적용한 것이 되살려낸 역사적 구조물의 재질 및 장식과 대비되어 기술적 면모가 부각된다. 회화갤러리를 포함해 자기주장이 강할 수도 있었던 이곳의 미니멀리즘은 오히려 오래된 벽돌과 석조건물에 경의를 표한다.

웸블리 스타디움의 아치

레드닷 디자인 뮤지엄 에센은 넓은 탄광 지역에 전기를 보급했던 보일러하우스의 원형을 보존하며 현대의 디자인 제품 전시의 배경으로 삼아 절묘한 대비 효과를 거둔다. 과거의 녹슬고 거친 설비들이 세련된 현대 디자인 제품들을 만드는, 보이지는 않지만 정교한 최신 기계의 지난 역사로 어우러진다.

스위스 리 본사

미국 건축가이자 시스템 이론가인 풀러와 함께했던 1970년대 협력 작업의 영향을 보이는, 19세기 겨울정원이나 아케이드를 연상시키는 그레이트 코트의 정교한 유리 캐노피는 기존 것을 돋보이게 하는 첨단기술 적용이라는 포스터 건축의 지향점을 확인시켜준다. 이곳의 기술력은 인근에 세워져 런던의 스카이라인 위로 치솟은 그의 작품들인 웸블리 스타디움Wembley Stadium의 아치1996-2007나 세계 1위의 재보험사인 스위스 리 본사Swiss Re Headquaters, 1997-2004, 시청사City Hall, 1998-2002와 카나리아 워프Canary Wharf의 마천

런던 시청사

루들2008-2015과 달리 자신의 존재를 뽐내지 않는다. 이곳이 뮤지엄이기에, 같은 시기에 그가 기존 건물의 중심부 대회의장 상부에 건물 위로 솟구치는 쿠폴라를 설치해 존재감을 드러낸 독일 국가의회 의사당Reichstag, Berlin, 1992-1999과도 다른 접근법이다.

임페리얼 월 뮤지엄 런던에서도 기술적 요소가 뚜렷하다. 앞서 거론된, 열 개씩 두 열의 수직 판형 기둥들과 함께 이 아트리움의 배경으로서 이 기둥들 밖으로 돌출되어 수직 동선을 가시화한 계단이 그러하다. 이 돌출계단은 방문자들이 각 층의 연대순 배열을 따라 더욱 즉각적으로 느끼고 깨달으며 보고 움직일 수 있도록 수직 동선을 변경한다. 제트기 같은 무거운 전시물들을 무심한 듯 가볍게 지탱하는 가느다란 금속 줄들과 하부 전시물에 직사광선이 비치는 것을 막으며 천장에 부유해 있는, 아틀리에 중심부의 상부에 추가된 층의 바닥같이 중력을 거스르는 인상을 주는 요소들이 현대 기술의 우월함을 드러낸다.

리노베이션 뮤지엄과 주변 환경의 조화와 기술적 이미지를 뮤지엄별로 정리하면 〈표 3〉과 같다.

독일 국가의회 의사당의 쿠폴라

〈표 3〉 노먼 포스터가 리노베이션한 뮤지엄들의 주변 배려와 기술적 이미지

<table>
<tr><th rowspan="2">뮤지엄 명</th><th colspan="3">주변 배려</th><th rowspan="2">기술적 이미지</th></tr>
<tr><th colspan="2">숨겨진 외부</th><th>내향적인 내부</th></tr>
<tr><td>새클러 갤러리</td><td rowspan="4">외부에서는 보이지 않는 새로운 개입</td><td>기존 구조물을 분석하고 드러내고 재정립함으로써 신과 구 사이에 평형과 공간적 조화 추구</td><td>내부화된 중정 및 '조각 산책로'의 복원과 대중으로의 개방, 규모와 분위기에서 기존과 회화 갤러리의 조화</td><td>난간과 바닥판이 유리로 된 철제 계단과 유압식 투명 엘리베이터, 조각 갤러리로 사용되는 입구 로비의 유리 바닥부터 반투명한 유리 피복까지의 모든 디테일</td></tr>
<tr><td>레드닷 디자인 뮤지엄 에센</td><td>오늘날의 미적 감각과 호응하는 기존 건물의 단순하고 평평한 외관</td><td>현대적인 디자인 물품을 전시하는 공간이 된, 쓰이지 않던 과거의 산업시설</td><td>오늘날의 최신 기술로 제작된 전시품들과 잘 대비되는 과거의 녹슬고 거친 기계설비들</td></tr>
<tr><td>그레이트 코트</td><td>보호된 '옥외' 로비 제공, 중정을 바라보는 원래의 파사드 복원</td><td>주변을 둘러쌓았던 서고들이 제거되며 드러난 원통형의 리딩룸 외벽에 기존 벽들과의 조화를 위해 입힌, 색이 옅은 스페인산 석회석</td><td>삼각 격자로 얽힌 채 둥그스름하게 위로 부푼, 총무게가 천 톤이 넘음에도 기둥 하나 없이 가볍게 중정 위에 떠 있는 유리 천장</td></tr>
<tr><td>임페리얼 월 뮤지엄 런던</td><td>서쪽 파사드에서 막혀 있던 1층의 창들이 열려 원형 복구</td><td>콘크리트 판형 벽의 수직성으로 인한 고딕적 상승감, 중앙 아트리움과 주변 갤러리들과의 시선 교류, 아트리움에 보존된 원래의 벽돌 벽</td><td>아트리움에 새로 추가된 20개의 수직적인 판형 기둥들과 돌출된 계단, 아트리움에 매달려 있는 거대한 오브제들에서 감지되는 높은 기술력</td></tr>
</table>

증축 뮤지엄에서의 기존 배려와 기술적 이미지

포스터에 의해 증축된 세 뮤지엄은 '증축'이라서 새로운 개입이 불가피하게 밖으로 노출될 수밖에 없다. 하지만 이때도 기존 건물의 모습에 최대한 맞추려는 시도가 보인다. 포스터가 자기과시의 성향이 강한 기술 지향적 건축의 일반적 면모와 달리 맥락을 존중하는 방안을 적극 강구했기 때문이다.

● 외관: 기존의 모습에 맞추다

조슬린 미술관의 증축은 기존 미술관의 구조와 외관을 존중하는 데서 출발했다. 중앙에 고전적인 주랑현관이 있는 좌우대칭의 원 건물 북측에 덧붙여진 증축부는 높이와 재료에서 기존을 따랐다. 외벽에서 2층 바닥 높이를 보이는 엷은 띠도 그대로 나타난다. 기존과 증축에 모두 조지아산産 대리석이 사용됐다. 포스터는 미국에 지어지는 자신의 첫 작품인 이곳에서 기술 지향적 건축 구사 능력을 맘껏 펼쳐 보일 기회를 마다하고 하이테크적인 구조 및 재료와 결별했다. 정면에서 봤을 때 기존 건물과 증축부는 불투명하고 무거운 두 볼륨 사이에서 뒤로 조금 물러난, 아트리움의 동측 유리 커튼월로 연결된다. 기존과 증축 건물 사이에 있는 아트리움의 투명성이 둘 사이를 이어주며 그곳에 추가된 새로운 부출입구 위치를 자연스럽게 알린다.

대규모이면서도 늘 공간이 부족해 확장을 거듭해온 보스턴 미술관에서 포스터는 중정이었던 미술관의 중심부에서 관람객들이 갤러리 순회를 시작할 수 있는, '크리스털 척추crystal spine'로 명명된 새로운 안내센터를 추가하고 오천 점의 작품을 상설 전시하는 53개의 전시실이 포함된 전시동을 증축했다. 이 동은 배치와 볼륨 크기 및 재료의 선택에 있어 로톤다가 있고 화강석으로 지어진 네오클래식 양식의 기존 미술관을 존중한다. 기존부와 증축부의 높이는 같다. 중심에 큰 볼륨을 두

증축된 조슬린 미술관 정면

고 양편에 작은 두 볼륨을 둬서 증축된 동이 마주 보는 포시스 웨이Forsythe Way에서 봤을 때 미술관의 기존 정면인 헌팅턴 애비뉴Huntington Avenue 쪽의 볼륨 구성과도 조화롭다. 작은 두 볼륨 자체와 창들의 크기도 기존 건물에 거슬리지 않는다. 크리스털 척추는 유리상자로서 기존 미술관을 긴장시키는 시선 경쟁을 벌이지 않는다. 조슬린 미술관 증축부와 달리 기존과 같은 외장재를 쓰진 않았지만 기존을 참조한 윤곽과 재료의 투명성, 비표현성으로 대응했다. 증축부의 각층 높이는 기존 미술관에 맞춰지고, 역시 기존 미술관처럼 기단 위에 올라섰다. 기존 미술관의 층 구별을 보여주는 돌림띠, 코니스 같은 수평적 요소들과 반복되는 창틀의 수직적 요소들이 증축부의 창 배치나 커튼월의 패턴에 반영되어 서로 다른 재료와 구축법임에도 동질감이 든다.

보스턴 미술관에서 노먼 포스터에 의한 증축부를 보여주는 그림

보스턴 미술관의 구관과 신관 사이

포시스 웨이에서 본, 노먼 포스터가 지은 보스턴 미술관 증축부

주 출입구 앞 정원을 품고 있는 렌바흐하우스의 원래 모습

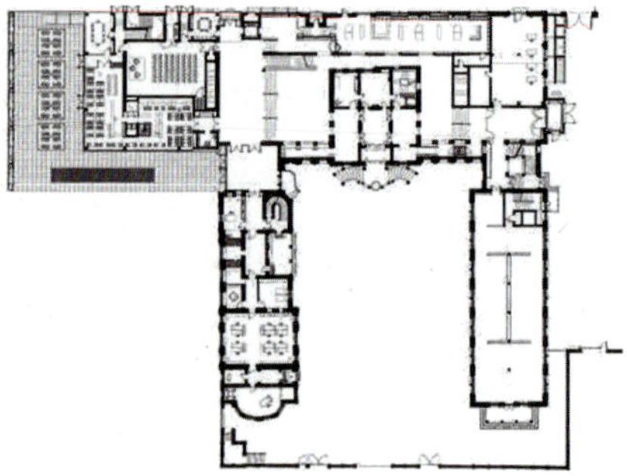

렌바흐하우스의 1층 평면도

렌바흐하우스는 1891년 독일 화가 렌바흐Franz von Lenbach, 1836-1904의 작업실 겸 저택으로 건립됐다. 1924년 시립미술관으로 지정됐으나 제2차 세계대전 때의 폭격으로 상당 부분 훼손되었다가 다시 복구되는 등 여러 차례 변화를 겪었다. 포스터는 먼저 동쪽을 향한 안뜰을 지닌 ㄇ형 평면배치의 남서쪽에서 1972년 뮌헨 올림픽에 맞춰 성급하게 증축됐던 이질적인 돌출부를 허물었다. 대신 그 자리에 새로운 볼륨을 덧붙이면서 이 증축부와 연결되는 기존 건물의 모서리에 전 층 높이로 트인 아트리움을 마련했다. 이 아트리움 쪽에 주 출입구를 신설해, 방문객이 폭증한 오늘날 주 입구로 기능하기 어려운 기존의 좁은 입구를 대체했다. 그 결과 미술관의 중심부에 있었던 원래의 주 출입구로 오가는 사람들로 붐볐던 앞뜰은 조용한 명상의 공간이 됐다. 전체 동선도 수정되면서 서

렌바흐하우스의 새 입구

로 다른 기간에 만들어진 공간들의 복잡한 시퀀스를 통합해 명료한 동선체계가 확립됐다. 레스토랑, 테라스, 교육시설, 전 층 높이의 아트리움 공간을 둬 사회적 공간으로 만든 것은 조슬린 미술관 증축에서와 같다. 기존 높이와 맞춘 증축부의 상부 갤러리는 미술관 내 최고의 작품들이 전시되는 '보석상자'로 기획됐다. 이곳의 외벽 마감재인 구리와 알루미늄이 합금된 금속 튜브는 본래는 백색이었으나 시간이 지나면서 황금색이 되어, 1929년 시립미술관으로 개관될 때 서로 다른 부분들의 건축적 통일성을 위해 외관 전체에 칠해진 황토색 및 그 감촉과 조응한다.

증축한 뮤지엄의 내부: 기존의 내부공간성 존중

포스터의 뮤지엄들에서 자신의 모습을 외적으로 감추거나 불가피하게 노출해야 할 때 기존에 최대한 맞추려는 겸양은 증축한 뮤지엄의 내부에서도 동일하게 나타난다.

조슬린 미술관 증축에서 포스터는 재료와 높이, 외부의 수평띠까지 기존 건물과 맞췄다. 기존부와 증축부가 무난하게 만날 수 있도록 둘 사이에 기존 미술관의 북측 길이 대부분을 차지하는 아트리움도 뒀다. 기존부와 증축부 사이에서 투명한 연결점이 된, 천장 전체가 열려 빛이 풍부한 이 아트리움 동측 2층에 있는 다리가 기존과 증축부를 잇는다. 카페가 들어서는 등 사회적 공간이 된 이곳의 1층에 새로운 부출입구를 둬 기존의 주 출입구를 보조하며 미술관 전체를 아우르는 공공장소가 마련됐다. 원래 외벽이었다가 증축으로 아트리움의 내벽이 된 기존 미술관의 북측 벽과 같게 증축부의 내벽도 조지아산 대리석으로 마감됐다.

조슬린 미술관에 새롭게 증축된 아트리움

보스턴 미술관 증축부의 전시실들은 크기나 분할법에서 기존의 방식을 따랐다. 방문객들은 기존 전시실들에서 사이에 끼워진 새로운 전시실들로, 다시 기존 전시실로 순차적으로 들어간다. 각 전시실의 넓이와 높이, 목재 바닥의 일관성 및 전시실 간의 연결방식이 기

포스터에 의해 증축된 보스턴 미술관의 새 전시공간

존 전시실들과 같아 아무런 이질감 없이 연속성이 유지된다. 외형에서 기존의 모습을 참조한 것처럼 새로운 전시공간을 구상하면서도 단면이나 평면의 변화를 통해 기존과 다른 공간성을 구축하고픈 욕구를 억누른 것이다.

렌바흐하우스 내부에 나타나는 기존과의 동화는 새로운 입구 홀과 연계해 새롭게 마련된 아트리움과 전시실 등 곳곳에서 발견된다. 미술관의 공적·사회적 심장부로서 더 넓은 도시와의 연계점인 '도시적 방urban room'으로 기획되어 동선을 모으고 분배하는 새로운 아트리움은 규모가 큰 작품을 수용하는 곳이기도 하다. 포스터에 의해 새로 꾸며진 갤러리들의 크기와 연결방식은 빌라의 가정적인 스케일에 호응한다. 여러 개의 작은 계단들로 바닥의 높낮이 차이가 있었던 것을

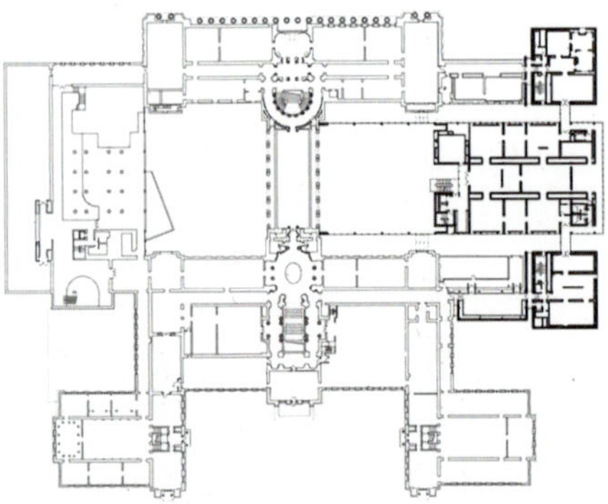

보스턴 미술관 2층 평면도. 진한 선이 포스터에 의해 증축된 부분이다.

없애고 바닥 높이를 층별로 같게 맞춰 이동의 편리성도 높아졌다.

● 증축 뮤지엄에서의 기술적 이미지

포스터가 증축한 세 뮤지엄에서 기술적 이미지는 기존의 고전적 건물의 특성과 다르면서도 조화로운 현대적 재료와 디테일에서 나타난다.

렌바흐하우스의 새로운 아트리움

조슬린 미술관 증축부는 기존 미술관의 형태와 외장재를 따랐지만, 기존 건물과 증축부 사이에 끼어든 아트리움에서 개방되고 자유롭고 융통성 있는 현대적 공간 성격을 볼 수 있다. 이 아트리움의 투명한 유리 커튼월과 마치 큰 갈매기들처럼 V형의 금속 프레임으로 지지되는, 전체가 유리로 된 아트리움의 천창이 무겁고 폐쇄적인 양편 볼륨 사이에서 공간을 단절시키지 않고 가볍고 투명하게 경계만 짓는 현대적 면모를 드러낸다.

렌바흐하우스의 전시공간

보스턴 미술관 증축부는 최신 기술이 선명한 재료와 구법을 적용했음에도 고풍스러운 기존과 잘 어울린다. 앞에서 언급한 대로 석재가 유리로, 조적조가 철골 구조로 바뀌어 기존의 장중하고 닫힌 면모가 가볍고 투명하게 바뀌었지만 단순한 상자형의 형태, 외관의 수평·수직적 요소 등의 공통 어휘를 지녔다. 높이 13미터의 유리 조각품을 품고 있는 아트리움이 높이가 낮은 기존의 다른 고전적 전시공간을 보완하며 새로운 중심부를 형성해 기존부와 증축부의 화해를 도모한다.

렌바흐하우스의 기술적 요소로는 기존 건물의 황토색 외장을 감안하면서도 새

보스턴 미술관의 구관과 신관 사이에 위치한 새롭고 모던한 아트리움

렌바흐하우스의 후면 파사드

로운 부분임을 알려주는 새 외장재인 증축부의 황동색 합금 패널이 제일 눈에 띈다. 이 합금 패널은 북서쪽 모서리에 새롭게 추가된 부분과 원래 2층 높이였던 건물 서측의 채광창 높이에 3층 갤러리가 추가된 리모델링 부분을 외관적으로 구분시켜준다. 전자에는 수직으로 요철이 있는 합금 패널이, 후자에는 평탄한 합금 패널이 덮여 있다. 기존 건물의 외벽 색을 고려한 동일한 재료지만 질감의 차이로 서로 다른 태생을 구별한 것이다. 이외에도 들어서며 뒤편의 창을 통해 잘 조경된 전경이 보이는 새로운 입구 홀과 천장에 큰 조각품이 매달린, 새로 제안된 백색의 아트리움 공간과 레스토랑 등이 있는 증축된 공간의 최신 실내 환경이 이 미술관의 품위 있는 고전성과 상충하지 않은 채 어울린다.

포스터에 의해 증축된 뮤지엄에서 주변을 배려한 기술적 이미지의 특성을 정리하면 〈표 4〉와 같다.

범주별 기술적 이미지와 주변 배려의 상호 연관성

지금까지 신축, 리노베이션, 증축 세 가지 범주로 구분해 살펴본 포스터의 뮤지엄들은 서로 다른 조건 속에서 범주별로 공통점을 발견할 수 있다. 먼저, 포스터가 신축한 네 뮤지엄에 나타난 기술적 이미지와 주변 배려에서 상호 연관성을 정리하면 〈표 5〉와 같다.

〈표 5〉는 포스터가 신축한 뮤지엄들이 리노베이션이나 증축한 뮤지엄들보다 상대적으로 더 자유로운 발상이 가능함에도 형태와 재료 선택에서 주변을 의식하고 존중함을 확인시켜준다. 주변 환경이나 프로그램을 고려해 과감한 구조나 지역에 순응하는 구조를 택하고 이에 걸맞은 현대적 재료를 적용하면서 공통으로 기존

〈표 4〉 노먼 포스터에 의해 확장된 뮤지엄들의 주변 고려와 기술적 이미지

<table>
<tr><th rowspan="2">뮤지엄 명</th><th colspan="2">주변 고려</th><th rowspan="2">기술적 이미지</th></tr>
<tr><th>외부</th><th>내부</th></tr>
<tr><td>조슬린 미술관</td><td>기존과 동일한 외부 재료, 높이, 각 층의 바닥 높이</td><td>기존부와 증축부 사이에서 새롭게 추가된 아트리움의 완충 역할, 기존부의 외벽 재료와 동일한 아트리움의 내벽 재료</td><td>열리고 융통성이 있으며 가벼운 현대적 아트리움의 유리 커튼월과 유리 지붕의 V형 금속 프레임</td></tr>
<tr><td>보스턴 미술관</td><td>기존에서 이끌어낸 높이, 크기, 외형, 외벽의 수평 및 수직적 요소</td><td>확장된 갤러리의 기존의 것과 동일한 크기, 형식, 분리와 연결법</td><td>금속 구조에 적용된 최신 기술과 새로운 아트리움 유리의 투명성</td></tr>
<tr><td>렌바흐 하우스</td><td>기존 건물의 높이, 외벽의 색, 외형 존중</td><td>새로운 아트리움을 담고 있는 기존의 외벽, 새로운 갤러리의 홀 크기 및 기존 빌라의 가정집 스케일과의 연결 방법</td><td>다른 질감으로 확장부와 개축부 외벽을 마감한 합금 패널, 확장부와 아트리움에서의 최신 인테리어</td></tr>
</table>

〈표 5〉 노먼 포스터에 의해 신축된 뮤지엄들의 상호 연관성

<table>
<tr><th rowspan="2">신축 뮤지엄</th><th colspan="2">기술적 이미지</th><th colspan="3">외부</th><th colspan="2">내부</th></tr>
<tr><th>구조</th><th>재료</th><th>볼륨</th><th>재료</th><th>패턴</th><th>대공간</th><th>전시공간</th></tr>
<tr><td>세인스버리 시각예술센터</td><td>과감한 구조</td><td>금속 패널과 유리</td><td rowspan="3">주변을 감안한 모양과 높이</td><td rowspan="3">새로우나 주변과 조화를 이루는 재료</td><td rowspan="3">주변의 반영</td><td>전시공간</td><td rowspan="2">현대적</td></tr>
<tr><td>고르주뒤베르동 선사박물관</td><td rowspan="2">지역에 순응하는 구조</td><td rowspan="2">콘크리트와 유리</td><td>전시공간과 입구 아트리움</td></tr>
<tr><td>카레 다르</td><td>중앙 아트리움</td><td>고전적</td></tr>
<tr><td>미국 항공뮤지엄</td><td>과감한 구조</td><td>프리케스트 콘크리트 패널과 유리</td><td colspan="3">주변에의 충격 최소화</td><td>전시공간</td><td>현대적</td></tr>
</table>

부와 형태 및 높이를 맞췄으며, 새로우나 주변과 조화되는 외장재를 선택했다. 내부에서는 지역 조건이나 전시물의 특성에 맞춰 주변 환경과 소통하면서 현대 공간으로서의 정체성을 견지한 대공간이 모두 도입됐다. 넓은 활주로와 밭들을 앞에

두고 주변과의 관계가 가장 느슨한 미국 항공박물관에서도 환경에 주는 충격을 최소화하려 했다.

포스터에 의해 리노베이션되거나 증축된 뮤지엄에 나타나는 개별적 특성들에서 내부와 외부에서 모두 포착되는 연관성을 하나의 표로 종합 정리한 것이 〈표 6〉이다.

리노베이션 뮤지엄들에서는 모두 새로운 개입이 외부에서 인지되지 않는다. 확장된 뮤지엄들의 증축부는 모두 기존 건물을 감안한 상자형에 높이와 재료, 패턴에 있어서도 기존과 같거나 이를 참조했다. 이렇게 두 범주 모두 이미 그곳에 있는 것들을 존중해 조형적 드러냄은 자제됐다. 보스턴 미술관 증축이나 렌바흐하우스처럼 증축부 외관의 재료가 기존과 다를 경우에도 기존과의 조화에 유의했다.

리노베이션 뮤지엄들과 증축된 뮤지엄들은 내부에서도 모두 주로 진입부나 전시공간으로 사용되는 큰 공간을 확보해, 복합화된 현대 뮤지엄에서 다기능을 보조하기에 미흡한 기존 입구 홀의 문제점을 해결했다. 또한 이 대공간들은 하나같이 기존의 고전성과 현대성을 함께 담고 있어 과거와 현재의 대비를 드러낸다.

원형 보전의 개념이 더 강한 리노베이션 뮤지엄에서는 본래의 진입부와 주 출입구를 그대로 활용했다. 증축의 기회를 얻었을 때는 아예 새 출입구를 내거나 부출입구를 신설해 주변과의 연계성을 높이고 내부 동선체계를 개선했다. 리노베이션과 증축 두 범주 모두 전시공간에서만큼은 원래 전시공간의 공간성을 고수했다. 두 범주의 뮤지엄 모두에서 구조미로의 시선 끌기를 자제하고 섬세한 디테일이 돋보이는 오늘날의 기술과 재료를 적용해 과거의 건물을 시간을 품은 오늘의 새 건물로 변모시켰다.

지금까지 기술 지향적인 건축가 포스터가 설계한 뮤지엄들이 신축과 리노베이션, 증축의 모든 범주에서 예외 없이 오래된 것과 새것을 어떻게 연관 지어 더 풍요로운 결과물을 얻을 수 있을 것인지 집요하게 탐구한 결과물임을 봤다. 기술적 이미지를 고수하면서도 내·외부에서 기존의 고전적 맥락과 조화로운 뮤지엄이 추구됐음을 확인했다. 포스터가 맥락적 적응을 위한 조처들에 능숙한 건축가라는 점을 감안하더라도, 기술성을 중시한 까닭에 그가 계획한 다른 유형의 건물들에서는 자

〈표 6〉 포스터에 의해 리노베이션되거나 확장된 뮤지엄들의 상호 연관성

<table>
<tr><th colspan="2" rowspan="3">주변을 배려한 뮤지엄</th><th colspan="5">외부</th><th colspan="3">내부</th><th rowspan="3">기술적 이미지</th></tr>
<tr><th rowspan="2">외관</th><th colspan="2">볼륨</th><th colspan="2">재료</th><th rowspan="2">새로운 사회적 공간</th><th rowspan="2">진입</th><th rowspan="2">전시 공간</th></tr>
<tr><th>형상</th><th>높이</th><th>재료</th><th>패턴</th></tr>
<tr><td rowspan="4">리노베이션 뮤지엄</td><td>새클러 갤러리</td><td rowspan="7">원본을 존중하고 자제한 외관</td><td colspan="4" rowspan="4">밖에서는 보이지 않는 새로운 개입</td><td>두 기존 건물 사이</td><td rowspan="4">이전과 동일</td><td rowspan="7">원래의 공간 성격 유지</td><td rowspan="4">기존과 새로운 개입 사이의 구조, 재료와 공간성의 대비를 통해 각자의 특성을 고양하는, 절제됐으나 앞선 기술 사용</td></tr>
<tr><td>레드닷 디자인 뮤지엄</td><td>원래의 공장 안에</td></tr>
<tr><td>그레이트 코트</td><td>지붕이 씌워진 중정</td></tr>
<tr><td>IWM 런던</td><td rowspan="4">새로운 아트리움</td></tr>
<tr><td rowspan="3">확장된 뮤지엄</td><td>조슬린 미술관</td><td rowspan="3">상자형</td><td rowspan="3">기존과 동일</td><td>기존과 동일</td><td rowspan="3">기존을 따름</td><td rowspan="2">새로운 부출입구</td><td rowspan="3">증축부에서 구조의 특이함 절제, 그 안에 앞선 기술과 새로운 재료가 압축된 아트리움 같은 크고 현대적인 공간 제공</td></tr>
<tr><td>보스턴 미술관</td><td rowspan="2">기존과 다르나 조화로움</td></tr>
<tr><td>렌바흐 하우스</td><td>새로운 주 입구</td></tr>
</table>

주 나타나는 형태적 드러냄이 뮤지엄 건축에서만큼은 예외 없이 자제됐다.

뮤지엄 건축에 대한 포스터의 이와 같은 접근방식은 대지가 건축가의 감성과 지성에 주어지는 자양분임을, 건축의 토대임을 그가 명심했음을 보여준다. 자식이 부모의 유전자를 전수받듯이 대지에서 추출된 특성을 건축에 잘 담기를 원한 포스터는 특히 지난 시간을 보듬는 그릇인 뮤지엄 건물이 과거가 축적된 환경에 순응하는 것이 바람직하다고 여긴 것이다. 그러면서도 내·외부 곳곳에 심어진 기술 지향적 현대성은 시간의 차이에 따른 갈등이 아닌 상호보완에 의한 통시성을 보여주면서 과거와 현재를 상생하게 한다. 시간을 품은 이웃을 주의 깊게 배려하면서도 과거를 모방하지 않고 현대성을 드러내는 기술과 재료, 간소한 면모 등을 제시해 시간을 초월한 문화 전달자로서 뮤지엄 건축의 위상을 살려냈다.

프랭크 게리

Frank Gehry

Frank Gehry

프랭크 게리의 대중화된 문화로서의 뮤지엄

프랭크 게리는 형태미 추구의 극단에 서 있는 건축가다. 그는 상자형의 현대 건물은 따분하고 느낌과 열정과 사랑이 결여됐다며, 건축으로 치지도 않는다고 말한다. 대신 비행기와 자동차처럼 우리가 사는 세상의 빠른 움직임을 반영하기 위해, 게리는 정지해 있지 않고 마치 여성의 몸처럼 열정적인 유기적 곡면의 건축을 설계한다.[1] 게리의 이런 의지와 독특한 조형 성향이 낳은 결과물로서 그의 건축관이 반영된 뮤지엄들이 현대 뮤지엄 건축의 다양한 경향에 비춰 어떠한 자리매김을 하는지 궁금하다. 그 건축적 특성을 헤아려보고 현대 뮤지엄 건축에 무슨 의미를 지니고 있는지를 확인해보자.

게리가 설계해 완공시킨 뮤지엄은 〈표 1〉과 같다. 이 중 게리 특유의 조각적 건축과 무관한 초기 작품으로 수족관이기도 한 카브리요 해양박물관, 그리고 1984년 로스앤젤레스에서 개최된 올림픽에 즈음해 준공하려다 공사가 늦어진 로스앤젤레스 현대미술관을 대신해 급히 두 개의 넓은 창고를 현대미술 전시공간으로 개조한, 게리가 "내가 한 일이라곤 바닥을 청소한 것뿐"[2]이라고 말하는 템퍼러리 컨템퍼러리는 논외로 한다. 게리는 이외에도 노턴 사이먼 미술관 리모델링과 필라델피아 미술관 지하 확장 공사 및 건물 리노베이션 등을 주도했고 다수의 실현되지 않은 뮤지엄 계획안을 남겼다. 아부다비 구겐하임은 2011년 착공됐으나 여러 이

〈표 1〉 프랭크 게리가 설계해 완공된 뮤지엄

뮤지엄 명	장소	건립연도
카브리요 해양박물관(Cabrillo Marine Museum)	San Pedro	1977–1979
캘리포니아 항공우주박물관(California Aerospace Museum)	LA	1981–1984
템퍼러리 컨템퍼러리(Temporary Contemporary)	LA	1983–1984
비트라 디자인 뮤지엄(Vitra Design Museum)	Weil am Rhein	1987–1989
프레데릭 와이즈만 미술관(Frederick R. Weisman ArtMuseum)	Minneapolis	1990–1993
빌바오 구겐하임(Bilbao Guggenheim)	Bilbao	1991–1997
음악 체험 프로젝트(Experience Music Project)	Seattle	1995–2000
마르타 헤르포르트(MARTa Herford)	Herford	1998–2005
온타리오 미술관(Art Gallery of Ontario) 증축	Toronto	2004–2008
오오키프 미술관(Ohr-O'keefe Museum of Art)	Biloxi	2004–2010
창조를 위한 루이뷔통 재단(Fondation Louis-Vuitton pour la création)	Paris	2006–2014

유로 일시 중단되기도 해 아직 완공되지 않았다.[3]

게리가 설계한 독특한 뮤지엄들의 특성을 제시하고 현대 뮤지엄 건축에서 갖는 위치와 의미를 도출하기 위해 다른 건축가들의 뮤지엄을 얘기할 때는 없어도 괜찮았던 분석틀을 활용하고자 한다. 이를 위해 현대 뮤지엄 건축의 흐름을 다룬 뉴하우스의 저서 『새로운 뮤지엄을 향하여』[4]와 현대 뮤지엄을 여덟 가지 경향으로 분류한 몬타네르의 저서 『21세기를 위한 뮤지엄』[5], 몬타네르의 분류를 참조해 미술관 건축의 현재상을 일곱 가지 경향으로 제시한 김은경의 논문[6]을 비교 분석해 현대 뮤지엄 건축의 경향을 여섯 가지 범주로 나누고 각 범주별로 나타나는 상반적 양상을 〈표 2〉에 정리했다. 이 현대 뮤지엄 건축의 경향 중 게리의 뮤지엄과는 무관한 확장성과 존재에 관한 논의는 제외하고, 나머지 네 범주를 내용 전개의 얼개로 삼아 게리의 뮤지엄에서 겉으로 부각되는 형태적 특성과 아울러 사회적·환경적·공간적 의미까지 들여다보고자 한다.

〈표 2〉 현대 뮤지엄 건축의 경향

구성	명확	상자 또는 화이트 큐브(white cube)의 진화
	복합	콜라주 박물관(Collage museum)
형태	중시	환경예술로서의 뮤지엄(Museum as environmental Art) 비범한 유기체로서의 뮤지엄(Museum as an extraordinary organism) 예술품으로서의 뮤지엄
	거부	미니멀리스트 오브젝트(Minimalist object) 형태를 거부하는 뮤지엄, 임페리얼 전쟁 박물관(Imperial War Museum)
환경	공적	오락으로서의 뮤지엄(Museum as entertainment) 뮤지엄의 역할 진화
	사적	전문 뮤지엄(Monographic museum) 맞춤형 뮤지엄
공간성	신적	거룩한 장소로서의 뮤지엄(Museum as sacred space) 미니멀리스트 오브젝트(The minimalist object)
	대중적	환경예술로서의 뮤지엄(Museum as environmental art) 오락으로서의 뮤지엄(Museum as entertainment) 비범한 유기체로서의 뮤지엄(Museum as an extraordinary organism)
확장성	성공	날아오르는 날개(Wings that fly)
	미비	날지 못하는 날개(Wings that don't fly)
존재	변이	주제로서의 뮤지엄: 예술가의 대체 공간(Museum as subject matter: Artist's alternative spaces) 체제를 거부하는 뮤지엄
	비존재	가상박물관(Virtual museum)

게리의 건축관과 그의 뮤지엄들

로스앤젤레스LA 건축가

스페인 건축가 라파엘 모네오Rafael Moneo, 1937-는 누구든 게리에 대해 말하려면 우선 그가 건축가로서 활동하는 도시인 LA에 대해 언급해야 할 것이라고 단언했다.[7] LA에서 일하는 건축가가 모두 게리처럼 작업을 하지는 않지만, 독특한 도시환경이 그의 작품 성향에 영향을 미쳤음은 분명하다. 모네오는 이 도시의 인종적인 다원주의와 도시적 무상성으로 인한 끊임없는 변화 덕분에 LA가 규준에서 자유로워진 비규준의 세계가 되었다고 보았다. 영구한 탈바꿈의 상태에서 어떠한 고정된 기준이 없는 다양성의 도시에 살면서 게리가 주변 환경의 틀 속에 갇히지 않고 유형학적 범주를 넘어서서 한시성, 무상성을 표출한다는 것이다.[8] 실제 후기 근대적인late-modern 방식으로 공업재료를 사용해 포스트모던 식의 복잡한 공간을 개발한[9] 다원주의적 성향과 정합적 완결형을 거부한 채 원시적이고 생경한 재료를 기울여서 붙여가는 일시성이 게리 건축의 특징이 됐다.

게리 자신도 LA라는 도시가 자신에게 끼친 영향을 인정한다. LA는 화창한 빛과 온화한 기후, 광활한 공간, 게리가 정착할 당시의 성급하고 소란하면서도 충만했던 개척자 정신, 넘치는 에너지와 비상하는 아이디어, 뭔가 해보려는 넘치는 의지, 유대인 핏줄로 토론토에서 태어나 성장기를 보낸 그가 캐나다에서는 느낄 수 없었던 자유로운 해방감을 만끽했던, 질곡의 역사가 없는 신천지 도시였다.[10] 전통적 방식과 단일한 양식으로의 통일을 거부하며 미국이 신봉하는 개인주의를 건축에 반영한 게리의 얼굴이 "다르게 생각하라Think different"는 애플의 슬로건 광고판에 실릴 정도로 그의 독창성은 주목받고 대중성도 인정받았다.

게리는 자신의 남다른 건축관을 그대로 뮤지엄 건축에 적용했다. 따라서 게리의 뮤지엄들도, 리처드 마이어의 뮤지엄들이 그런 것처럼, 외관상 자신이 설계한 다른 유형의 건물들과 쉽게 구별되지 않는다. 하지만 그는 그곳이 뮤지엄임을 알리기 위한 별다른 궁리를 하지 않는다. 그렇다고 미스 반데어로에처럼 그래야 할

샤이엇데이 본사

필요성이나 그럴 가치를 느끼지 않아서가 아니다. 그의 건축 작품 대부분은 건립된 장소에서 눈길을 끄는 도시적 오브제로 작동한다. 그곳이 뮤지엄이라는 별도의 시그널을 주지 않아도 이미 방문객의 호기심을 자극하면서 현대 뮤지엄 건축의 다양한 경향에서 뚜렷하게 자기 색깔을 드러낸다.

게리는 자칫 자신의 작품이 희화화될 소지가 있음에도 개의치 않고 캘리포니아 항공우주박물관의 전면 외곽에 전투기 모형을 매달았다. 샤이엇데이 본사건물Chiat/Day Building, Venice, CA, 1985-1991의 건축주는 상당 부분 설계를 진행한 게리에게 주 출입구를 어떻게 만들 거냐고 질문했다. 게리는 건축주 회사의 생산품과는 무관한, 마침 옆에 놓여 있던 팝 아트 조각가 올던버그Claes Oldenburg, 1929-가 디자인한 빨간 쌍안경을 모형 앞에 놓았고, 건축주의 마음에 들어 즉석에서 그렇게 하기로 결정되자 올던버그에게 제작을 의뢰했다.[11] 이런 게리의 즉흥성과 과감함을 그 사회는 용납하고 실현시킨다. 이런 구속되지 않은 도시적 활기와 자유로움의 산물인 게리의 건축관은 뮤지엄 건축에 그대로 반영되어 독특한 뮤지엄들이 탄생했다.

조각적 건축, 파편화와 단일성

조형성이 돋보이는 게리의 작품에 대한 철학적 배경으로 현대건축에 적잖은 영향을 끼친 프랑스 철학자 들뢰즈의 이론 등이 거론되곤 한다. 그중 '주름pli' 개념이 특히 그러하다. 빠르게 변모하는 세계 인식을 예민하게 포착해 현실에 반영하기 위해 종합적·함축적으로 설명해줄 수 있는 철학적 개념에 주목하고 거기서 다양한 영감을 이끌어내고자 현대 건축가들이 기울인 노력 중 하나로 여겨지는 것이다. 주름 개념은 동일성의 시각이 아닌 차이와 생성의 관점으로 이 세계를 파악한다. 이 개념은 형상과 배경, 내부와 외부, 대지와 건물이라는 전통적인 이분법을 거부하고 이들을 하나의 주름 잡힌 표면으로 통합하려는 경관 건축landscape architecture과 가장 잘 결합된다.[12] 형태와 의미를 위한 중성적 은유 매체로서 게리가 즐겨 사용하는 주름진 휘장drapery은 들뢰즈가 말한 바로크 개념과 사실상 동일한 것으로 여겨지기도 한다.[13]

하지만 게리는 자신의 작품에 내재된 영감의 근원을 난해한 철학적 이론이 아닌 조각과 그림 같은 예술과의 연관성에서 쉽게 설명한다. 베네치아 화파 창시자인 벨리니Giovanni Bellini, 1430-1516가 50여 년 동안 다수 그린 「성모자聖母子」에서 성모가 입은 옷의 주름, 네덜란드-프랑스 화가이자 조각가인 슬뤼테르Claus Sluter, 1340?-1406가 조각한 「대담왕 필립의 무덤에서 나온 문상객」의 얼굴에 덮인 천과 긴 예복의 주름,[14] 얀 베르메르Jan Vermeer, 1632-1675가 1662년에 그린 「물 주전자를 들고 있는 젊은

「성모자(聖母子)」, G. Bellini, 1488년

「물주전자를 들고 있는 젊은 여인」, Jan Vermeer, 1662년

여인」에서 여인이 쓴 주름 잡힌 숄[15] 등에서 큰 영감을 받았음을 게리는 밝혔다. 이외에도 그는 많은 예술가와 긴밀한 관계를 유지하며 그들 작품에 나타나는 물성과 장소성을 자신의 작업에 반영했다.

게리 작품의 특성인 파편화와 단일성이라는 두 모순적인 상황은 사용된 재료와 그 결과물인 형태 둘 다에서 나타난다. 그의 초기 작품을 대표하는 게리 자택Santa Monica, -1978은 공업적 토착성이 엿보이는 철망, 골함석판, 미송합판 등 아직도 공사가 진행 중인 듯한 재료들을 경사지게 노출시켜, 정합적이고 완결된 형태가 아닌 진행형의 임시성이 부각됐다. 본체는 한 덩어리지만 이러한 재료의 이질성과 구조적 생경함은 콜라주 같은 키치적 파편성에 의지한다. 반면에 트랙트 주택 계획안Tract House, -1982이나 윈턴 게스트 하우스Winton Guest House, 1982-1987에서 주거의 원형을 탐구한 결과, 프로그램 용도별로 각각의 기하학적 형태를 부여한 후 이들을 가까이 모으면서 긴장을 유발해 충돌을 일으킨다. 이러한 작업에서 보이는 나뉜 볼륨의 파편화 아이디어는 각각의 장소가 가지는 특이성을 담아내어 차이를 생성시킴으로써 독립된 정체성을 가진 각 부분이 예상치 못한 공간을 창출한다.[16]

프랭크 게리 자택

윈턴 게스트 하우스

이런 게리 건물들의 파편화 특성은 현대문화에 대한 정신적·사회적 비평으로, 또는 개인의 특이성이 구체화된 사례로 여겨진다.[17] 파편화로 인한 유별난 특성에도 불구하고 게리는 이후에 거론될 이유들로 인해 나름 프로그램에 충실한 건축가로 인정받는다. 파편화가 미학적인 문제에만 국한된 것이 아니라 이를 통해 프로그램을 자유롭게 분석할 수 있고, 자주 실패하기는 했지만 예산에도 충실하고자 애쓰며 건축주의 바람에 응하기 때문

캘리포니아 항공우주박물관

이다. 작은 단위로의 프로그램 분할 단계에서 그만의 건축언어가 반영되고 개념이 형성되어 단순히 분열 자체가 목적이 아님을 보여준다.[18]

게리의 뮤지엄들 중 이런 볼륨의 분절화에 관심을 두던 1980년대에 여러 볼륨이 집적된 이미지로 설계된 캘리포니아 항공우주박물관과 비트라 디자인 뮤지엄은 파편성에서 단일성으로 이행되는 과정을 보여준다. 이 두 뮤지엄은 외관상 기울어지고, 이형이거나 다각형의 볼륨들이 내부 용도와의 관계를 고려해 배치되어, 다른 여러 종류의 방들이 별도의 기하학적 볼륨으로 구상된 일련의 주택 계획안들과 일견 관계있어 보인다. 하지만 캘리포니아 항공우주박물관은 거대한 격납고 같은 통합된 내부 전시공간을 지녔다. 비트라 디자인 뮤지엄은 재료의 다양성을 없애고 조적공사 후 외부를 백색 치장벽토로 감싸 통합성을 드러냈다. 연속적이고 움직임을 중시한 이 두 뮤지엄은 내부공간의 실체가 그대로 외부형태로 표출됐다.

게리는 노출 구조나 건설과정의 표현에 힘쓰다가 앞서 언급된 두 뮤지엄처럼 추상적인 건축 오브제에 관심 갖게 된다. 1991년부터 디지털 기술을 적극적으로

비트라 디자인 뮤지엄

도입한 그는 스케치에 이어 거듭된 모형을 제작하던 작업방식에서 한 걸음 더 나아가, 유기적이고 주름 잡힌 다양한 곡면을 컴퓨터를 이용해 맘껏 실험할 수 있게 됐다. 물론 이때도 계속 모형을 만들며 확인했다. 프로그램에 응하면서 산개되거나 집합된 볼륨들이 파편화됐지만, 하나의 재료로 단일성이 느껴지는 뒤틀린 3차원적 곡면으로 덮는 방식을 적용하기 시작한 것이다. 이때 사물이 이뤄지는 방식에 관심을 가진 게리의 직관이 발현된다. 이 경우 내부에서 홀이나 이동 통로가 아닌 특정 용도가 주어진 별도의 전시실들은 외관과 달리 내부에서 육면체의 단정한 볼륨을 흔히 갖는다. 내부공간의 모습이 그대로 외관이 된 캘리포니아 항공우주박물관이나 비트라 디자인 뮤지엄과는 다른 양상이다. 특정 용도의 전시실을 둘러싼 면들 위에 별도의 외피가 씌워졌기 때문이다.

유리를 입은 루이뷔통 재단을 제외하면 주로 금속판을 외장재로 한 실험적 시도로 설계되었다. 이는 이후 그의 많은 건물에 사용한 파격적이면서도 조각적인 설계 아이디어를 일찍이 보여준 사례인 비트라 인터내셔널 본사건물Vitra International Headquaters, Basel, 1988-1994에서 시작되었고, 1990년 설계된 와이즈만 미술관과 연이어 설계된 빌바오 구겐하임 미술관을 거쳐 루이뷔통 재단에서 정점에 달했다. 게리는 다양한 볼륨(매스)들을 통합하는 새로운 조형적 가능성을 열었다. 그는 끊임없이 이어지는 연속성의 움직임을 만들어내는 자동차의 이음 속에서 다원주의를 표출하

비트라 인터내셔널 본부

며 살아가는, LA에서 작업하는 건축가다. 단일 재료인 곡면의 금속이나 유리 패널에 의해 하나의 커다란 볼륨으로 인식되면서도 점차 세분화되는 입면의 물결치는 파편들은 건축 속에 움직임을 담으려는 게리의 욕구를 형상화한다. 이 특이한 형태의 산물인 이질적이면서 변화가 많은 내부공간 또한 호기심을 발동시킨다. 전시공간으로서의 적절성에 대한 논란이 야기될 수도 있는 역동성을 내포하고 있다.

이렇게 공사가 덜 끝난 듯한 가설용 이미지의 재료들을 이용한 표피적 단편화와 각각의 기능을 담은 공간들을 별도의 형태로 분리한 볼륨상의 단편화를 거쳐 하나의 규모 있는 건물을 파동 치는 외피로 감싸 파편화의 인상을 일으키는 시도가 주는 의미는 뒤에서 다시 살펴볼 것이다.

이면성, 정형과 비정형의 조합

앞에서 한스 홀라인이 설계한 압타이베르크 미술관이 형태, 재료, 공간성, 색채, 빛에서 이면적인 특징이 있음을 살펴봤다. 게리의 뮤지엄들도 형태와 재료, 공간성에서 이면성을 보인다. 부각된 형태적 특이성으로 인해 온통 비정형적일 것 같은 게리의 작품들 대다수는 의외로 평면에서 전반적인 격자형 정형성을, 외관에서 부분적 정형성을 동반하고 있다. 이 같은 작품 행태는 앞서 거론된, 실제로는 단일 건물인데 파편화된 인상이 강하게 느껴지는 데 일조한다.

게리 건축 작품의 평면 특성을 보면, 운동감 있는 외피들에 둘러싸였음에도 평면 대부분은 그런 외관이 무색하리만큼 평범한 장방형 공간들로 구성되어 있다. 이런 결과는 용도에 따라 다양한 크기와 비례로 이뤄진 여러 직각입방체들을 기능에 맞춰 쌓은 후 그 위에 경사지고 파동 치는 외피를 덮는, '안에서부터 밖으로 진행되는'[19] 게리의 작업방식에서 연유한다. 독특한 외관이 가장 눈에 띄지만, 건물을 잘 작동시키기 위해 기능들의 연관성에 소홀하지 않은 것이다. 진행과정을 보여주는 단계별 모형들과 게리의 언급도 이 점을 확인시켜 준다.

게리는 먼저 대지에서 얻은 영감을 바탕으로 단숨에 그린, 엉킨 선들이 난무하는 스케치로 직원들에게 여러 개의 모형을 만들게 하고 이를 다듬어 나간다. 어떤 때는 쌓인 직각입방체들 위에 임의로 마구 구긴 종이를 얹어 외관을 찾기도 했다. 게리의 건물들이 뒤틀리고 때로 왜곡된 모습을 가짐에도 평면에서 정형성을 갖는 것은, 프로그램의 기능적 요구에 대응하는 데 충실한 게리가 여러 개의 입방체 볼륨들로 공간적 요구를 우선 충족시키는 작업방식을 고수하기 때문이다. 그럼에도 때로는 내부에서조차 평면의 정형성을 인지하기 쉽지 않은 이유는 주로 천장의 형상에서, 또는 천장의 뒤틀린 운동감이 벽까지 연장돼 기울어지거나 굽은 벽, 가끔씩 기울어진 기둥의 모습이 시각적으로 강하게 다가오기 때문이다.

루이뷔통 재단 미술관의 표피 연구를 위한 게리의 스케치

게리의 대다수 작품들에서 부분적으로 나타나는 외관상의 정형성은 그 장소에 가보면 이유를 알 수 있다. 건물이 도시에서 차지하는 역할, 즉 공적인 것과 사적인 것에 대한 감각으로부터 비롯되기 때문이다.[20] 인접 건물이 가까운 곳에 있는 배면이나 측면에서 도시적 조화를 꾀하기 위해 관리구역 등이 들어 있는 정형적인 볼륨으로, 주로 방문객들이 사용하는 비정형적인 나머지 외관을 보완하는 것이다. 기존의 장방형 건물을 확장하는 뮤지엄의 경우에는 그 건물이 주변과의 조화에 일

루이뷔통 재단 미술관의 기능적 공간 볼륨을 집적시켜 놓은 모형

조하고 나머지 증축되는 부분에서 조형성을 드러낸다. 기존 건물이 가까이 있지 않는 경우는 다른 데 있었던 그 지역의 토속 주택을 옮겨오기도 하고 일부를 닮게 지어, 즉 재현을 통해 주변과의 조화를 도모하기도 했다.

게리의 뮤지엄에 한정시켜 보면, 규모와 위치에 따른 적용에서 융통성을 볼 수 있다. 캘리포니아 항공우주박물관은 물결치는 금속 외피로 덮는 작업방식이 정착되기 이전의 작품이다. 이 박물관은 인접한 과학 및 산업 박물관을 증축한 전시용 건물로서, 평면은 1:2.5 비율에 가까운 장방형의 장축 한 변에 다각형의 평면이 관입된 단순한 구성이다. 입면에서는 다각형의 평면이 기울어진 볼륨이 되고 상부에 삼각형, 구형, 육면체의 볼륨들을 올려놔 우주 공간의 역동성을 표현했다. 비트라 디자인 뮤지엄도 아래층에 있는 도서관과 두 전시실, 위층의 한 전시실은 장방형의 공간들이고 출입구와 수직 동선만 이형적이다. 눈길을 끄는 주 출입구, 만곡한 경사로와 원형 계단이 뒤편 공장 쪽을 제외한 세 면의 표정을 만든다. 각 전시실은 독특한 형상의 천창을 채택했다. 개성 있게 디자인된 의자라는 전시품의 성격이나, 푸른 잔디밭에 위치해 조각적 이미지를 추구하기에 적합한 대지 여건을 활용한 것이다.

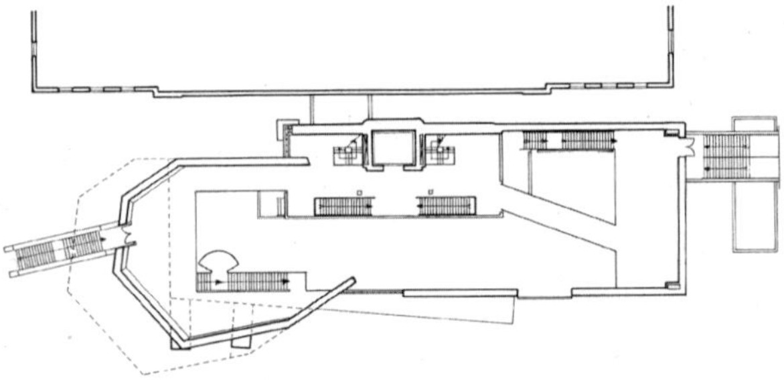
캘리포니아 항공우주박물관 평면도

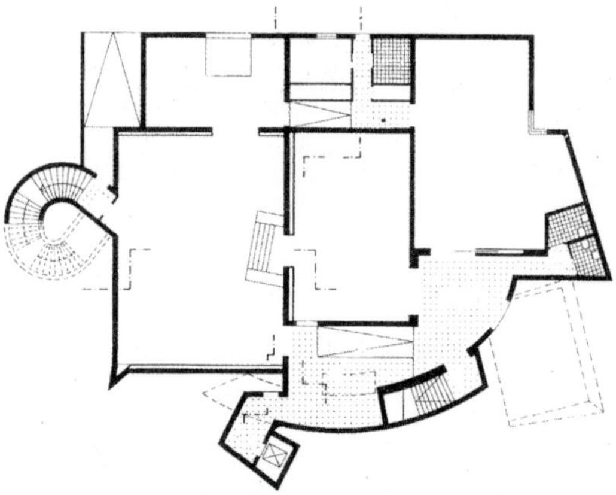
비트라 디자인 뮤지엄의 2층 평면도

와이즈만 미술관은 주 파사드로서 서쪽의 미시시피강을 바라보는 곳에 있는 서비스 시설 중 제일 바깥 얇은 켜만 이형적이고, 그 뒤의 넓은 전시공간들을 포함한 나머지 공간은 정형적이다. 그럼에도 강의 다리를 지나 이 미술관으로 접근하며 바라보는 서편 입면이 오후 햇빛을 받아 반짝이며 물결치고, 장방형 평면의 전시공간들도 천장의 빛 유입구가 조형성을 발휘해 자칫 정형적인 평면이 가져올 수 있는 경직성을 피했다.

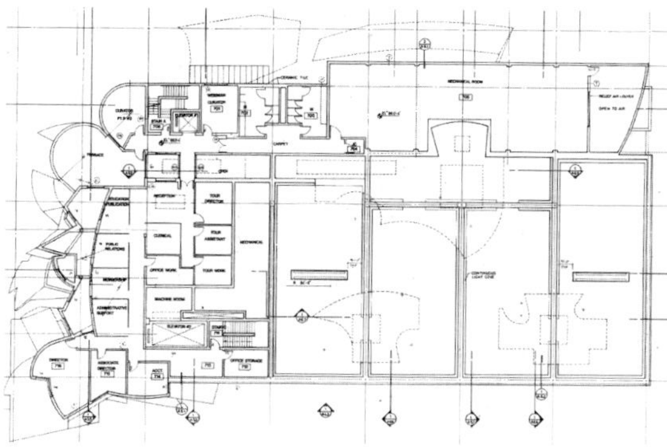

와이즈만 미술관의 전시층 평면도

빌바오 구겐하임 미술관도 자유로운 모습의 강변 쪽과 그 반대편인 도시를 향한 쪽의 정형적 평면과 형태를 함께 지니고 있다. 도시 쪽에서 보면 석회암을 입은 직각의 평탄한 볼륨이 티타늄을 입은 강변 쪽 곡선부의 움직임을 든든하게 보좌해준다. 이 정형적인 부분들은 미술관 관리구역이기도 하고, 이형적인 기획 전시공간과 곡벽을 지닌 생존 작가 전시실들과 대비되는 정사각형의 상설전시실들이기도 하다. 이렇게 두 개의 서로 다른 공간을 창조하고 각각에 기능적 논리를 부여해 한 공간에는 기하학적이면서 돌로 둘러싸인 공간에 근대 작품을, 자유로운 형태를 가진 티타늄 외장의 다른 공간에는 현대 작품을 전시하는 것이다.

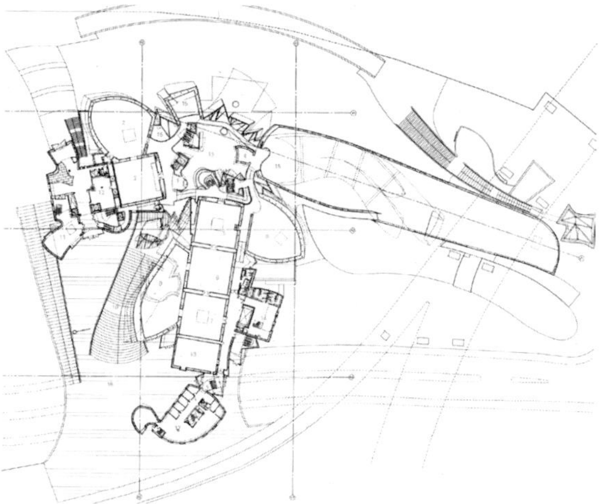

빌바오 구겐하임 미술관의 평면도

대지 안에 원래 있던 건물을 활용해 정형성을 드러낸 뮤지엄은 마르타 헤르포르트 미술관과 증축한 온타리오 미술관이다. 마르타 헤르포르트 미술관은 기울어지고 때로 곡벽이기도 한 중량감 있는 어두운 적벽돌 벽체가 밝은 스테인리스스틸로 된, 인근에 있는 아강river Aa의 흐름과 공조하며 물결치는 가벼운 지붕과 대조를

마르타 헤르포르트 미술관

마르타 헤르포르트 미술관의 주 입구

이룬다. 이렇게 벽과 지붕 전체가 두 가지 재료로 꿈틀거리는 미술관에서 게리는 정형성을 별도로 고안할 필요가 없었다. 1959년에 지어진 섬유공장 대지 안에 들어선 이 미술관이 기존에 있던 장방형 건물을 그대로 두고 갤러리로 활용했기 때문이다. 기존의 직각 건물을 재활용함으로써 정형적 요소가 저절로 생겨났다. 대지 제일 안쪽에서 갤러리를 품은 이 기존 건물은 정면에 스테인리스스틸로 만든 가면을 쓴 채 앞쪽 양편에서 진입로를 형성하는 비정형적인 건물들의 시위侍衛를 받는다.

증축한 온타리오 미술관도 마르타 헤르포르트 미술관처럼 기존 건물이 도시와의 기존 맥락을 유지한다. 대신 증축부에서는 137미터 길이의 완만하게 휜 튜브 같은 투명한 유리벽이 갈빗대 같은 목조 구조로 지지된 채 대지 위에 떠 있어 투명성과 역동성이 돋보인다. 적벽돌로 마감된 이 미술관을 1993년에 증축하며 다른 데로 옮겨졌던 주 출입구는 게리가 또다시 증축하면서 본래의 자리로 되돌아왔다. 게리는 자신이 태어났고 어린 시절을 보냈던 토론토에서, 자주 놀러갔던 외조부모 집과 두 블록 떨어진 곳에 있는 이 미술관을 8세 때부터 방문했던 기억을 생생히 간직하고 있었다. 주 출입구를 추억 속의 원래 위치로 되돌린 것이다.

온타리오 미술관 증축부

여러 동의 소규모 건물이 조합된 오오키프 미술관처럼 인근에 기존 건물이 없는 경우는 그 지역의 전통 건축을 미술관 내에 재현하기도 했다. 여섯 개의 별동이 가까이 모여 캠퍼스를 이루는 이 미술관에는 다른 데 있던 주택이 옮겨와 있기도 하다. 1895년경에 지어진 크릴 하우스Creel House는 미술관이 있는 '빌럭시의 작은 집Biloxi cottage'으로 알려진 그 지역 토속 건축의 좋은 예다. 2005년에 발생한 카트리나 태풍Hurricane Katrina 때 파손된 것을 이곳에 재건했다. 1887-1891년 사이에 지어진 리드 자료관Pleasant Reed Interpretive Center도 흑인 노예였던 리드가 남북전쟁 후 노예에서 해방되고 이주해온 집이다. 이 밖에도 백색의 치장벽토, 스테인리스스틸의 지붕과 캐노피를 가진 IP 카지노 리조트 스파 전시관IP Casino Resort Spa Exhibitions Gallery과 빌럭시 도자기센터City of Biloxi Center For Ceramics는 상자형 몸통에 지붕의 모습만 약간 변형시킨 정도다. 반면에 벽돌과 스테인리스스틸로 덮인 아프리카계 미국인 미술관Gallery of African-American Art, 벽돌과 스테인리스스틸에 토속 건축을 연상시키는 치장벽토 마감까지 있는 미시시피 사운드 환영 센터The Mississippi Sound Welcome Center, 스테인리스스틸로 마감됐으며 네 개의 조형적인 볼륨이 어울리는 존 S.와 제임스 L. 나이트 갤러리The John S. and James L. Knight Gallery는 이곳이 게리의 뮤지엄임을 알리려는 것처럼 눈길을 끄는 조형

온타리오 미술관 증축부

오오키프 미술관

오오키프 미술관의 크릴 하우스

오오키프 미술관의 미시시피 사운드 환영 센터 지붕에 있는 전망대

오오키프 미술관의 존 S.와 제임스 L. 나이트 갤러리

적인 형태를 드러낸다.

Experience Music Project(음악 체험 프로젝트, 이하 EMP)는 게리에 의해 성취된 작품 중 이러한 정형성이 없이 건물 전체가 이형적 평면과 형태를 가진 몇 안 되는 작품 중에서 뮤지엄에 해당하는 예다. 전시공간 면적이 3,500제곱미터인 EMP는 큼직한 하나의 건물이면서도 다섯 가지 색을 입은 여섯 덩이의 곡면 알루미늄 판과 스테인리스스틸 강판으로 덮여 있다. 이 분열되고 물결치는 형태는 EMP가 기리는 천재 기타 연주자이자 싱어송라이터 지미 헨드릭스 Jimi Hendrix, 1942-1970가 공연 중 명품 일렉트릭 기타인 팬더 스트레토캐스터 Fender Stratocaster를 부숴버려 산산조각이 난 이미지에서 영감을 받았다.[21] 미국 대중음악의 역사와 전통을 경험하고 음악을 만드는 과정에 참여해보고 위대한 음악을 경험하며 작곡과 연주의 비밀을 배울 수 있는 EMP는 전시, 기술, 미디어와 전수傳受 활동이 활기차게 뒤섞인 것에 걸맞게 평면과 형태 모두에서 꿈틀댄다. 전시와 공공 프로그램은 각 부분이 형태와 전체적 특징에서 결정적인, 3차원의 떠 있는 퍼즐로 구상됐다.[22] 미국 대중음악에 헌정된 목적도 그렇고, 1962년 시애틀에서 개최된 월드 페어를 위해 조성된 시애틀 센터 공원과 주변이 덜 개발된 대로로 둘러싸여 있어 정형적인 요소를 도입할 필요성이 적었을 것이다. 덩어리별로 다른 색과

도로를 면한 EMP의 외관

재료로 덮인 것은 당초에 검토됐던 순차적 건설 계획이나 입장료 구분 징수가 전제된 분리사용 계획 등에 대응하는 차원으로 이해할 수 있다.

루이뷔통 재단도 게리가 설계한, 외부적으로 정형성이 없는 또 하나의 미술관이자 예술센터다. 이 재단 미술관은 최첨단의 패션을 선도하려는 루이뷔통의 이미지를 건축에 반영하기 위해 건물 전체가 바람에 부푼 범선의 돛을 닮은 3,584장의 적층 유리 패널laminated glass panel로 덮였다. 이 유리 패널은 건축가가 그린 모양을 구현하기 위해 모두 다른 곡률을 지녔다. 1900년에 파리에서 개최된 만국박람회를 위한 전시장으로 세워진, 천장이 유리로 덮인 대궁전Grand Palais, H. Deglane, A.-F.-T. Thomas, A. Louvet & Ch.-L. Girault과 1893년에 대지 인근에 건설된 동물원인 순화원 Jarin d'Acclimatation 안에 있는 종려 재배용 온실의 유리 구조에서 영감을 받았다는 이 재단의 유리 표피는 마치 하늘에 떠 있는 구름 같다. 건물이 파리의 불로뉴 공원Bois de Boulogne 안에 자리 잡아 별도의 도시적 조화를 꾀할 필요 없이 전체에서 조형성을 거리낌 없이 드러낼 수 있었다.

파리 대궁전의 유리 지붕

루이뷔통 재단 미술관

게리의 뮤지엄들이 현대 뮤지엄 건축에 갖는 의미

콜라주 뮤지엄의 복합적 구성

현대 뮤지엄 건축의 두 가지 구성적 경향을 보면, 먼저 모던 정신의 순수미학을 바탕으로 한 백색 상자의 중립적·합리적 장점을 간직하는 동시에 융통성과 성장 가능성에 대비하고 기술과 정보가 어우러진 가볍고 투명한 뮤지엄을 지향하는 경향이 있다.[23] 또한, 이와 대조적으로 포스트모던의 영향으로 자율성, 개성, 장식성, 친근성을 도모하는, 상징적·은유적·수사적·해설적 기법이 가미되어 복합적 성향을 보이는 뮤지엄들이 있다.

여러 권의 뮤지엄 건축 책을 쓴 몬타네르는 후자인 콜라주 뮤지엄의 사례로 스털링이 설계한 슈투트가르트 주립갤러리 신관, 홀라인이 설계한 압타이베르크 미술관과 프랑크푸르트 근대미술관처럼 하나의 지배적인 동선이 없는 포스트모던적인 공간, 역시 홀라인이 설계한 뮤지엄으로 화산을 상징하는 콘 형상과 그 돌출된 형상만큼 깊숙이 파인 부분을 지닌 화산활동 유럽센터, 여러 전문가가 함께 협력해 형태와 색채, 재료 모두에서 파편들의 집합체가 된 그로닝언 미술관 Groninger Museum, A. Mendini, 1989-1995[24], LA 도심에서 광장과 안뜰을 둘러싸고 분산 배열 및 파편화된 볼륨들의 표현으로 정체성을 드러내는 이소자키의 로스앤젤레스 현대미술관 등을 들었다.[25] 이와 같은 파편들의 콜라주로서 이전보다 더 쾌락적이고

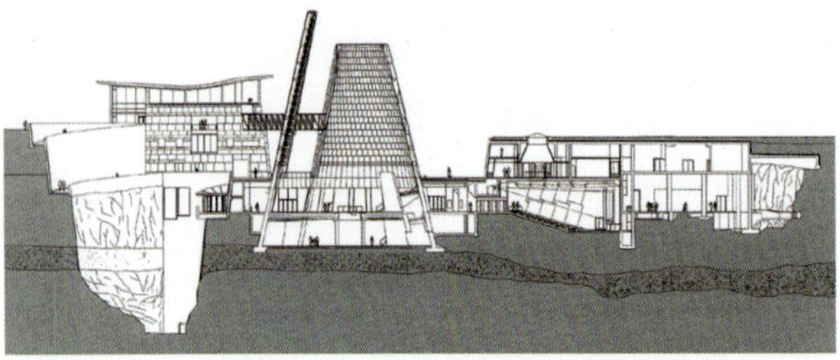

화산활동 유럽센터 단면도

그로닝언 미술관

〈표 3〉 재료와 형태에서의 정형성과 비정형성의 대조적 조합

형태의 대조	재료의 대조		특성
정형성	치장벽토(항공우주박물관)		땅에 착근된 안정감 보장
	적벽돌(와이즈만)		
	석회암(빌바오 구겐하임)		
	기존 건물	치장벽토(마르타)	기존 맥락의 유지/주변 환경과의 조화
		적벽돌(온타리오)	
		기존 토속 건물의 외장(오오키프)	
비정형성	함석판(항공우주박물관)		가볍고 날렵함으로 비정형성에 배태된 운동성 배가
	스테인리스스틸(와이즈만)		
	티타늄(빌바오 구겐하임)		
	적층 유리 패널(루이뷔통)		
	길고 휜 유리(온타리오)		
	스테인리스스틸(오오키프)		토속 건물들과 대조되는 게리 특유의 조형성
	적벽돌과 스테인리스스틸(마르타)		무겁고 조형적인 적벽돌 벽체와 인근 강의 흐름과 조화롭게 물결치는 스테인리스스틸 지붕

대중적이며 수다스러운 뮤지엄은 대중문화가 승리했음을 알린다. 뮤지엄이 더 이상 고급문화의 요새가 아닌 대중문화 산업의 유력자가 됐음을 상징하는 것이다.

이런 콜라주 뮤지엄의 특징은 게리 건축의 특성인 파편화 및 이면성과 합치되는 부분이 많다. 게리 뮤지엄의 구성상 복합적 경향은 〈표 3〉과 같이 재료와 형태에서의 정형성과 비정형성의 대조적 조합에서 가장 눈에 띈다.

형태에 적합한 재료의 구분 선택이 자연스럽게 게리 뮤지엄의 복합적 성격을 드러낸 것이다. 이때 게리 뮤지엄에서 부각된 구성 볼륨의 형태적 이질성은 콜라주 뮤지엄의 면모를 더욱 부추기는데, 뮤지엄마다 그 양상은 〈표 4〉처럼 조금씩 다르게 나타난다.

〈표 4〉를 보면 스털링이나 홀라인, 이소자키처럼 당시에 포스트모던적인 사고로 작업했던 건축가들에 의해 계획된, 복합적 구성의 대표 뮤지엄들에 적용된 볼

〈표 4〉 게리의 뮤지엄에서 부각된 구성 볼륨의 형태적 이질성

뮤지엄	특징
항공우주박물관	건물의 구성적 엄격성이 은폐될 정도로 별도로 보이는 볼륨들로 인한 고의적 불안정성
비트라 디자인 뮤지엄	외벽의 단일 재료와 색으로 인한 일체성 있는 볼륨들의 유희
와이즈만/빌바오 미술관	정형적 볼륨과 비정형적 볼륨의 형태 및 재료상의 구별과 금속 외피들의 역동적 파편성
EMP	각자의 용도를 내포한 형상, 외피 재료와 색채에서 여섯 덩이 볼륨의 변화
마르타 헤르포르트 미술관	여러 개의 서로 다른 볼륨들을 붙여놓은 것처럼 각자의 조형성이 느껴지는 무거운 적벽돌 덩어리들의 개별성을 연계시켜주는 물결치는 지붕
온타리오 미술관 증축	기존 건물과 구별되는 길게 휜 유리벽의 가벼움, 투명성과 역동성, 갤러리 남쪽 단부 새로운 날개의 파랗게 착색된 티타늄 입면과 뱀처럼 생긴 돌출된 계단실
오오키프 미술관	여러 동으로 분리된 캠퍼스형 미술관의 동별 형태적 이질성
루이뷔통 재단	불로뉴 숲 위에 뜬구름 조각 같은, 범선의 바람에 부푼 돛 같은 적층 유리 패널

륨, 재료, 색채의 콜라주 수법이 건축관이 전혀 달랐던 게리의 뮤지엄에도 적용됐음을 알 수 있다. 차이점이 있다면, 이 세 건축가의 파편성은 장방형, 피라미드, 반원통, 원통, 삼각형 입체, 콘 같은 기하학적 볼륨들의 위계적 조합에 기대고 전통적 재료에 기반을 뒀다는 점이다. 이에 반해 게리 뮤지엄의 해체적 성향이나 물결치는 표피의 전반적 적용은 그만의 특성으로 나타난다. 각 동이 모두 이름이 다르고 별도의 용도를 지닌 오오키프 미술관을 제외한 게리의 나머지 뮤지엄은 모두 한 덩어리의 건물이다. 그러나 볼륨의 해체 이미지가 지속되는 가운데 파편들의 콜라주 특성은 물결치는 외피를 대다수 건물에 입히기 시작한 1990년 이후의 게리 뮤지엄들에서 자동적으로 동반되고 강화됐다. 잡다한 요소들로 인한 갈등 유발을 주저하지 않고 역동적인 불안정성을 기대한[26] 캘리포니아 항공우주박물관에서 이미 시작된 게리 뮤지엄의 복합성은 이후 거론될 형태 중시 특성, 대중 위락매체로서 현대 뮤지엄의 역할 변화, 대중적 공간성 고취와 모두 연관되며 영향을 미쳤다.

조각적 형태: 랜드마크 역할을 하는 환경예술로서의 뮤지엄

브레겐츠 미술관

현대 뮤지엄 건축의 형태적 경향을 보면 전통적 뮤지엄의 부담감과 중압감을 줄이거나 시간의 경과와 기술적 근원을 초월하기 위해 뮤지엄의 필연적 형태를 모색하기도 하는, 형태를 거부하는(외관상 모습이 두드러지게 보이는 것을 자제하는) 뮤지엄들이 있다. 이에 해당하는 스톡홀름 근대미술 건축 박물관Moderna and Arkitektur Museet in Stockholm, R. Moneo, 1991-1998은 여러 개의 건물군처럼 파편화된 패턴을 취하고 각 볼륨의 크기와 외장재에서 인근의 공장과 조화를 이룸으로써 스스로 주변에 스며들어 존재감을 감소시켰다.[27] 스위스 건축가 페터 춤토르Peter Zumthor, 1943-는 자신이 설계할 브레겐츠 미술관Kunsthaus Bregenz, 1990-1997 앞에 있는 콘스탄스 호수lake Constance를 방문했을 때 수면 위의 아지랑이가 빛을 가시화시켜준 덕분에 산에서 내려오는 빛의 변화에 주목했다. 그는 호숫가 지역의 공기를 흡수하는 미술관을 만들기 위해 정사각형 콘크리트 구조물을 반투명 유리로 두 겹으로 감싸 물성을 약화함으로써 미술관을 초월적 존재로 보이게 했다.[28]

스톡홀름 근대미술 건축 박물관

이와 반대로 과감히 자신을 형태적으로 드러내어 눈길을 끄는 뮤지엄들이 있다. 형태를 과시하는 이러한 표현적인 뮤지엄은 주로 대지 환경이나 전시 프로그램과 관련해 선택한 형태의 당위성을 내세운다. 뉴욕 구겐하임 미술관을 시조로 이 같은 능동적 용기를 보여주는 뮤지엄은 전시품을 위한 배경으로 만족하지 않고 건축이 예술작품에 호응해 전체를 이루고자 한다. 또한, 어떤 특정 장소를 위해 만들어진 건축, 즉 환경적 건축으로서의 존재 이유를 모색하기도 한다. 이렇게 뮤지엄 자체를 3차원적 예술작품으로 확대하고자 하는 시도는 도시 맥락 안에서 장관을 연출해 도시 속의 랜드마크 역할을 하기도 한다. 앞서 뉴욕 구겐하임 미술관의 영향을 받은 뮤지엄들에서 거론된 것처럼 리베스킨트나 하디드, 칼라트라바같이 구조미를 중시하는 건축가들이 설계한 뮤지엄이 이런 특성을 공통으로 보인다.

게리의 뮤지엄들은 구조미를 부각시킨 이런 뮤지엄들보다 몬타네르의 현대 뮤지엄 분류에 나오는 '비범한 유기체로서의 뮤지엄' 개념에 더 가깝다. 독자적 유기체로서 특별한 현상으로, 예외적인 발생으로, 반복될 수 없는 경우로서의 뮤지엄을 시도하는 것이다. 그 결과 잘 정착된 도시맥락 안에서 충격효과를 노려 주변과는 근본적으로 다른 모습으로 존재하게 된다. 유일무이한 오브제가 되는 것이다.

게리는 많은 예술가가 중요한 장소에 자신의 작품을 두고 싶어 한다는 말을 자주 들었다. 그는 뮤지엄을 공동체 내에서 적어도 도시의 법원, 도서관, 콘서트홀과 동급으로 중요한 장소로 봤다. 뮤지엄 건물 자체가 우상 같은 존재까지 돼도 예술품을 보잘것없이 만드는 것이 아니라 오히려 가치를 높여준다고 여겼다.[29] 비범한 유기체로서 뮤지엄의 바탕에 깔린 소신으로서 이견의 소지가 있는 이런 생각은 감동과 느낌이 있어야 건축이라고 보며, 장식 대신 움직임으로 감동을 불러일으키려는 게리의 건축 의도에 근거한다. 그는 자신의 성향과 상반되는 미니멀리즘이 매우 차가우며 그 또한 장식성의 한 방편일 뿐이라고 폄하한다.

〈표 5〉는 마르타 헤르포르트 미술관, 온타리오 미술관 증축과 오오키프 미술관같이 기존의 건물을 재활용하면서 영향을 주고받는 경우가 아니면 시기적으로 뒤로 갈수록 게리 뮤지엄의 조형성이 더욱 강조되고 있음을 확인시켜준다. 캘리포니아 항공우주박물관에서는 아직 직각의 상자가 기준이 되고 우주의 혼돈을 상징

〈표 5〉 게리 뮤지엄에서 점차 강화되는 조형성

뮤지엄 명	형태와 특성
항공우주박물관	정면의 전투기와 옥상의 구체로 '부분적 상징성'을 취함. 이것들의 배경인 본체의 미니멀 상자와 과장된 기하학적 솔리드 간의 부대낌으로 창공 탐구와 비행 욕구 표현
비트라 디자인 뮤지엄	천창과 회전계단 및 경사로를 이용한 본체의 뒤틀림 시작
와이즈만 미술관	세 면에서 기존 대학 캠퍼스의 질서에 대응하기 위해 절제. 대학으로의 진입 다리와 강을 면한 서측 입면에 현란한 조형성 집중
빌바오 구겐하임	비트라 디자인 뮤지엄에서의 형태적 이미지를 강화해 형태를 만드는 과정에 구조를 복종시켜 부정형의 형상과 운동성 강한 연속적 표면 제시
EMP	형상 · 재료 · 색채에서 극단적 다양함. 최소한의 정형적 절제도 생략. 건물의 용도가 허락한 자유 만끽
루이뷔통 재단	더 이상 공통된 곡률이나 모양, 크기가 없는 적층 유리 패널로 엄청난 비용 상승도 감수

와이즈만 미술관의 서측 입면

하는 갈색 메탈마감의 다각형이 매달린 도식적인 모델 같은 시각적 효과를 냈다. 게리 뮤지엄 건물의 형태적 이미지화는 비트라 디자인 뮤지엄에서 본격적으로 시작됐지만, 이 형태 유희의 열망은 주변 환경과의 맥락적 조화가 요구되어 정형적으로 처리된 와이즈만 미술관의 동·남·북측에서는 상대적으로 자제됐다. 대신 서측 입면을 집중적으로 부각시켜 미네소타대학의 얼굴 역할을 하면서 미시시피강과 그 너머의 도시 스카이라인을 조망하는, 건축주가 원하는 랜드마크 역할을 충실히 수행한다.

우리는 앞서 뉴욕 구겐하임 미술관에서 촉발된 뮤지엄의 조형성 추구가 빌바오 구겐하임 미술관에까지 이른 것은 우연이라기보다는 건축주의 의지와 건축가의 호응이 합해진 필연적 결과였음을 살펴봤다. 뉴욕 구겐하임 미술관이 라이트라는 당대 미국 최고의 건축가가 큐레이터들과의 첨예한 갈등을 극복한 결과물이었음

와이즈만 미술관의 서측보다 단순해진 동측 입면

도 확인했다. 라이트와는 비교할 수 없이 신뢰성이 약했던 1990년대 초의 게리를 선택해 이런 뮤지엄을 장려한 것은 뉴욕 구겐하임 미술관의 독특성을 이미 충분히 누린 발주처였다.[30] 구겐하임 재단이 게리에게 시각적인 정체성을 확보하면서 동시에 빌바오를 유명한 도시로 만들 수 있는, 시드니의 랜드마크가 된 시드니 오페라 하우스Sydney Opera House, Jørn Utzon, 1957-1973 같은 건물을 요구했던 것이다.

보는 방향에 따라 갖가지 모습을 지닌 EMP는 비정형의 금속표피에서 단일 재료와 색채를 적용해왔던 관례마저 깼다. 천의 얼굴 같은 세 면에 비해 공원을 향해 있는 입면이 그나마 단순한데, 다른 세 면의 역동성을 여기서 안정시켜준다. 앞서 설명한 루이뷔통 재단도 주변 환경을 신경 쓰지 않아도 될 숲속에 루이뷔통의 디자인 능력을 뽐내는 특이한 건물을 지어 빌바오 구겐하임 미술관에서처럼 발주처를 만족시킬 수 있었다. 게리의 후기 뮤지엄들처럼 뒤틀린 표피를 선택하더라도 공사비를 줄이기 위해 디자인 단계에서 공통된 곡률, 모양, 크기를 가진 부분들을 가능한 한 많이 제시하기 마련이다. 하지만 루이뷔통 재단에서는 단 하나의 같은 유리 패널도 없어 엄청난 비용 상승에 시달렸다. 당초 1억 유로로 예상됐던 공사비가 7억 8천만 유로까지 치솟았다. 프랑스 정부는 이 프로젝트를 완성하기 위해 부자 기업이 비영리기관을 짓는 데 감세 혜택을 준다는 비난을 감수하며 6억 3천만 유로를 보조했다.

빌바오 구겐하임 미술관

시드니 오페라 하우스

공원을 향해 있는 EMP 외관

게리 뮤지엄에서 나타나는 복합적 구성과 조각적 형태는 모두 3차원적 현상이지만 뮤지엄이 방문자의 내·외부 이동이 전제된 건물이고 보니 시간이 가미된 4차원적 경험이 된다. 여기에 기울어지고 꺾어지고 물결치는 외피를 입은 경우에는 표피의 운동감까지 더해진다. 이런 외관적 특성이 내부에서도 공간적으로 그대로 드러남으로써 게리 뮤지엄의 정체성이 되고 방문객들에게는 잊히지 않는 기억이 된다. 주로 공사비 때문에 게리가 계획한 여러 건물이 지어지지 못한 것을 봐도 그렇다. 건축적 남다름을 전략적으로 활용하려는 발주처의 강한 의지가 없으면 실현되기 어려울 이런 뮤지엄들은 희귀성 덕분에 존재감이 더 돋보인다. 도시가 이와 같은 건물들로 들어찰 때는 다른 문제가 되겠지만, 도시적 오브제로 한두 개 있을 때의 가치는 방문객을 가능한 한 많이 끌어들여야 하는 뮤지엄의 생존 전략에 위배되지 않는다.

뮤지엄의 역할 변화, 대중적인 위락매체로서의 뮤지엄

현대 뮤지엄 건축의 내·외적 환경은 공적인 성격을 띠기도 하고 사적인 성격을 갖기도 한다. 공적 환경의 뮤지엄은 공간적으로 열려 있고 형태적으로 눈길을 끌어 환경예술로서의 뮤지엄과 밀접하다. 반대로 사적 환경은 공적 환경보다 훨씬 내밀해 차분한 분위기를 간직한다.

뮤지엄의 위락매체화는 근엄한 분위기 속에서 작품을 감상하는 전통적인 관람 행태를 벗어나, 뮤지엄 방문을 통해 일상생활의 한 부분으로서 오브제의 감각적인 즐거움을 향유하게 하고자 한다. 학습이나 수양이라는 고상한 목적이 아니더라도 잠깐의 휴식이나 가벼운 가족 나들이, 짧은 만남의 장소로도 애용될 수 있도록 전통적 뮤지엄의 심리적 담장을 헐어내는 것이다.

뮤지엄이 현대 사회의 주요 문제점들에 실제로 관여할 때 비로소 잠재력을 충분히 발휘할 수 있으며 사회에 봉사하는 기관으로 기능해야만 계속 존재하고 역할을 할 수 있다는 견해[31], 1970년대부터 이미 뮤지엄에 대한 인식이 달라졌으며 점차적이고 불가피한 변화과정을 통해 뮤지엄들이 우리 사회에 더욱 기여할 수 있을 것이라는 관점[32], 1940년대의 뮤지엄들을 특징짓는 것들과 달리 오늘날 대부분의 뮤지엄들이 갖는 매우 중요한 특징은 방문자 중심이라는 지적[33]과 같이 사회와의 관계에 초점을 맞춘 뮤지엄의 역할 변화 조짐은 예견된 지 오래다.

오브제와 동식물 표본을 강조했던 19세기의 전형적인 뮤지엄들은 정적이고 주로 소수에게만 허락된 장소였다. 그러나 20세기에 접어들어 다채로운 교육과 프로그램이 도입된 뮤지엄은 활기찬 젊은이들이 다수 포함된 방문자 대집단을 매혹시켰다. 뮤지엄이 내부 자원, 특히 컬렉션에 쏟았던 관심을 방문자에게로 돌리기 시작한 것이다. 오늘날 변화일로에 있는 뮤지엄에 대한 연구가 왕성한 이유다.[34]

이러한 방문객 흡인력에 관한 관심은 대다수 뮤지엄들이 겪는 만성적자라는 고충을 완화하고자 판매시설을 뮤지엄 안으로 적극 입주시키거나 수익성 있는 교육 및 편의시설을 확대하는 방안으로도 나타나지만, 우리는 건축물 자체의 영향력에 집중한다. 건물의 모습과 공간성이 뮤지엄으로 발걸음을 옮기게 하는 동기가 될

수 있음을 보여주는 사례는 적잖다.[35]

뮤지엄이 건축의 힘을 빌려 대중적 공간성을 갖추고 위락매체가 될 가능성은 뮤지엄에서 다양한 전시물이 우리에게 말을 걸어올 뿐 아니라 좋은 건축물 자체도 안팎에서, 디테일에서부터 전체에 이르기까지 전방위적으로 우리에게 말을 거는 대화 능력에 있다. 물론 사적인 성격의 뮤지엄들처럼 우리를 침묵으로 대할 때도 있다. 그러나 이때도 좋은 건축물일 경우 속 깊은 대화가 가능하다. 정신의 산물인 건축에서 정신을 놓아버린, 아예 말할 거리가 없는 공허한 건물을 대하는 답답함과는 다르다.

대중적 뮤지엄은 통역 없이 사람과 건물이 대화할 수 있는 여지가 그만큼 많은 뮤지엄일 것이다. 이렇게 대화가 가능한 것은 국적을 불문한 건축 어휘 덕분이다. 게리의 뮤지엄 중 규모가 큰 빌바오 구겐하임 미술관이나 EMP, 루이뷔통 재단 미술관은 대중 흡입력이 큰 위락매체로 기능한다는 측면에서 그의 다른 소규모 뮤지엄들보다 유리하다. 여기서 재론의 필요가 없을 만큼 다양한 건축 어휘들이 별개로 또는 조합되어 상호 관계에서 기능적·공간적·상징적으로 말하고 있기 때문이다. 개별 건축 어휘들이 모여 문장이 되고 문단과 장, 전체가 된다. 이렇게 뮤지엄을 방문했을 때 건축이 함께 느껴지면 방문의 즐거움과 동조감은 배가되기 마련이다.

빌바오 구겐하임 미술관은 일개 뮤지엄 건물이 쇠퇴 일로에 있던 한 도시에 생기를 부여해 되살려냈다는 평가를 받는다. '빌바오 효과'라고 불릴 만큼, 이 미술관이 성공할 수 있었던 것은 건축물의 존재감 덕분이라는 것이 공인된 견해다.[36] 이 미술관은 빌바오로 들어가는 진입 교량이 있는 강변에 있다. 문화관광과 도시 회춘의 촉매제 역할을 하면서 그 형태의 독특성과 이에 따른 대중의 환호로 세계적 명성을 얻었다. 이 미술관의 대성공 덕분에 게리가 미술관보다 먼저 설계해 착공했으나 많은 문제점으로 인해 건설이 도중에 중지됐던 LA 월트디즈니 콘서트 홀Walt Disney Concert Hall도 공사가 속개되어 완공될 수 있었다. 빌바오 구겐하임 미술관이 프랑코 독재정권에 의해 극심하게 탄압받았고, 지금도 분리 독립투쟁의 가능성이 있는 바스크Basque 지방의 맹주인 빌바오의 독립적인 정체성을 맹렬하게 표현하고 있다는 평가도 있다.[37] 이 미술관이 있는 장소나 편의시설, 전시품만으로 그

LA 월트디즈니 콘서트홀

EMP 내부

만한 주목을 받기가 불가능하다는 점에서 이 미술관의 건축적 중요성은 절대적이었다.

EMP는 전체가 오락과 여흥을 위한 건물로 게리의 뮤지엄들 중 가장 축제적이다. 외관도 그렇지만 내부도 미국 대중음악처럼 활기차고 흥겹다. 뮤지엄의 일반적인 제약에서 상대적으로 자유로운 프로그램 덕분에 대중적 공간성을 지닌 위락매체로서의 역할에 더 충실할 수 있었다. 입구 홀에서 시작해 내부를 돌아 나올 때까지 가장 영향력 있는 미국 문화 중 하나인 대중음악이 주는 즐거움이 동반된다. 관람객은 다른 뮤지엄에서라면 요긴할 최소한의 자세나 집중하려는 노력조차 할 필요가 없다. EMP의 색과 재료, 형태에서

〈표 6〉 게리 뮤지엄에서의 대중 흡인력 발현법

<table>
<tr><th>뮤지엄 명</th><th colspan="2">표현 대상</th><th>방법</th></tr>
<tr><td>캘리포니아
항공우주박물관</td><td colspan="2">항공 산업</td><td>전투기, 구 같은
조형물 추가</td></tr>
<tr><td>비트라 디자인 뮤지엄</td><td rowspan="3">자사의 높은
창조 정신과
디자인 수준</td><td>의자</td><td rowspan="6">건물 자체의
눈길을 끄는
조형성</td></tr>
<tr><td>루이뷔통 재단</td><td>가방 등 패션</td></tr>
<tr><td>마르타 헤르포르트</td><td>가구</td></tr>
<tr><td>와이즈만 미술관</td><td colspan="2">미네소타대학</td></tr>
<tr><td>온타리오 미술관</td><td colspan="2">미술관 자체</td></tr>
<tr><td>오오키프 미술관</td><td colspan="2">'빌럭시의 미친 도공 Mad Potter of Biloxi'으로 자칭하는
조지 오어 George E. Ohr, 1857-1918의 도자기</td></tr>
</table>

의 개별성은 전체성에 묻히지 않으면서도 서로 협력해 함께 누리는 대중문화의 개방성을 드러낸다.

루이뷔통 재단은 여러 번을 가도 다 보기 힘들 만큼 볼거리가 많은 뮤지엄이 즐비한 파리의 도심에서 비켜난 공원 안에 있지만, 충분히 즐겁게 지낼 만한 대중적인 위락매체로 인정받아 국내외 방문객의 발길이 줄을 잇는다. 그 안의 전시물도 좋지만, 그 정도는 파리의 다른 뮤지엄들에도 많다. 하지만 최신의 디지털 디자인과 기술력을 총동원한 뮤지엄 건물로서의 특이함은 비견할 곳이 없다. 여기서도 빌바오 구겐하임 미술관처럼 건물이 사람을 부른다.

반면에 게리의 소규모 뮤지엄들에서 발휘되는 대중 흡인력은 어떻게 얻어진 것일까? 〈표 6〉에서와 같이 그 출발은 뮤지엄의 프로그램이나 건축주의 홍보 의도에서 시작해, 방법으로는 역시 건축이 관심을 쉽게 끌 수 있는 직설적 위락요소 도입이나 건물 자체의 조형성 부각에 기대고 있다.

연면적이 1,394제곱미터밖에 되지 않는 캘리포니아 항공우주박물관이 다른 뮤지엄들과 상이한 방법론을 택한 것은 아직 오늘날의 게리 건축관이 완성된 때가 아니기도 하면서 이웃한 과학산업박물관이 증축한 사실과 무관하지 않다. 뮤지엄의 존재를 처음 알려야 하는 부담을 던 상태에서 이 박물관이 약간 이상한 형태를

캘리포니아 항공우주박물관의 측면

비트라 디자인 뮤지엄과 올덴버그의 조각물

취하고 있음을 스스로 인정한[38] 게리의 건축 성향을 봤을 때, 정면에 전투기 모형을 매다는 등 내용물과 직결된 직설화법 구사에 갈등을 느끼지 않았을 것이다.

건축 면적이 800제곱미터로 유럽에 세워진 게리의 첫 작품 비트라 디자인 뮤지엄과 함께 와이즈만 미술관도 건축주를 홍보하고 가능한 많은 방문객을 유치할 수 있는 대중성 있는 건물이 필요했고, 게리는 이 요구를 충족시켰다. 비트라 회사가 안도 다다오에게 의뢰해 비트라 디자인 뮤지엄 옆에 회의장을 지은 것과 하디드, 시자Alvaro Siza, 1933-, 그림쇼Nicolas Grimshaw, 1939- 같은 세계적인 건축가들을 초청해 뮤지엄 바로 뒤에 있는 가구 공장 내부에 소방서를 짓고 공장을 증축한 것은 이곳을 명소로 만들어 대중이 찾아주기를 기대했기 때문이다. 덕분에 오늘날 현대건축의 순례지가 된 이 건물들의 주변 잔디에는 가구 제작에 필요한 드라이버, 망치, 펜치 형상의 올덴버그 조각품들도 설치되어 있다. 와이즈만 미술관은 교내 뮤지엄이라는, 일반인들의 접근이 상대적으로 뜸할 가능성이 큰 약점을 잊히지 않을 외관으로 극복하고자 했다. 서편의 강을 향한 파사드에 적용된 유광 스테인리스스틸은 오후가 되면 햇빛 속에 유난히 반짝이며 미술관뿐만 아니라 오늘날 치열한 경쟁 속에서 계속 성장해야 할 소속 대학을 알린다. 날씨와 시간에 따라 달라지는 반사율과 색은 사전에 여러 차례의 실험을 통해 점검됐다.

이렇게 현대 뮤지엄의 위락매체화 경향에서 게리의 작품은 선봉을 차지하고 있다. 그것을 각별한 위치적 이점이나 교육이나 편의시설의 확대에 기대지 않고 프로그램이나 건축주의 바람을 고려해 주로 형태적 특이성이 발휘하는 호소력으로 이끌어갔다.

대중적 공간성과 전시공간 특성

현대 뮤지엄 건축을 공간성 측면에서 보면 과거 뮤지엄처럼 예술품을 위한 사원으로 존재하며 신성함이 느껴지던 공간성을 여전히 견지하는 경향이 있다. 이와 반대로 다수의 방문객이 스스럼없이 즐기는 대중적 장소로서의 공간성을 보이기도 한다. 환경예술로서의 뮤지엄과 즐거움을 누리는 뮤지엄의 공간적 특성이 후자에 속한다.

전자의 경우 과거의 성당 역할을 20세기 이후 뮤지엄이 대행하게 되면서 중성적인 익명의 공간을 위해 밝기나 색의 공간적 처리를 고르게 하고 스케일에 유의하게 된다. 그러나 게리의 뮤지엄은 형태적·공간적으로 작품의 배경이 되는 것에 만족하지 않는다. 게리의 전시공간은 건축을 전시품 뒤로 감추려는 의도와는 거리가 멀다. 전시공간의 성격에 대한 게리의 분명한 소신 때문이다.

게리는 전시에 적합한 전시공간에 대한 의견이 분분함을 알고 있었으며, 중성적 공간을 만들고자 하는 시도들은 제대로 하는 방법을 몰라서 모두 실패한 것으로 봤다. 그는 중성neutrality을 목적으로 하는 공간에서는 벽과 빛, 바닥과 문 등의 존재감을 죽이기 위해 과도한 디테일을 동원하기 때문에 오히려 전시품이 제압된다고 생각했다. 그에게 예술품은 어떤 장소에 놓이는지에 따라 다르게 보이므로 어떤 전시환경을 조성하는가는 매우 중요한 거래였다.[39]

캘리포니아 항공우주박물관의 전시공간

게리의 뮤지엄에서 내부공간의 핵심부인 전시공간을 고찰하려면, 캘리포니아 항공우주박물관과 EMP는 전통적 개념의 전시공간을 지닌 다른 뮤지엄들과 별도로 다뤄져야 한다. 캘리포니아 항공우주박물관은 파편적인 외관과 달리 내부는 빈 공간을 이용해 비행기

EMP의 전시공간

들을 매다는, 항공박물관들에서 흔히 보이는 전시공간을 확보하고자 하나의 큰 공간으로 통합됐다. 이런 내·외부 간의 충돌은 우주 공간이 우리에게 단숨에 비밀을 털어놓지 않음을 상기시키는 것 같다.[40] 예산이 충분치 않았던 이유도 있었지만, 과거의 병기고 같은 내부는 전시품의 성격과 잘 어울린다. 방문객은 단속적이거나 한정되지 않은, 창공과 같은 트인 공간에서 전체를 일별하기도 하고 부분에 집중하기도 한다.

EMP는 미국 대중음악을 전달하는 곳이므로 전시공간의 측면에서 여타의 뮤지엄들과 비교해 논하기가 곤란하다. 여기서는 공간과 전시품의 마찰 소지가 없어 게리는 자유로울 수 있었다. 평면이 비정형이어도, 벽이 기울고 천장이 음악 곡조처럼 굽이치는 외관을 그대로 따라가도 전시 분위기를 저해하지 않고 오히려 고양시킨다. 중성적 고요함과는 무관한 전시물의 특징이 감상을 위한 최소한의 안정성 확보라는 과제에 얽매이지 않아도 되었다. 여러 소리와 갖가지 방식의 인공조명이 어우러져 전시공간이라기보다는 떠들썩한 파티장소 같다. 프로그램이 요구한 대중적 공간성이 그대로 표출된 것이다.

이에 반해 일반적인 전시공간을 지닌 다른 뮤지엄들에서는 프로그램과 규모가

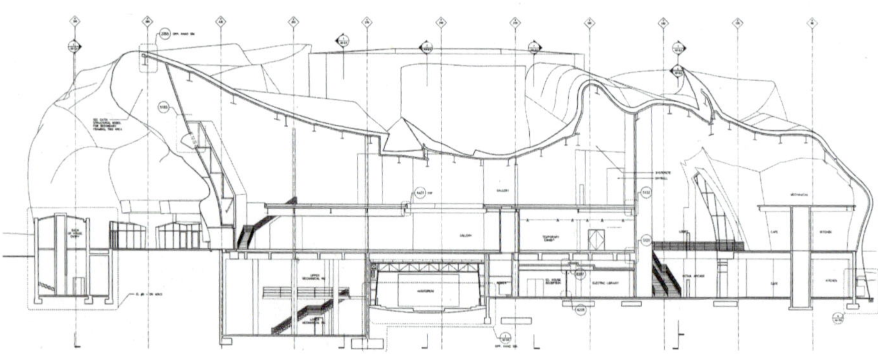

EMP 단면도

다름에도 공통적 속성이 포착된다. 그것은 조형성이 강조된 외관에도 불구하고, 전시공간의 바닥과 벽만큼은 평면과 단면에서 직각과 평탄성을 고수하며 전시공간에 필요한 안정성을 확보한다는 점이다.

비트라 디자인 뮤지엄의 2층 전시공간

앞서 제시된 평면도에서처럼 비트라 디자인 뮤지엄은 직각을 고수하는 네 모퉁이를 지닌 세 개의 전시실과 한 개의 도서실(실제로는 전시실로 쓰임)에서 전시품인 의자들이 개별적으로나 집합적으로 전시된다. 이 전시실들은 외관상 여러 각도로 기울어진 형상의 천창들이 혼란스럽게 뚫린 지붕에 의해 독자성을 갖는다. 모양과 색, 재질이 다른 다수의 의자는 이렇게 갖가지 형상으로 열린 천창 아래에서 전시대 위에 얹히거나, 천장에서 줄로 매달리거나, 바닥에서 천장까지 짜인 선반형 전시대 위에 진열된다. 이 다양성 속에 직각 평면의 목재 바닥과 백색의 벽이 통일성과 안정감을 부여한다.

와이즈만 미술관에서 평탄한 전시벽면 위의 천장 구조물이 가장 두드러지게 드러난 전시공간의 모습

와이즈만 미술관의 전시공간도 마찬가지다. 가장 단순한 장방형의 볼륨들 안에서 빛을 유입시키는 천장의 이형적인 개구부와, 일부 전시벽 상부에 노출된 트러스가 눈길을 끈다. 비트라 디자인 뮤지엄과 달리 벽에 걸린 그림 전시가 주를 이루는 곳에서 이런 천장의 모습은 자칫 주의를 산만하게 할 수 있다. 하지만 평면의 상당 부분에서 직각 시스템을 고수하고 벽과 천장 전체가 백색이거나 벽에 약간의 무게감이 느껴지는 차분한 색이 부여되어 혼란의 정도가 감소했다.

빌바오 구겐하임 미술관은 형태가 직감적이고 기발하게 보이지만 전시 프로그램의 공간적 요구와 긴밀하다는 평가를 받는다.[41] 높이가 54미터에 이르는 미술관의 중심공간인 아트리움은 각 구역으로 동선을 분배하는 역할을 한다. 여기서 각각의 공간적 형태가 그 안의 예술작품과 연관되게 고안된, 3개 층에 걸쳐 19개의 갤러리가 들어 있는 3개의 전시용 볼륨이 뻗어나간다. 남쪽과 서쪽의 친근하고 관습적인 공간은 상설 컬렉션과 선별된 생존 작가를 위해 존재한다. 기획전시는 동쪽으로 길게 뻗은 융통성 있는 대공간에서 수용한다. 연면적 28,000제곱미터의 이 대규모 미술관에서 입체주의나 표현주의, 초현실주의와 기하추상파 등에 속하는 상설 컬렉션은 그 크기와 성격을 고려해 적당한 크기로 분할된 직각의 백색 공간에 배정했다. 이를 위해 남쪽과 서쪽에 있는 각각의 정사각형 전시실 중심부에 있는 천창을 통해 빛이 유입되어 전시환경으로는 고전적이기까지 하다. 대신 생존 작가들에게 규모는 작지만 휘고 기울어진 벽을 지닌 개성 있는 전시실들을 하나씩 배정해 적절한 크기의 조각품을 두거나 곡벽 자체가 화가에 의해 채색된 캔버스가 되도록 했다. 반면에 아트리움의 수직성에 대응하는 수평성으로 미국의 팝아트나 미니멀리즘 작품과 개념미술품을 기획전시하는 동쪽 전시실은 고가도로 아래를 파고드는, 길이가 140미터에 이르는 큰 전시공간이다. 이 갤러리의 발코니에서는 길이가 50미터인 세라Richard Serra, 1939-의 조각품 '뱀Snake'조차 작게 보인다. 이 갤러리는 운동감이 있는 조각품과 동조하는 공간의 의미로 천장에서 복잡하게 요동쳐, 외부형태에서 봤던 활력과 겹쳐지는 역동성이 느껴진다. 여기서도 두 장변의 벽이 미세하게 휘어졌으나 거의 직선처럼 뻗어 나감에 주목한다. 앞

빌바오 구겐하임 미술관의 상설전시실

빌바오 구겐하임 미술관의 생존 작가 전시실

빌바오 구겐하임 미술관의 기획 전시공간

의 두 뮤지엄들에서처럼, 두 벽이 보여주는 의외의 단순성과 매끈함, 길게 쭉 뻗은 평탄한 바닥은 건축가가 전시공간 상부의 혼돈에 대응하며 감상에 필요한 기본적 안정감을 염두에 뒀음을 알려준다.

게리가 최근 지은 뮤지엄으로 외관상 정형적 요소가 없는 루이뷔통 재단은 앞서 본 전시공간에 대한 그의 생각이 확고함을 확인시켜준다. 환상적으로 보이는 외관에도 불구하고 지하부터 최상층까지 모든 층에 걸쳐 있는 크기가 서로 다른 11개의 전시 갤러리들은 대부분 직육면체의 평탄한 벽과 수평의 천장이 만드는 보수적인 공간 성격을 지닌다. 외관을 보고 입구 홀을 거쳐 전시 갤러리 통로까지 이동하며 체험한 게리 특유의 해체적인 내부공간을 지나 들어서는 중성적인 전시실들이 주는 안정감은 효과가 크다. 여러 층에 쌓인 까닭에 최상층 이외는 천장의 모습도 평탄한 이곳에서 작품은 단숨에 주인공이 된다. 전시실 내부는 외부의 각별한 비정형성을 잊게 한다. 게리의 다른 뮤지엄들의 전시공간에 나타나는, 엄격한 중성의 분위기를 일부 이완시키는 요소들마저 이곳의 전시실들에서는 자제됐다. 대신 입구 홀, 전시공간으로도 변용될 수 있고 이벤트 공간으로도 활용할 수 있는 1층의 다목적 공간, 내부 이동로 또는 파리를 조망할 수 있는 옥상 테라스같이 전시실이 아닌 곳에 놓인 여러 작품이 전시에서의 이완적 요소로 나타난다.

약 9,000제곱미터의 면적을 증축해 사용 가능한 갤러리 공간을 50%까지 늘린 온타리오 미술관에서도 청색이나 적색의 벽 위에 장식이 부가된 천장을 가진 기존의 고전적인 전시공간과는 달리, 희고 평탄한 벽을 가진 근대적인 전시공간이 추

루이뷔통 재단 미술관의 전시공간

루이뷔통 재단 미술관의 전시공간

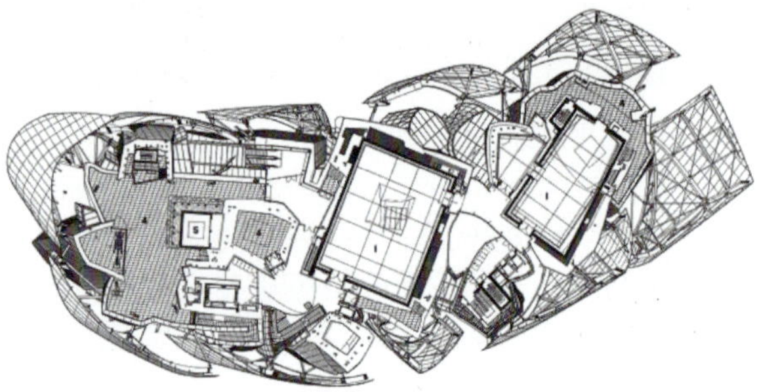

루이뷔통 재단 미술관의 2층 평면도

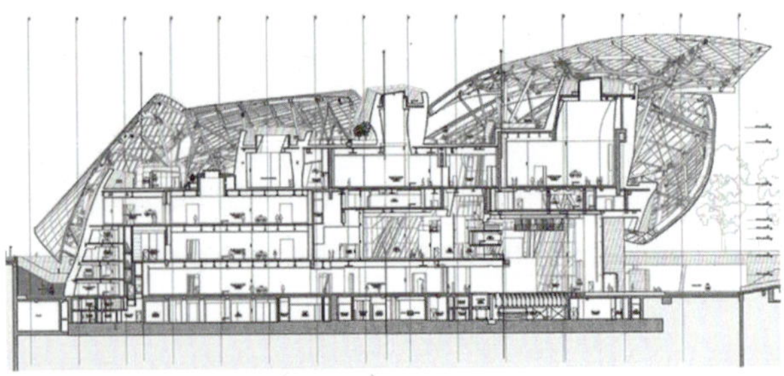

루이뷔통 재단 미술관의 종단면도

온타리오 미술관의 기존 전시공간

가됐다. 역시 희고 평탄한 천장이 설치되기도 하고, 또는 별도의 천장이 없이 조명기구들을 포함한 각종 배관이 검게 칠해진 슬래브 아래에 노출되기도 했다. 기존 전시공간의 천장을 차지한 장식은 증축된 곳에서 노출된 조명기구 등으로 대체됐다.

지금까지 거론된 게리 뮤지엄 전시공간의 특성을 요약하면 〈표 7〉과 같다.

온타리오 미술관 증축부의 전시공간

우리는 앞에서 뮤지엄 건물의 성격과 전시품의 관계에 대해 게리가 어떻게 생각하는지를 살펴봤다. 건물이 우상 같은 존재까지 돼도 예술품이 기죽는 것이 아니라 도리어 가치를 높이는 것으로 본 게리의 언급은 우려될 정도로 급진적이다. 그러나 그래도 괜찮은 EMP를 제외하면, 그가 실제로 만든 전시공간은 최소한 평면적으로, 그리고 상당 부분 벽과 때로는 천장에서까지 통상적

〈표 7〉 게리 뮤지엄 전시공간의 특성

	정적 요소	이완적 요소
공통점	– 통상적인 장방형 또는 정방형 전시실들 – 벽과 천장의 백색 단일화	– 자연광을 위한 이형적 천창과 천장 모양 (정형적인 천창이 있는 최상층 이외는 천장까지 수평적인 루이뷔통 재단 이외의 뮤지엄들)
특이점	– 정방형 전시공간의 중심 지향적 천창(빌바오) – 대규모 기획 전시공간이 거의 나란히 있는 종방향 벽	– 생존작가 전시실의 이형적 평면과 채색된 벽(빌바오) – 전시공간 상부 트러스 노출(와이즈만, 빌바오) – 전시실 이외의 장소에 놓인 작품들 주변의 해체적 공간(루이뷔통)

인 전시공간의 흔적을 유지한다. 적어도 전시공간의 눈높이 아래에서는 감상에 집중할 수 있도록 최소한의 안정성을 배려했다. 다른 관점에서 보면, 그러면서도 지나치게 엄격한 중성적 공간을 탈피해 이완된 환경에서의 편안한 관람을 배려했다고도 볼 수 있다.

문화의 대중화에 기여하는 게리의 뮤지엄들

제2차 세계대전 후 미국에서 발생한 찰나 문화의 깊이를 드러냈다고 평가받는 게리의 건축에 대한 개인적 호불호는 사람에 따라 다를 수 있다. 하지만 그가 한 건축 경향에 몰두함으로써 나름의 정수를 향해 나아갔음은 인정하게 된다. 지금까지 게리가 설계한 뮤지엄들을 현대 뮤지엄 건축의 네 가지 경향에 비춰 살펴본 결과 드러난 특성과 의미를 정리해보자.

먼저 게리 뮤지엄에는 평소 그의 건축 성향인 파편화와 이면성이 적용되어, 재료와 형태에서의 정형성과 비정형성의 대조적 조합 또는 구성 볼륨의 형태적 이질성이 부각되면서 구성적 측면에서 복합적 특성을 드러낸다. 1970–1980년대 포스트모던 성향의 건축가들에 의해 주도된 뮤지엄들처럼 형태, 재료, 색채의 콜라주 기법을 활용하면서도 여러 기하학적 볼륨들의 위계적 조합에 주로 기댔던 다른 건축가들과 게리의 출발점은 달랐다. 그의 뮤지엄에서는 표피의 곡면과 사선의 역동성이 이를 지탱하는 내부 구조나 내피 처리로도 연계되어 예상치 못한 공간 창출을 통한 개성 있는 내부에서의 복합성으로 연장된다.

이런 게리 뮤지엄의 복합적 구성은 내·외부에서 4차원적 경험을 북돋우는 조각적 뮤지엄을 탄생시켜 강한 존재성을 드러낸다. 독특한 정체성으로 인해 실현되기 쉽지 않은 그의 뮤지엄이 실제 지어졌을 때는 환경적 활력소인 유일무이한 오브제로서 랜드마크 역할을 감당한다.

게리 뮤지엄이 가진 이런 특성들은 대중적인 위락매체가 되어가는 현대 뮤지엄의 한 단면을 대변한다. 장소적 이점이나 교육 또는 편의시설의 확대에 기대지 않고도 남들과 다른 개성을 지닌 건축 자체의 영향력으로 얻어낸 성과다. 이제 뮤지엄은 방문객 중심이 돼야 함을, 뮤지엄 구성 프로그램의 변화 못지않게 건축적으로도 기여해야 하고, 그렇게 할 수 있음을 보여준다.

대중적 공간성을 목표로 한 게리는 통상적인 전시공간을 구상할 때 한편으로는 평면과 단면상에서 백색의 벽과 바닥의 직각과 평탄성을 최대한 견지해 전시물 감상에 필요한 최소한의 안정감을 전시공간에 부여했다. 다른 한편으로는 변화 있는 천장부 처리를 통해 전시공간 내에서의 과도한 엄격성을 약화시켜 이완되고 편안한 전시환경을 도모했다.

게리는 건축가의 역할을 "사람들을 고취하고 그들의 삶을 풍족하게 하고 더 나아질 수 있을 거라는 희망을 주는 것"[42]이라고 여긴다. 어떻게 사물들이 인식되거나 경험되는지에 관심이 많은 그는 자신의 뮤지엄이 이러한 역할을 수행하는 데 의미가 있다고 봤을 것이다. 게리의 뮤지엄들은 급진적 실험주의와 실용적 전문가 기질 사이에서 생겨났다. 지금은 어느 한 건축가가 설계한 뮤지엄의 객관적 이상성을 단언하기 어려울 만큼 뮤지엄 건축에 대한 다양한 이론이 공존하는 때지만, 게리 뮤지엄이 지닌 대중 호소력이 '문화의 대중화'라는 뮤지엄의 사회적 역할을 나름 감당하고 있음은 인정할 수 있을 것이다.

뮤지엄 건축의 발전을 이끈 건축가 정신

뮤지엄의 탄생에서부터 근대를 거쳐 현대 뮤지엄 건축까지의 변천 과정을 살펴보면 전시품을 수장하고 전시하는 보조자이자 배경으로서 하드웨어 역할만 하는 것 같았던 뮤지엄 건축 역사에 적잖은 우여곡절이 있었음을 알게 된다. 특권층의 독점물이 민중에게 이양되고 공개되면서 공적인 뮤지엄의 시대가 열린 까닭에 뮤지엄은 문화의 대중화를 상징하는 건축 유형이다. 따라서 프랑스 혁명 이후 인간으로서의 권리와 존엄을 민중에게 넘겨주고자 그 이전 지배층 건축의 호사스러움을 19세기 이후 뮤지엄 건축이 이어받은 사정은 아이러니하면서도 이해가 되기도 한다. 사회의 중심 구성원이 된 시민에게서 결정권을 위임받은 대리인이 일하는 시청사나 구 지배세력으로부터 빼앗은 귀중품을 품은 뮤지엄 건축에 선망의 대상이었던 권위적인 건축 형식과 사치스런 장식을 이식함으로써 권력의 이동을 실감케 하려는 의도는 당시 상황에서 보면 그럴 수도 있었겠다 싶다.

지난 시대의 과중한 무게를 떨쳐내고 새로운 길을 찾아 나섰던 20세기 초 아방가르드에 이런 뮤지엄은 못마땅한 조직이자 기관이었다. 앞으로만 나아가기도 바쁠 때에 지난 시대의 산물을 애지중지하며 수집하고 보여주는, 형식과 내용에서 고전성에 파묻힌 뮤지엄은 게으르고 시대착오적인 낭비로 여겨졌다. 급기야 이탈리아 시인 마리네티F. T. Marinetti, 1876-1944는 1909년에 프랑스 일간지 『르피가로*Le Figaro*』에 발표한 「미래주의 선언문Futurist Manifesto」에서 뮤지엄을 파괴해야 할 공동묘지로 비난하기에 이르렀다. 프랑스 시인 콕토Jean Cocteau, 1889-1963 역시 루브르 박물관을 시체보관소라며 비난했다. 이런 부정적 시각 때문에 건축가들은 새로운 뮤지엄 건축에 동참하기 어려웠다. 이런 상황 때문에 근대건축의 거장들은 뮤지엄 건축에서 더 강렬한 개념과 실험정신을 들고 나왔다. 그들은 유독 뮤지엄 건축에서 떨어질 줄 몰랐던 과거의 잔재를 청산하고자 근대건축의 원칙들을 과감하게 적용했다. 기존 뮤지엄들에서 찾아볼 수 없는 외관부터 새로운 구조와 재료, 동선과 근대적 공간성을 밀어붙였다.

고대 신전이나 중세 교회 또는 르네상스 궁궐 같은 다른 기관들에서 차용한 역사적 양식들에 깊이 빠져 미망의 꿈속에서 헤매던 뮤지엄 건축에 가해진 근대건축 거장들의 맹공은 후대 건축가들이 선뜻 받아들여 자기 것으로 삼기에 주저할 만큼 도전적이고 혁신적이었다. 그런 만큼 보수파들의 불만과 저항도 컸다. 새로운 시도에서 파생되는 약점은 집요한 공격대상이 됐다. 그럼에도 우리는 '이상적인 단위전시공간' 개념으로 다시 읽은 거장들의 제안이 결국 현대 뮤지엄 건축의 도래에 크게 기여했음을 확인했다. 근대 뮤지엄 건축 역사에 있었던 단절을 메우면서, 마침내 관습이 아닌 건축가의 정신이 뮤지엄 건축을 결정짓는 시대가 시작됐음을 알렸다.

이제 현대 뮤지엄 건축은 동시다발적으로 출몰하는 오늘날의 온갖 건축 경향을 망라하며 건축을 견인하는 위치에 올라섰다. 우리는 이 책에서 다양한 면모의 현대건축을 주도하는 여덟 명의 건축가들이 설계한 뮤지엄들이 각자의 확고한 건축관에 근거해 계획됐음을 살펴봤다. 한 건축가에 의해 계획된 여러 뮤지엄이 모든 조건이 다름에도 마치 한 부모에게서 태어난 형제자매들처럼 공통분모를 지닌 것을 확인한 것이다.

그들의 작업에서 드러나는 창의력은 자신의 굳건한 건축관을 바탕으로 기존에 있던 생각이나 개념을 다르게 조합해 새로운 생각이나 개념을 찾아내는 정신적·사회적 과정이었다. 따라서 진정성 있는 삶의 시간이 필요하다. 한 건축가에 의해 혈통이 분명한 여러 버전의 뮤지엄이 제시될 수 있었던 것은 주어진 과제를 해결하기 위해 평소의 방법론에 독특한 아이디어를 얹는, 창의력의 궁극적 목표인 독창성 덕분이다. 오감을 통한 관찰력, 많은 양의 아이디어를 떠올리고자 고정적 사고에서 탈피하면서 해결방안을 찾는 사고력, 특히 건축의 경우 아이디어를 구체화하고 세세하게 가다듬는, 창의력의 마지막 단계인 정교성까지 겸비해 올바른 창의성이 발현된 것이다.

지금까지 우리가 봐온 현대 뮤지엄 건축은 건축가 선정 단계부터 치열한 경쟁을 이겨내고, 그 후에도 복잡다단한 과정을 거쳐 성취된 사고思考의 예술이다. 건축이 말하는 것을 정확히 알아듣는 전문가 수준의 안목이 없어도 뮤지엄 곳곳에 심은 건축가의 의도와 어느 정도 소통할 수 있다. 가사를 다 알아야 팝송을 즐길 수 있는 것이 아닌 것과 마찬가지다. 약간의 관심을 가지면 뮤지엄을 거니는 동안 연이어 전개되는 볼만한 장면들이 우리의 감성을 연쇄적으로 자극한다. 대상을 인식해 그 표상을 구성해내는 능력으로 시간과 공간을 누리는 인간의 지성이 외부로부터 오는 감각적 자극을 놓치지 않는다. 무관심하지만 않다면 놓칠 수 없는 정신적 반응이 일어난다. 건축가의 정신적 산물인 건축에 공감하는 것이다.

어렵게 탄생한 근대 뮤지엄과 그 영향하에 꽃핀 현대 뮤지엄을 돌아본 지금 건축가의 중요한 역할이 새삼 실감 난다. 이 책에서 거듭 표명하고 논증하려는 이 관점은 건축가가 다른 누군가보다 우월하다는 뜻이 아니다. 그보다는 건축가에게 부과된 과제가 중차대하며, 그 책임을 다하기 위해 건축가가 어떤 마음가짐으로 얼마나 노력해야 하는가를 강조한다. 우리가 살펴본 건축가들은 실용적 지식과 인문적 소양이 합쳐진 전체적인 지식을 갖췄기에 계속된 변주를 할 수 있었다. 작곡가 베토벤Ludwig van Beethoven, 1770-1827은 피아노 소나타 8번 '비창Pathétique'에서 첫 악장의 2주제를 제2악장의 2주제에서 역전된 상태로 다시 사용했다. 또한, 마지막 피날레 악장에서는 이를 변형해 다시 주제를 사용하면서 음악 주제 간에 밀접한 관계를 맺었다. 건축가들도 깊은 사유로 각자 홀로 떠도는 고아가 아닌 공통된 DNA를 지녀, 서로의 존재를 설명하고 보완해주는 패밀리 같은 일련의 뮤지엄 건축을 낳았다. 현대 뮤지엄과 건축가는 그렇게 서로를 분발시켜 오늘도 현대건축을 이끈다.

이 책은 강산이 세 번 변하는 동안 뮤지엄 건축을 주목해왔던 필자가 묶은 또 하나의 매듭이다. 앞선 두 책과 수십 편의 연구논문은 모두 뮤지엄 건축에 대한 역사적·이론적 논거를 바탕으로 하되 건축가의 시각으로 얘깃거리를 건져 올렸었다.

의미 있는 뮤지엄들을 설계한 건축가들의 각자 작업에 근원적인 공통점이 있음을 포착하고 건축가별로 그 특성과 의미를 살펴본 이번 책도 건축가가 뮤지엄 건축에서 풀어야 할 여러 과제에 직면했을 때 결국 건축을 대하는 자신의 평소 소신으로 풀어가는 것을 확인했다. 근대건축 거장들의 뮤지엄 제안 이후 건축가들의 무르익은 건축적 신념이 뮤지엄 건축에서 만개하는 기조는 오늘날에도 여전하다. 뮤지엄 건축이 빛과 동선이라는 건축의 영원한 화두를 중점적으로 고심하고, 거기에 건축과 떼려야 뗄 수 없는 상징성을 염두에 두는 만큼 오늘날 뮤지엄 방문은 현대건축의 진면목을 경험하는 기회이기도 하다. 전시품 감상에 곁들여 대지 특성과 프로그램의 요구가 반영된 뮤지엄 건축이 제시하는 공간을 함께 누릴 수 있다면 뮤지엄 방문의 즐거움은 배가될 것이다.

눈앞에 순차적으로 나타나는 변화 많은 장면의 누적된 체험으로 이해하게 되는 현대 건축물을 글로 설명하는 작업은 언제나 간단하지 않다. 독자들의 이해를 돕기 위해 가능한 한 많은 이미지를 제시하고자 했지만, 분량의 문제로 원하는 만큼 실을 수 없었다. 다행히 요즘은 뮤지엄의 정식 명칭을 알면 다수의 시각자료를 인터넷에서 빠르게 찾아볼 수 있다. 때론 읽기에 불편을 줄 만큼 건물 명이나 인명이 처음 나올 때마다 원어를 모두 병기한 이유다. 필요한 경우 손쉬운 검색을 통해 이 책이 얘기하는 바를 이해하는 데 도움을 얻으시길 바란다.

싣고자 하는 다수의 품질 좋은 이미지를 구하는 작업도 글을 쓰는 것만큼이나 쉽지 않았다. 해외 뮤지엄을 열심히 다닐 때는 주로 슬라이드 필름으로 사진을 찍어 선명도가 만족스럽지 못한 경우가 많았다. 다행히 뮤지엄 건축을 얘기하다 보니 뮤지엄을 방문하신 분들이 자유롭게 쓸 수 있도록 웹상에 올려놓은 깨끗한 사진들이 많아 도움이 됐다. 일면식이 없는 분들의 국제적 도움을 받은 것에 감사드린다. 또 고맙게도 몇몇 가까운 분들이 사진을 제공해주셔서 빈틈을 메울 수 있었다.

근현대 뮤지엄 건축에 대한 디테일한 내용을 담고 있는 이 책을 어디서 낼지도 고민이었는데, 필자가 몸담고 있는 경희대학교의 출판문화원에서 맡아주셔서 감사하다. 강의에 쓸 교재나 인문학적인 교양서적이 아닌 건축 전문 학술서적이 세상에 나오기 어려운 환경임에도 재직 교수의 연구 의욕 격려차 쉽지 않은 결정을 해주셨다. 적잖은 원고 분량과 다수의 도판을 정리해주신 노고가 컸는데, 심심한 감사의 마음을 전한다.

책을 마무리하며 뮤지엄 건축을 연구하는 동안 도움을 주신 많은 분이 떠오른다. 파리-벨빌건축대학 재학 시 건축에 눈을 뜨게 해주신 시리아니 교수님, 지금은 고인이 되셨지만, 박사과정에서 역사공부를 하는 건축가의 입장을 이해하시면서 뮤지엄 건축에 관심을 갖도록 이끌어주신 파리1대학의 모니에Gérard Monnier 교수님, 다양한 자료를 기꺼이 제공해주신 국내외 뮤지엄 관계자 여러분, 학문의 동반자로 늘 격려해주시는 동료 교수님들과 건축을 함께 교감하는 제자들 등 감사의 인사를 드릴 분들이 많다. 이 모든 분께 사랑의 빚을 졌다. 후학을 위해 시시콜콜한 내용까지 다룬 이 책이 작은 보답이 됐으면 한다. 뮤지엄 건축을 들여다보는 기간 동안 많은 계절을 넘어 큰 기쁨을 주면서 잘 성장해준 두 딸과 따스한 배려로 인생의 길을 함께 걸어준 아내에게 이 책을 바친다.

주

프롤로그

1 이들 중 여섯 명이 1979년에 제정되어 건축계의 노벨상이라 불리는 프리츠커 건축상Pritzker Architecture Price을 받았다. 이 상을 받지 않은 두 건축가도 뚜렷하고 깊이 있는 작품성을 보인다.

2 1970년대 말 미국 건축이론가 젠크스Charles Jencks, 1939-가 건축에 '포스트모던'이라는 용어를 정착시켰다. 포스트모던은 현대적인 것과 고전적인 것, 기능적인 것과 장식적인 것, 개인적인 것과 대중적인 것의 조화를 기대했으며, '진보적인 절충주의'의 시대를 예견했다.

3 네오모던 또는 네오모던주의 예술은 포스트모던 건축과 절충주의의 복잡성에 대한 반작용으로서, 보다 단순한 것을 추구한다. 네오모던 건축은 20세기와 21세기에 지배적인 형태의 건축으로서 모더니즘을 지속하고 있다. 네오모던 건축은 모더니즘의 기본적인 특징을 많이 공유한다. 둘 다 고전적인 장식과 전근대주의 전통을 이어가려는 의도적인 야망을 거부한다. 네오모던주의 건물들은 모더니즘 건물들과 마찬가지로 대체로 단순한 형태이고 기능을 중시한다.

4 근대건축의 구조, 기능, 기술 등의 합리적 기능주의와 이에 입각한 해결 방식을 계승하고 여기에 현대 과학과 기술을 표현하면서 기계, 구조, 설비 등을 노출하는 기계미학을 추구한다.

5 데리다Jacques Derrida, 1930-2004의 해체 이론을 대표로 하여, 푸코Michel Foucault, 1926-1984, 라캉Jacques Lacan, 1901-1981, 들뢰즈Gilles Deleuze, 1925-1995 등 프랑스 탈구조주의Post-Constructuralism 철학의 이념이 바탕이 됐다. 의미와 기호의 불확실성에서 출발한 해체 이론은 기존의 건축을 타파하려는 건축가들의 중심 이론이 됐다. 근대건축의 순수성과 완전성을 의심하고 그 안에 숨어 있는 가능성을 찾아내 새로운 형태를 구성하고자 했다.

1부. 건축가의 개별 의지가 반영된 근대적 뮤지엄의 탄생

프랭크 로이드 라이트의 유기적 건축으로서의 뮤지엄

1 Jean-François Pousse, "Spirale et Géométrie", *Techniques & Architecture* n°408, Juin-Juillet 1993, p. 77. 1800년경 생물학자와 동물학자들에 의해 쓰인 '유기적'이라는 용어는 부분성을 연결해 종합을 이루거나 전체성에 대한 요소를 형성함을 의미한다. 이후 이 미술관의 '이상적인 단위전시공간'에 대한 언급이 나오는데, 이 단위전시공간이 연결되면서 종합을 이루는 부분이 되어 생명이 있는 것처럼 430미터를 휘감아 오르거나 내려오며 전체를 만들었다.

2 라이트의 평면에 관한 연구로는, S. Kishida, "Analysis of the plan of Frank Lloyd Wright", *a+u*, July, 1981, pp. 129-144 참조.

3 라이트 전문 연구자인 맨슨Grant C. Manson은 라이트의 경력을 1910년까지 초기로, 1910년 중반부터 1930년대 중반까지 중기로, 1930년대 중반 이후를 후기로 나눈다. *Frank Lloyd Wright to 1910-The First*

Golden Age, Litton Educational Publishing, New York, 1958.

4 F. L. Wright, *A Testament*, Horizon Press, New York, 1966.

5 Frank Lloyd Wright, 1944년 1월 20일 르베이에게 보낸 편지에서. Pfeiffer, 위의 책, p. 209에서 재인용.

6 한쪽만 고정시키고固定端 다른 끝은 돌출시켜自由端 그 위에 하중을 지지하도록 한 구조요소인 보를 말한다. 공중에 떠 있는 듯한 동적인 공간 효과와 햇빛을 막거나 경쾌하게 보이게 하는 효과가 있다.

7 Frank Lloyd Wright, Roland Schaer, *L'invention des musées*, *Découvertes Gallimard/Réunion des Musées Nationaux Histoire*, 1993, p. 127.

8 Michael D. Levin, *The Modern Museum*, Dvir Publishing House, Jerusalem, Tel Aviv, 1983, pp. 123-127.

9 Gilberto Cavalcanti, *Musée d'Art Moderne*, *vers une architecture éclatée*, in documentation ICOM(ref. 525 CAU), 1974.

10 Philippe Barrière, "l'harmonie dans le paradoxe", Entretien avec Robert Venturi et Denis Scott Brown, *Architecture Intérieure* n°246, Déc. 1991–Jan. 1992, p. 104.

11 1920년대에 유럽에서 확립된 이 양식은 외관보다 내부공간성을 더 중시한다는 의미인 매스가 아닌 볼륨으로서의 건축과 대칭이 아닌 규칙성을 중시하는 건축을 추구하며, 부가된 장식을 배제하고 우아한 재료, 기술적 완벽성, 좋은 비례 등에서 미적인 만족을 확신했다.

12 근대건축 거장들의 뮤지엄 이전에 건립된 뮤지엄 중 당시의 건축 경향에 동조한 몇 안 되는 근대적 뮤지엄들 중 하나다. 그 외의 사례로는 네덜란드의 전통재료인 벽돌을 장식이 없는 평탄한 면으로 쌓고 내부에서도 백색의 무장식 전시공간을 지닌 헤이그 시립미술관Den Haag Gemeente Museum, H. P. Berlage, 1931-1935과 크뢸러 뮐러 국립미술관Rijksmuseum Kröller-Müller, Henry van de Velde, Otterlo, 1935-1938이 있다. 초기 근대 뮤지엄에 대한 연구로는 이관석, 「뮤지엄 건축 역사의 공백기 보완을 위한 1930년대까지의 초기 근대 뮤지엄 건축 연구」, 『대한건축학회논문집』, 제36권 3호, 2020, pp. 79-90 참조.

13 Peter Blake, *Frank Lloyd Wright, Architecture and Space*, Harmondsworth, 1960, p. 120.

14 구심성 구성의 독특함에 대해서는, Francis D. K. Ching, *Architecture: Form, Space & Order*, 2nd edition, Van Nostrand Reinhold, 1996, pp. 204-211 참조.

르코르뷔지에의 '무한성장박물관'과 성취된 세 박물관에서의 변주

1 1937년에 완공된 D 계획안Projet D은 그해에 파리에서 개최된 예술과 기술 국제박람회Exposition Internationale des arts et des techniques를 위해 계획했던, 15,000제곱미터의 천으로 지붕과 벽을 둘러친 새로운 시대관Pavillon des Temps Nouveaux으로 박람회 후 철거된 전시장이라 정식 뮤지엄으로 보기는 어렵다. 르코르뷔지에는 내부에 뜨거운 논쟁을 불러왔던 '1937년 파리 계획안'을 전시했다.

2 오틀레는 통찰력 있는 벨기에 작가, 기업가, 법학자, 평화활동가로서 사회주의와 평화주의의 입장에서 인간들이 서로에 대해 두려워하지 않고 잘 이해하는 평화로운 삶을 주창하며 이를 위한 세계문화센터를 기획했다. 르코르뷔지에가 1등으로 당선됐으나 국제연맹청사 설계공모전에서 교묘하게 축출된 것을 안타까워하며 그에게 문다네움 계획을 의뢰했다. 문다네움 계획안은 G. Gresleri & D. Matteoni, *La Città mondiale, Andersem, Hébrard, Otlet, Le Corbusier*, Venice, 1982 참조.

3 K. Teige, "Mundaneum", *Arte e ideologia, 1922-1933*, Turin, 1982, pp. 201-204에서의 견해.

4 A. Willis, "The Esoteric and Esoteric Functions of Le Corbusier's Mundaneum", *Modulus*, 1980-1981, pp. 13-21에서의 견해.

5 나선형은 이탈리아 미래주의 화가이자 조각가 보초니U. Boccioni, 1882-1916의 작품들, 1920년 러시아 구성주의 화가이자 조각가 타틀린V. Tatlin, 1885-1953의 제3인터내셔널 기념탑, 1921년 헝가리 화가이자 사진가로 바우하우스의 교수였던 모홀리-나기L. Moholy-Nagy, 1895-1946의 니켈로 된 구조물과 1922년의 움직이는 구조물 시스템, 1925년의 전기 무대를 위한 조명장치 같은 사례들처럼 일단의 예술가들과 건축가들에 의해 운동감과 성장의 이미지로 탐구됐다.

6 Le Corbusier, "Défence de l'architecture", *l'Architecture d'Aujourd'hui*, IV, Oct.-Déc., 1933, p. 49.

7 Francis Henry Taylor, *Babel's Tower The Dilemma of the Modern Museum*, Columbia University Press, New York, 1945, p. 64.

8 G. Ragot는 이 착상이 곧이어 설명될 '돔이노Dom-ino' 체계에서 비롯된 내력 기둥 골조 시스템을 바탕으로 프리즘prism이 필로티 위에 완벽하게 떠 있고 그 아래에 진입구가 있으며 내부 경사로를 통해 1층에서 옥상층까지 오를 수 있고 장식적 요소가 전혀 없는 편평한 파사드로 구성되었다는 점에서 기능적으로나 구조적으로 빌라 사부아와 유사함을 지적했다. Gilles Ragot, *Musée à croissance illimitée*, Le Corbusier, une encyclopédie, Centre Georges Pompidou, 1987, p. 267. 빌라 사부아는 '새로운 건축의 5원칙5 points de l'architecture nouvelle'과 '네 가지 구성법4 compositions' 같은 1920년대에 연구된 르코르뷔지에의 건축이론이 집대성된, 건축 역사의 이정표가 될 만한 주택으로 유네스코 세계문화유산으로 지정됐다.

9 이 책에서 자주 언급될 필로티는 건물 전체 또는 일부를 지상에서 기둥으로 들어 올려 건물을 지면에서 분리시킴으로써 만들어지는 공간 또는 그 기둥을 말한다. 르코르뷔지에가 중정형 집합 주거가 많은 유럽에서 건강에 해로운 습기로부터 건물을 떨어뜨려 그 하부를 앞뒤 정원을 통하는 바람길로 만들고 주차공간으로 쓰거나 비 오는 날 아이들의 놀이공간으로 활용하고, 경사지의 경우 옹벽 만들기에 드는 비용을 아끼기 위해 건물을 들어 올리고 그 아래에 자연 경사를 살려주자는 취지로 제안했다. 1927년에 정립한 '새로운 건축의 5원칙5 points de l'arcnitecture nouvelle' 중 하나다.

10 "이것은 어느 날 그 중심에서 태어나 나선형으로 감으면서 전개되고… 이 박물관은 할 수 있는 한, 한 사람의 석공과 그의 보조 인력이 수행하는 거푸집과 규격형의 기둥과 보의 유희 같은, 끝없는 건설 상태일 것이다." 르코르뷔지에의 원고, 날짜 미상, Gilles Ragot, *Musée à croissance illimitée*, Le Corbusier, une encyclopédie, Centre Georges Pompidou, 1987, p. 267.

11 르코르뷔지에가 『예술평론*Cahiers d'art*』의 발행인인 제르보Christian Zervos에게 파리 현대미술관을 제안하는 편지 내용 중에서 발췌. Willy Boesiger(éd.), *Le Corbusier*, Birkhauser-Verlag fur Architectur, 1988, p. 228.

12 Le Corbusier & Pierre Jeanneret, *Oeuvre complète 1929-1934*, vol. 2, Girsberger, 1934, p. 73.

13 르코르뷔지에, 『프레시지옹』, 정진국·이관석 공역, 동녘, 2004, pp. 64-66.

14 이 또한 르코르뷔지에의 '새로운 건축의 5원칙' 중 하나로서 내력벽이 아닌 기둥이 건물의 무게를 받게 되어 각 층마다 필요에 따라 칸막이로 공간을 자유롭게 구획할 수 있음을 의미한다.

15 르코르뷔지에가 제1차 세계대전이 발발한 1914년에 종전 후 재건 시 표준화된 저렴한 건물을 빨리 지을 수 있게 하고자 고향 친구이자 구조 전공자인 뒤부아Max du Bois와 함께 연구를 시작해 1915년에 발표한 새로운 구조 시스템이다. 가로 6미터, 세로 9미터의 바닥판을 4미터 간격으로 세 개씩 2열인 여섯 개의 기둥

으로 받치는 돔이노의 철근콘크리트 기둥, 슬래브, 계단은 모두 대량 생산되어 현지에서 조립되는 표준요소들이다. 이 경우 장변에서는 0.5미터, 단변에서는 1미터씩 외벽선 안쪽으로 물러난 기둥들이 건물의 하중을 감당하게 되어 1927년에 그가 발표한, 자신의 1920년대 건축을 설명하는 '새로운 건축의 5원칙'의 기반을 마련해 이후 전 세계적으로 전파된 새로운 건축의 초석이 됐다.

16 "이 미술관은 파리 인근이나 원교에 건설될 수 있다. 감자밭이나 무밭 한중간에 세워진다. 만약 대지 환경이 훌륭하다면 더할 나위 없이 좋다. 주변이 여러 필지의 박공지붕들이나 공장의 굴뚝들로 인해 추하고 우울해도 괜찮다. 우리는 구획용 담장을 세워 공장의 굴뚝 등과 화해하도록 구성할 것이다." 르코르뷔지에가 제르보Zervos에게 1930년 12월 8일에 보낸 편지에서. Le Corbusier & Pierre Jeanneret, *Oeuvre complète 1929-1934*, vol. 2, Girsberger, 1934, p. 73.

17 각지에서 행해지는 건축의 창조적인 활동에 새로운 국제적 질서를 반영해야 한다는 취지로 1928년 르코르뷔지에가 주도해 모인 건축가들의 조직으로 1959년 제11차 회의까지 지속됐다.

18 르코르뷔지에 문서보관소Le Corbusier Archive에 소장된 도면에 의하면, 르코르뷔지에는 1951년 9월 26일(문서번호 7.000)부터 날짜 미상 스케치(7.011)와 기타 스케치(7.020: 1952년 5월 38일, 7.037: 5월 30일, 7.020: 6월 8일, 7.023: 11월 23일)들에서 지붕에서 한 방향으로만 열린 여러 형상의 수평고측창을 구상했다. BROOK, H. Allen Brook(éd.), *Chandigarh: City and Musée*, The Le Corbusier Archive, vol. XXV, 1983; H. Allen Brook(éd.), *Ahmedabad, 1953-60*, The Le Corbusier Archive, vol. XXV, 1983; H. Allen Brook(éd.), *Musée d'Art Occidental, Tokyo and Other Buildings and Projects, 1957-1961*, The Le Corbusier Archive, vol. XXX, 1984 참조. 이 세 권 모두 Garland Publishing, Inc. & Fondation Le Corbusier에서 발행됐다.

19 이 청·녹·백·황 네 개의 색은 색채 연구자들로부터 기본 4색으로 인정된 색들로 동 기간에 건설된 그의 두 걸작인 롱샹 성당과 라투레트 수도원에서 선택되어 자연광과 함께 어우러졌던 색들이다. 이 네 색과 자연광의 조화에 대한 연구로 이관석, 「르코르뷔지에 종교건축의 예배공간에 유입된 자연광의 역할과 의미」, 『대한건축학회논문집』, 제33권 8호, 2017 참조. 이 미술관의 옥상에서 행해진 이러한 실험적이고 시적인 시도는 르코르뷔지에가 1930년경 파리 폴리냑Polignac의 공주 저택에서 만난 파스퇴르 연구소장 푸르노Fourneau 교수의 아이디어를 실행한 결과다. Le Corbusier, *Oeuvre complète* 1946-1952, vol.5, Girsberger, 1953, p. 157.

20 도면번호 24.637, 24.662, 24.673, 24.672, 24.679, 24.683, 24.685, 24.728, 24.733, 24.617, 24.746, 24.745, 24.747, 24.748, 24.757, 24.768, 24.767, 24.773, 29.938, 29.973 등 다수의 스케치가 남아 있다. H. Allen Brook(éd.), *Musée d'Art Occidental, Tokyo and Other Buildings and Projects, 1957-1961*, The Le Corbusier Archive, vol. XXX, Garland Publishing, Inc. & Fondation Le Corbusier, 1984 참조.

21 당초 중앙전시실만 기획 전시공간이고 상부전시실은 인상파 회화를 위한 상설 전시공간이었다. 증축된 현재는 증축부가 상설 전시공간이 되고 르코르뷔지에가 설계한 전시공간 전체는 기획 전시공간으로 쓰인다. 이에 따라, 기획전시인 까닭에 전시물이 빛에 노출되는 기간이 짧아져 본래 없었던 스포트라이트를 증축 시 추가해 부분조명을 보강했다.

22 Le Corbusier, *Oeuvre complète* 1957-1965, vol.7, Editions d'Architecture, 1965, 도판 19 & 20.

23 실제로 찬디가르 미술관을 계획할 당시의 스케치를 보면 다양한 형태의 천창을 고려했던 앞의 두 미술관과 달리 두 가지 다른 유형의 천창만을 검토했는데, 둘 다 일자형 병렬 배치에 적합한 모양이었다. 도면번호 4.857 & 4.859 참조. Chandigarh: *City and Musée*, The Le Corbusier Archive, vol. XXV, Garland

Publishing, Inc. & Fondation Le Corbusier, 1983, pp. 112-113.

미스 반데어로에의 '보편적 공간' 개념으로서의 미술관

1 제1차 세계대전 전후의 혼란 속에서 회화, 문학, 연극, 조형예술, 건축 등 모든 예술 분야에 걸친 20세기 초 독일어권 예술운동이다. 유럽의 붕괴가 임박했다는 니체의 신념에 따라 독일 예술가들은 미래지향적 꿈과 민족주의적 꿈을 꿨는데, 하나로 융합할 수 있는 예술적 어휘를 찾으며 혼란기의 격렬하고 부조리한 감정을 예술작품에 불어넣기 위해 개인적인 표현의 자유를 추구했다. 무의식이 이성을 지배하고 환상적인 상황에서 무의식이 나타나기를 갈망하는 낭만주의의 특징을 보였다.

2 『유리 사슬』은 종전 다음 해인 1919년 11월부터 1920년 12월까지 건축가들이 쓴 편지 형식의 글을 발표해 독일 표현주의 건축의 기반을 형성했다.

3 Sigfried Giedion, Space, *Time and Architecture*, 5th edition, Harvard, 1967, pp. 270-271.

4 A. James Speyer & Frederick Koeper, *Mies van der Rohe*, Art Institution of Chicago, 1968, p. 58.

5 Clarence Stein, "Making Museums Function", *Architectural Forum*, vol. LVI, n°6, June 1932, pp. 615-616. 그는 글 "The Art Museum of Tomorrow", *Architectural Record*, vol. 67, n°1, Jan. 1930, pp. 5-12에서 융통성에 대한 그의 생각을 서술했다.

6 Michel Foucault, *The Order of Things: An Archeology of the Human Sciences*, Vintage, New York, 1973.

7 컬리넌 홀과 브라운 전시관으로 확장된 이 건물에는 20세기와 21세기 예술작품과 함께 오세아니아의 설치 미술품, 아시아 예술품, 인도네시아 금 공예품, 콜럼버스 이전과 남부 사하라 아프리카의 예술품들이 전시되고 있다.

8 Franz Schulze, *Mies van der Rohe: A Critical Biography*, The University of Chicago Press, 1985.

9 Wolfgang Pehnt, *German Architecture, 1960-1970*, Praeger, London, 1970, p. 170.

10 Walter Gropius, *Apollo in the Democracy-The Cultural Obligation of the Architect*, McGraw-Hill, New York, 1968, pp. 141-150.

근대건축의 거장들이 현대 뮤지엄 건축에 끼친 영향

1 이 내용은 필자의 선행 연구인 이관석, 「'이상적인 단위전시공간' 개념으로 고찰한 전시공간의 변천」, 『대한건축학회논문집』, 제16권, 제3호, 2000에서 숙고된 것으로 필자의 저작물인 『현대 뮤지엄 건축』에서 뮤지엄의 오늘과 내일을 얘기할 때 근대적 뮤지엄이 현대 뮤지엄에 끼친 영향을 소개하며 요약 서술된 바 있다.

2 르네상스 말기에 나타나 바로크가 시작되던 17세기 초에 작곡가들이 즐겨 사용한 변주법이다. 음형 변주기법과 연관되면서도, 선율 음형을 진술하되 선율 성부가 아니라 베이스 성부에서 선율 음형이 거의 변하지 않고 반복된다.

3 Suzanne Stephens(ed.), *Building the New Museum*, The Architectural League of New York, Princeton Architectural Press, 1985, p. 59.

4 Véronique Tréand, "Naturalism Scandinave", *Techniques & Architecture* n°408, Juin-Juillet 1993, pp. 79-81.

5 이때의 프로그램과 제출된 작품들은 "The open Nordic/Baltic Design Competition for the Museum of Contemporary Art", *The Finnish Architectural Review*, Helsinki, June 1993 참조.

6 Steven Holl, 설계경기 작품설명서에서, *l'Architecture d'Aujourd'hui* n°291, fév. 1994, p. 111.

7 "Denver Art Museum: Spirited and Unconventional", *Architectural Record* vol. 151, n°3, March 1971, pp. 87-92.

8 오르도스 뮤지엄은 미국 건축가이자 시스템 이론가, 작가, 디자이너, 발명가, 미래주의자인 풀러B. Fuller, 1895-1983가 기후를 안정시키고 공해를 줄이기 위해 맨해튼 중심부를 지름이 3킬로미터나 되는 거대한 디오데식geodesic 돔으로 덮고자 상상했던 '맨해튼 돔Manhattan Dome'에서도 영감을 받았다.

9 Balkrishna Doshi, "Maître & Modèles", in *CORVU VU PAR*, Pierre Éditeur, 1987, p. 73. 르코르뷔지에의 설계사무실에서 근무했고 이후 오랜 기간 칸과도 협업한 도쉬가 르코르뷔지에의 사망 소식을 접하고 파리를 방문한 후 이미 비보를 알고 있던 칸을 3일 후 만났을 때 들은 탄식이다.

10 동경대 교수 고야마H. Koyama는 칸이 각각의 공간에 자체의 중심을 갖게 했으며 각 공간을 정의하기에 적정한 방법으로 각 공간에 빛을 받아들이게 했음을 지적했다. "Louis I. Kahn and His Times", *Louis Kahn* 작품집 서문, *a+u*, Nov. 1983, p .22.

11 Peter Carter, Mies van der *Rohe at work*, Phaidon, 1999, p. 171.

2부. 건축가 정신과 현대 뮤지엄 건축

제임스 스털링의 도시 맥락적 뮤지엄

1 Francesco Dal Co, "Development of Stirling's Style, Recent Work of James Stirling Michael Wilford and Associates", *a+u* special issue, p. 9. 건축 비평가 필러Martin Filler, 1948-는 1971년 스털링이 영국 건축가 윌포드Michael Wilford, 1938-와 협력하면서부터 소위 포스트모더니즘으로 본격적으로 기울었음을 지적했다. Cultural Centering in *Architectural Record*, Sep. 1984, p. 140. 그러나 스털링은 자신이 포스트모더니스트로 불리는 것을 받아들이지 않았다.

2 스털링은 본 연구의 대상인 세 미술관을 계획한 이후에도 신축, 증축 및 개축을 위한 여러 미술관을 설계했는데, 모두가 기존의 건물이나 도시적 상황의 해석에서 유추한 결과물이었다. 그의 미술관 계획안으로 새클러 갤러리Sackler Museum, Boston, 1979-1984, 클로어 갤러리Clore Gallery, London, 1980-1987, 테이트 리버풀Tate Liverpool, 1984-1988, 티센 갤러리Thyssen Gallery, Lugano, -1986, 치테리오 궁 아트 갤러리Palazzo Citterio Art Gallery, Milano, -1987 등이 있다.

3 Alain Pélissier, "James Stirling, sa conception du musée", *Techniques & Architecture* n°368, Nov. 1986, p. 128.

4 W. J. R. Curtis, "Virtuosity Around a Void", *The Architectural Review*, Vol. CLXXVI, n°1054, Dec. 1984, p. 41.

5 공모전 때는 이 미술관의 이름이 발라프리하르츠 미술관이었으나 1986년 개관했을 때는 발라프리하르츠 미술관에서 분가한 루트비히 미술관Ludwig Museum과 함께 입주했다. 이후 2001년에 발라프리하르츠 미술관이 새 건물을 짓고 빠져나가 현재 이 미술관의 이름은 루트비히 미술관이다.

6 1977년 10월 9일에 작성되어 *Architectural Design*에 실린 편지에서, Colin Rowe(int.), "James Stirling, Constructions & Projets", Philippe Sers, 1984, p. 252.

7 슈투트가르트 주립갤러리 신관의 입구 홀에는 당초 기둥이 없었으나 구조비용 문제로 추가됐다. 스털링은 개관 연설에서 이로 인해 텅 비고 재미없던 공간이 더 좋아졌다고 말했다. James Stirling, "Topping Out Ceremony Stuttgart 12 February 1982" in *Architectural Design Profile*, Academy Editions, 1982, p. 56.

8 F. Dal Co, "Development of Stirling's Style, Recent Work of James Stirling Michael Wilford and Associates", *a+u* special issue, p. 5.

9 공간성의 관점에서 고전적 박물관과 근대적 박물관 및 현대 박물관의 전시공간 변천사를 고찰한 연구로 이관석, 「이상적인 단위전시공간 개념에서 본 전시공간의 변천」, 대한건축학회논문집, 16권 3호, 2000, pp. 39-48 참조.

10 Alain Pélissier, "James Stirling, sa conception du musée", *Techniques & Architecture* n°368, Nov. 1986, pp. 127-129.

11 이에 대해서는 이관석, 「현대 박물관 건축에서 고전적 전시공간이 재현된 배경과 그 특성」, 대한건축학회논문집, 제17권 11호, 2001, pp. 107-116 참조.

12 Heinrich Klotz, *Moderne une Postmoderne*, Viewegs, 1984 참조.

13 이 미술관이 지닌 외부 지향적 산책의 특성에 관하여 이관석, 「현대 박물관에 나타나는 '건축적 산책'의 유형」, 대한건축학회논문집, 제14권 제3호, 1998, pp. 175-176 참조. 프랭크 베르너Frank Werner는 그의 글 "The New Acropole of Stuttgart", *Lotus* 43, Electa, 1984에서 이 미술관의 역사적 참조에 대해 기술했다.

한스 홀라인과 아라타 이소자키의 이념적 뮤지엄

1 "한스 홀라인과 아라타 이소자키는 여전히 전위적인 현대 예술품에 민감하게 반응해온 건축가들이다. 두 사람 모두 (자신들 작품의) 생산자로서, 또한 예술가, 비평가, 큐레이터들의 절친으로서 예술계에 깊이 관여해 있는 것은 우연이 아니다." D. Davis, *The Museum Transformed*, Abbeville Press, 1990, p. 83.

2 H. Klot & W. Krase, *New Museums in the Federal Republic of Germany*, Academy Editions, 1986, p. 16.

3 H. Hollein, "Paroles d'Acceptance pour le prix Pritzker en 1985", *Zodiac* 12, 1994, p. 124.

4 J. Cladders, *Catalogue d'exposition de la Galerie Ulysses*, Vienne, 1979.

5 B. Paczowski, "la complexité hétérogène de hans hollein", *Architecture intérieure CREE*, n°190, 1982, p. 135.

6 J. Rykwert, 「Hans Hollein의 건축사고방식: 아이러니-한스 홀라인의 접근방식」, 진경돈 등, 『미술관 건축』, 황보출판사, 2003, p. 190.

7 이관석, 「현대 박물관에 나타나는 '건축적 산책'의 유형」, 『대한건축학회논문집』, 제14권, 제3호, 1998, pp. 167-178 참조.

8 J. M. Montaner, *Museums for the New Century*, Ed. Gustavo Gili, S.A., Barcelona, 1995, p. 18.

9 H. Hollein, "Tradition and Context", *The Japan Architect* 59(10), 1984, p. 11. 홀라인은 매우 비엔나적인 삶의 방식인 이원적 접근법이 자기 건축의 진정한 특징이라고 말했다. 홀라인과 비엔나 문화의 관계에 대한 연구로는 F. Achleitner, "des Viennois Positions", *Lotus*, 29, 1981, pp. 5-27이 있다.

10 소언 경이 건설한 세 주택이 합쳐져 미술관이 됐다. 첫 주택은 1792년에 지어졌다. 여기서 주 분석 대상인 두 번째 주택은 1812년에 준공됐다. 세 번째 주택은 1824년에 완료됐다. 이 주택은 사람이 거주하는 장소이자 석고로 만든 주조물들을 전시하는 뮤지엄이었다. 소언 경이 1월에 사망한 1837년에 사용 방식과 자연광을 전시하는 실험의 장으로 대중을 위해 공식 개관됐다.

11 J. Glancey, "Museum, Mönchengladbach, West Germany", *The Architectural Review*, 1030, Dec. 1982, p. 64.

12 J. Rykwert, "Mönchengladbacher Kunstkolonie auf dem Abteiberg", *Domus* n°632, Oct. 1982, p. 16.

13 이 부속실들의 운율은 확실하게 다르다. 강당은 바닥과 천장이 커다란 바둑판처럼 격자무늬며 의자들은 엄격하게 정렬됐고 바닥을 향한 진한 녹색의 천장을 따라서 빛은 고속도로의 헤드라이트들처럼 열을 맞춘다. 그러나 깊은 구석과 알코브alcove, 곡선과 주조물, 장식된 문과 서랍장이 있는 교실의 조명은 절제되고 여러 색깔을 띤다.

14 규정된 공간은 출입구 이외는 벽으로 둘러싸여 그 모양과 경계가 정해진 공간이고, 자유롭게 열린 공간은 그 경계가 벽으로 명확하게 구분되어 있지 않은 상태에서 그 내부에 칸막이 등을 이용해 필요시 공간을 원하는 대로 구획하여 사용할 수 있는 공간이다.

15 관련된 이소자키의 설명은, A. Isozaki, "A Chain of Subtle Changes", *The Japan Architect*, vol. 62, 1987, pp. 22-23 참조.

16 "정육면체는 공간의 단위인데, 왜냐하면 그것은 단순화의 최종 형태이기 때문이다. 그것은 불안정하고 자연에서 거의 찾아볼 수 없기에 인공성의 상징이며, 흔히 인공의 은유로 사용된다. A. Isozaki, "La métaphore du cube", *Architecture* n°402, Avril 1977, pp. 62-63.

17 A. Isozaki, "l'entretien avec Geneviève Monnier", *Techniques & Architecture*, Nov. 1986, p. 94.

18 A. Isozaki, "l'entretien avec Francis Rambert", *Architectures* n°12, Jan.-Fév. 1991, pp. 42-43.

19 프랑스는 공공 프로젝트의 경우 규모에 따라 대통령, 지사, 시장 같은 행정 총책임자가 심사위원들에 의해 등위가 매겨진 채 추천된 일정 수의 계획안 중에서 당선작을 최종 결정하는 권한을 가졌다. 화산활동 유럽센터가 위치한 지역인 오베르뉴Auvergne의 당시 행정수반은 프랑스 제23대 대통령직에서 물러난 지스카르 데스탱Valéry Giscard d'Estaing, 1926-이었다. Ph. Jodidio, "Architectures sur un volcan", *Connaissance des Arts*, S.F.P.A., 1994, p. 30.

20 Fujimi County Clubhouse와 Kitakyushu Central LibraryKitakyushy, 1973-1974를 비롯해 Yano HouseKawasaki, 1973-1975, Kaijima HouseTokyo, 1976-1977, Hayashi HouseFukuoka, 1976-1977, Aoki HouseTokyo, 1977-1978, Irahara HouseFukuoka, 1979-1980, Nakagami HouseFukui, 1982-1983 등에서 이소자키는 상자형 위에 얹힌 눈길을 끄는 지붕 형태로 반원통형 볼트를 애용했다.

21 젠크스도 이 자그마한 입구의 기능을 조금도 의심하지 않았다. Charles A. Jencks, "Hans Hollein", *Architectural Design* 53, 1983, p. 114.

22 G. Mack, *Art Museums Into the 21st Century*, Birkhäuser, 1999, pp. 24-25.

23 필자의 관점은 이 미술관이 쓸데없는 관례에 묶여 고루하며, 그림이 그려진 시점부터 500년의 시차를 비전문가인 방문객들이 상상력으로 뛰어넘도록 격려하지 못하고 오히려 위축시켰다고 본 라잉 아트갤러리 관장 밀라드 J. Millard의 견해와 일치한다. J. Steele, *Museum Builders*, Academy Editions, 1994, p. 247.

리처드 마이어의 백색 뮤지엄

1 Peter Plagens, "Flights of Folly", *Newsweek*, Aug. 12, 2002, pp. 40-44 참조.

2 Richard Meier, "Entretien avec Jean Mas", *l'Architecture d'Aujourd'hui*, no. 284, Apr. 1991, p. 84.

3 Philip Jodidio, *Richard Meier*, Taschen, 1995, pp. 6-8.

4 위의 책, p. 22.

5 르코르뷔지에, 『건축을 향하여』, 이관석 역, 동녘, 2002, p. 11.

6 Richard Meier, "Entretien avec Jean Mas", *l'Architecture d'Aujourd'hui* no.284, Apr. 1991, p. 84.

7 Alain Pélissier, "Entretien avec Richard Meier", *Techniques & Architecture* n°352, Mars, 1984, p. 136.

8 Henri. Ciriani, "Radieux Meier", *l'Architecture d'Aujourd'hui* n°274, Avril 1991, p. 80.

9 Frank Stella, "Light is Life", *Richard Meier*, Taschen, 1995, p. 8.

10 위의 책, p. 42.

11 Richard Meier, Richard Meier Architect, Rizzoli, 1984, p. 8.

12 그러므로 백색은 진실의 정신과 동의어다. 일반적으로 백색은 색채의 부재—안료(물질)로서—이며, 색채의 총합—빛(정신)으로서—이다. 아무것도 없음과 모든 것이 있음, 혹은 침묵과 계몽을 동시에 의미하는 백색의 아름다움은 그에게 있어서 두 단어로 압축될 수 있는데 그것은 바로 순수(aimer la pureté)와 정의(avoir le jugement)이다. Le Corbusier, *L'Art décoratif d'aujourd'hui*, 1925, p. 191. 정진국, 『르코르뷔지에가 선택한 최초의 색채들』, 공간사, 2001, p. 27에서 재인용.

13 Richard Meier, *Richard Meier Architect*, Rizzoli, 1984, p. 9.

14 1980년 1월, 아테네움에 대한 대담 중에서, Charles Jencks, "An Aesthetic of Richard Meier-Liminal Space", *Richard Meier, Buildings and Projects 1979-1989*, Academy Editions, 1990, pp. 14-16.

15 Stanislaus von Moos, 『르꼬르뷔지에의 생애』, 최창길·예명해 역, 기문당, 1994, p. 115.

16 新建築, "미술관", 박물관 계획, 1982, 2월호.

17 이에 관한 연구로는 채호병·이관석, 「현대 박물관에서의 입구 홀 구성방식에 관한 연구」, 『대한건축학회 대전·충남지회논문집』, 10권 1호, 2002, pp. 61-67 참조.

18 이와 같은 관찰은 후일 접한 프램턴의 언급에서도 확인된다. 그는 유리로 싸인 경사로로 인해 입면이 역동성의 과시로 전환됐으며 건물의 대중적 신분을 표현한다고 설명했다. Kenneth Frampton, "Works in

Transition", *Richard Meier Architect 1985-1991*, Rizzoli, 1991, p. 10.

19 김광현, 「건축과 공간」, 『이상건축』, 1998, p. 81.

20 현대 박물관에 나타나는 건축적 산책의 유형에 대한 연구로 이관석, 「'건축적 산책' 개념으로 본 건축에서의 시·공간」, 『프랑스학연구』, 제19권, 프랑스학회, 겨울 특집호, 2002, pp. 167-177 참조.

21 Tracy Metz, "A Circle in the Square", *Architectural Record*, Oct. 1995, p. 92.

22 Gerhard Mack, *The Museum as Campus*, Art Museums Into the 21st Century, Birkhäuser, 1999, pp. 52-63.

23 Frank Stella, "Light is Life", *Richard Meier*, Taschen, 1995, p. 18.

24 Georges Kepes, *Language of Vision*, Dover Publication, 1995, p. 76.

25 건축공간의 연출에 관한 서술인 투명성 개념은 건축 역사가이자 비평가, 이론가인 콜린 로우1920-1999에 의해 주창(Colin Rowe & Robert Slutzky, *Transparence Réelle et Virtuelle*, les Editions du Demi-Cercle, 1992)됐으며, 이후 다수의 연구자에 의해 실제 건물에 적용되거나 또 다른 해석을 유발했다.

26 임석재는 콜린 로우의 현상적 투명성의 배경으로 이와 같은 오스트리아 예술사학자 리글Alois Riegl, 1858-1905의 2차원 면 이론을 언급한다. 임석재, 「마이클 그레이브스의 네오 모더니즘 건축에 나타난 후기 구조주의적 가능성과 현상적 투명성」, 『대한건축학회논문집』, 16권 10호, 2000, p. 89.

27 김홍일은 제일 뒤쪽에 있는 배경으로서 빛을 받는 면을 무시한 콜린 로우의 '자의적 투명성' 개념에 반해 이를 중시한 '가시적visual 투명성'을 주창했다. 김홍일, 「콜린 로우 "투명성 이론"의 건축 공간분석 적용에 관한 연구」, 『대한건축학회논문집』, 18권 9호, 2002, pp. 33-42.

안도 다다오의 반反통례적 뮤지엄

1 나오시마 현대미술관, 히메지 문학관, 장식고분박물관, 치카츠 아스카 역사관, 나무 박물관, 고조 문화관, 나리와 미술관, 사야마이케 역사관이 여기에 해당한다. 서상우 교수는 뮤지엄 규모를 특대 규모(20,000제곱미터 이상), 특규모(6,000-20,000제곱미터 미만), 대규모(2,000-6,000제곱미터 미만), 중규모(1,000-2,000제곱미터 미만), 소규모(1,000제곱미터 미만)로 분류한다. 서상우, 『현대의 박물관 건축론』, 기문당, 1995, p. 8. 이 시기에 안도가 설계한 특규모 뮤지엄으로는 어린이 박물관(7,488제곱미터)과 산토리 미술관(13,804제곱미터)이 있다.

2 Masao Furuyama, "Lotus", *Tadao Ando*, Birkhäuser, 1996, p. 25.

3 조디디오는 1980년부터 2002년까지 프랑스의 유명 예술잡지인 『예술인식*Connaissance des Arts*』의 편집장으로 일하며 130권이 넘는 현대건축 관련 책을 썼다. Philip Jodidio, "The Simplicity of Perfection", *ANDO, Complete Works*, Taschen, 2004, p. 6.

4 Tadao Ando, 「안도 타다오의 공간구성과 자연」, 『박물관 건축』, 황토, 2003, p. 291.

5 프램튼은 안도를 "일본에서 지역성을 가장 의식하고 있는 건축가들 중 한 명"으로 평가하며 비판적 지역주의 건축의 일례로 언급했다. K. Frampton, 『현대건축사』, 정영철 외 1인 역, 세진사, 1994, pp. 594-595.

6 Tadao Ando, 「안도 타다오의 공간구성과 자연」, 『박물관 건축』, 황토, 2003, p. 308에서 인용.

7 안도 타다오의 건축사고, http://blog.naver.com/lilylilya/140008085521

8 Tadao Ando, "Interview with Yoshio Futagawa", *Tadao Ando*, GA Document Extra 01, A.D.A. Edita, 1995, p. 9.

9 아돌프 로스는 자신의 건축이 평면이 아닌 공간을 품고 있다고 말한다. 층별 평면과 파사드, 단면이 아닌 공간들을 설계한다는 것이다. 그에게는 1층, 2층이 아닌 인접해 연속적인 공간들과 방들, 테라스만 있다. 층들은 융합되고 공간들은 상호 관계를 맺는다. 예를 들어 주택에서 모든 공간은 서로 다른 높이가 필요해 천장 높이가 달라진다. 그 결과 좌우 또는 앞뒤가 반 층 높이로 서로 어긋나 있기도 하는데, 이때 대각선적으로 상승하거나 하강하는 공간감을 얻을 수 있다. 로스가 프라하에 설계해 1930년에 완공된, 겉모습은 단순한 상자형이지만 단면의 변화로 다양한 공간성을 지닌 뮐러 주택Villa Müller이 대표적이다.

10 Tadao Ando, "Interview with Yoshio Futagawa", *Tadao Ando*, GA Document Extra 01, A.D.A. Edita, 1995, p. 9.

11 강민구 외 1인, 「안도 다다오 건축의 기하학을 통한 공간구성방식에 관한 연구」, 『대한건축학회 추계학술발표대회논문집(계획계)』, vol. 21 no. 2, 2001, p. 601.

12 K. Frampton, 『현대건축사』, 정영철 외 1인 역, 세진사, 1994, p. 595.

13 Tadao Ando, 『연전연패』, 우동선 역, 까치, 2004, p. 200.

14 위의 책, p. 202.

15 Philip Jodidio, "The Simplicity of Perfection", *ANDO, Complete Works*, Taschen, 2004, p. 8.

16 Tadao Ando, "Light, Shadow and Form", *Tadao Ando Complete Works*, Francesco Dal Co, Phaidon, 1995, p. 458.

17 Georges Kepes, *Language of Vision*, Dover Publication, 1995, p. 76.

18 Philip Jodidio, "The Simplicity of Perfection", *ANDO, Complete Works*, Taschen, 2004, p. 8.

19 위의 책, p. 11.

20 김영훈, 「안도 타다오의 작품에 나타나는 수공간의 공생적 해석에 관한 연구」, 『대한건축학회논문집』, 17권 9호, 2001, p. 169.

21 회유回遊식 정원(카이유)은 에도시대江戸時代, 1600-1868에 봉건영주를 위해 만들어진 정원으로 거대한 바위와 나무가 명승지의 경관을 재현하는 데 쓰였다. 사람들은 작은 이 정원을 걸어 다니며 중앙의 연못을 감상했다. 교토의 가쓰라桂 별궁의 정원과 교토 천왕궁의 정원, 도쿄의 고라쿠엔甲子園 정원 등이 이 형식의 정원에 속한다.

22 Tadao Ando, 「안도 타다오 건축의 사유」, *New World Architect*, 건축과 환경, 1991, p. 14.

23 Tadao Ando, in *Pritzker Architecture Prize*, The Hyatt Foundation, 1995.

24 Philip Jodidio, "The Simplicity of Perfection", *ANDO, Complete Works*, Taschen, 2004, p. 8.

25 이와 관련된 연구로는, 채호병 & 이관석, 「현대 박물관에서의 입구 홀 구성방식에 관한 연구」, 『대한건축학회 대전·충남지회논문집』, 10권 1호, 2002 참조.

26 Tadao Ando, "Shintai and space", *Tadao Ando Complete Works*, Francesco Dal Co, Phaidon, 1995, p. 458.

27 Tadao Ando, "Interior, Exterior", Introduction in *Tadao Ando. Buildings, Projects, Writings*, Rizzoli, 1984.

앙리 시리아니의 연속적 근대공간으로서의 뮤지엄

1 "뮤지엄에 대한 나의 모든 생각은 1983년에 쌓였다. 내가 모든 질문을 던졌던 때다. 나는 거장들의 뮤지엄들을 분석했다." Henri Ciriani, "Deux musées une pensée", *d'Architectures*, n°27, Juillet-Août 1992, p. 30.

2 Henri Ciriani, "Ma Modernité", *Henri Ciriani*, I.F.A. & Electa Moniteur, 1984, p. 38.

3 이에 대한 설명은 이관석, 「앙리 시리아니의 박물관 건축에 있어서 공간적 특성에 대한 연구: 1차대전 역사박물관의 전시실을 중심으로」, 『대한건축학회논문집』, 제12권 제7호, p. 45, 1996년 7월 참조.

4 그것이 없이는 건축적 물성을 드러낼 수 없는, 사물을 고정하는 빛의 능력을 인정하면서 시리아니는 자연광을 '감동으로서의 빛', '조명으로서의 빛lumière-éclairage', '눈부신 빛lumière radieuse', '그림 같은 빛lumière picturale'으로 분류한다. Henri Ciriani, "Tableau des clartés", *l'Architecture d'Aujourd'hui*, n° 274, 1991, pp. 77-83.

5 Henri Ciriani, "le lieu de la vérité", Le Monde, 4 Fev. 1993.

6 필자가 시리아니의 두 뮤지엄에 대해 쓴 책의 제목을 『빛을 따라 건축적 산책을 떠나다』로 정한 이유다. Spacetime, 2004.

7 이 박물관을 어떻게 평가하느냐는 필자의 질문에 시리아니는 "그곳에는 아무것도 없다. 그러나 굉장하다.Il n'y a rien, mais il est merveilleux."라고 대답했다.

8 Henri Ciriani, "Construire un musée", *Architecture Intérieure-CREE*, Paris: Société d'Edition et de Presse, Déc. 1991–Jan. 1992, p. 117.

9 2차 설계경기를 위한 지침서, p. 23.

10 1차 설계경기 때 제출한 시리아니의 설계설명서에서, p. 2.

11 H. Ciriani, "Faire la lumière", 시리아니와 F. Chaslin 및 M.-J. Dumont와의 대담에서, *l'Architecture d'Aujourd'hui* n°282, Sep. 1992, p. 77.

12 문화구역 내 중량重量의 유물 수장고가 전시공간과 문으로 연결되는 것 이외는 입구 홀에서만 접촉하는 세 구역의 독립성은 재정의 문제로 박물관을 세 차례에 걸쳐 차례로 건설하고자 한 설계지침에 대한 응답이었다.

13 Henri Ciriani, "Deux pères pour l'Irpa", *Les Nouvelles Publications Économiques et Juridiques*, 31 March 1995.

14 아를에서는 이 마지막 장면의 인상 때문에 방문자들이 먼저 이곳으로 들어가려는 경우가 자주 있었는데, 개관 몇 년 후 시선 가림용 판이 설치되어 이런 특징이 지금은 사라졌다.

15 H. Ciriani, "Faire la lumière", 시리아니와 F. Chaslin 및 M.-J. Dumont와의 대담에서, *l'Architecture d'Aujourd'hui* n°282, Sep. 1992, p. 74.

16 예를 들어, 그의 이론에 의하면, 하나의 기둥은 사람을 기둥을 따라 돌게 하는 성향이 있고, 기둥이 둘 있으면 그 사이를 통과하게, 기둥이 셋이면 보이지 않는 막을 형성하여 심리적으로 통과를 억제하는 성향이 있다. 이외에도 기둥은 수직칸막이(벽), 수평칸막이(슬래브), 빛과 그림자와 조합되어 풍부한 공간성을 연출하는 데 기여한다.

17 Louis Kahn, Ch. Devillers의 인용, "La lumière selon Kahn", *l'Architecture d'Aujourd'hui*, April 1991, p. 150.

18 Henri Ciriani, *Henri Ciriani: le concept muséographique*, Elisabeth Allain-Dupré와의 인터뷰에서, Moniteur des Travaux Publics et du Bâtiment, 14 Avril 1995.

19 방문 경로에 따른 전시품의 소개는 Alain Charron, *Archéologia*, April 1995, pp. 18-29 참조.

20 생테 씨가 필자에게 보내준 편지에 담긴 내용의 일부다. 시리아니는 필자의 질문에 아마 예산의 부족도 큰 이유였을 것이라고 대답했다. 전시 전문가들에게 줘야 할 비용의 절반도 안 되는 금액으로 일을 수행하면서 어려움이 많았음을 토로했다. 아를과 페론의 뮤지엄은 둘 다 재정의 어려움으로 공사가 중단될 위기에 처했다가, 작품의 우수성을 인정한 유럽연합의 지원으로 완공될 수 있었다.

21 제1전시실은 1914년 전쟁 동원령 전까지, 제2전시실은 전쟁이 발발한 1914년에서 1915년까지, 제3전시실은 1916년에서 1917년까지로 솜 전투와 독일의 퇴각까지, 제4전시실은 1918년의 미군 개입, 독일군의 춘계 대공세, 종전까지의 전방과 후방의 모습을 보여준다. 제1전시실과 제2전시실 사이에는 초상화실 Salle des Portraits이 있다.

22 시리아니는 일반적으로 쓰이는 벽과 유리라는 용어 대신 불투명과 투명이라는 용어를 주로 쓴다. 외부와 내부를 차단하는, 하중을 받는 벽은 더 이상 무의미하며, 내부의 공간을 외부와 한계 짓는 단순한 피막의 역할만 인정하는 근대적 벽의 개념을 받아들여 시각적으로 가려진 불투명성과 열린 투명성의 개념을 사용한다.

23 그르노블건축대학에서의 강연 내용을 Ch. Devillers가 정리한 미발표된 글에서, Henri Ciriani, "La leçon d'architecture moderne", 1988.

24 이 전시실은, 프로그램상에서, 제1전시실과 제2전시실 사이에 있는 중요한 공간으로 전쟁이 발발한 순간 변화되거나 부서질 서민의 삶을 재구성하고, 전쟁 전의 환경과 전쟁 중의 같은 사람들 사이의 변증법적인 시각적 관계를 설정할 것을 요구하고 있다. 즉 이 전시실에서 방문자가 그 순간 이것을 요약한 사람이나 사물을 볼 수 있도록 시각적인 또는 투시도적인 탈출이 있어야 한다. Dossier-Programme du concours de l'Historial de la Grande Guerre, p. 19.

25 Henri Ciriani, "Faire la lumière", *L'Architecture d'Aujourd'hui*, No. 282, Sep. 1992, p. 77 참조. 근대공간의 특성에 대한 시리아니의 연구는 프랑스 도시계획, 주택, 운수성에 1989년 제출된 연구 보고서 *l'Espace de l'Architecture Moderne*를 참조.

26 Dossier-Programme du concours 중 S.2/Organisation spatiale, p. 17.

27 Historial의 전시계획을 담당했던 아들린Rispal Adeline은 필자와의 인터뷰에서, 두 벽의 상실이 바닥과 공간 활용의 직접적인 요인은 아니며, 단지 전쟁터의 전시품은 바닥과 공간에, 후방의 삶은 벽에 전시하기를 원했기 때문이라고 밝혔다. 공간의 특성을 살린 좋은 해결법으로 평가받는 이 방법은, 그러나 전시계획을 위한 별도의 공모전이 착공 후 10개월이 지난 1990년 7월에나 있었던 것을 감안하면, 이미 확정된 전시공간의 특성이 이 방법의 채택에 영향을 끼쳤음이 분명하다. 전시계획을 위한 공모전에 심사위원으로 참가했던 시리아니도 선뜻 동의할 수 있었다.

28 Henri Ciriani, "Tableau des clartés", *L'Architecture d'Aujourd'hui*, no. 274, Avril 1991, pp. 77-83.

29 이 수도원 부속 성당의 자연광에 대한 연구로는 이관석, 「르코르뷔지에 종교건축의 예배공간에 유입된 자연광의 역할과 의미」, 『대한건축학회논문집』, 제33권 8호, 2017, pp. 47-56, 2017 참조.

30 고대 그리스와 로마에서 시장이나 상업거래장이었으나 후에 법원이나 공공집회장 등으로 쓰인 공공건물로서 초기 기독교 시대에 장방형 평면과 구조를 이용해 바실리카식 교회당이 고안됐다.

31 Henri Ciriani, 「공간의 빛 Lumière de l'espace」의 서문에서, *L'Architecture d'Aujourd'jui*, no. 274, April 1991, p. 76. 이 불투명은 빛에 대한 의식을 전제로 한다. 불투명은 태양과의 관계에서 공간을 고정시킨다. 시리아니의 불투명은 어둠 속에서는 존재하지 않는다.

32 Dossier-Programme du concours, p. 5.

33 시리아니는 건축가로서의 전성기 때도 자신에게는 교육이 더 중요하다며 밤늦은 시간까지 진행되는 설계 강의를 거른 적이 없었다. 학교에는 왔으나 한 번 수업을 못 한 적이 있는데, 미국이 리비아를 공습한 날이었다. 그는 학생들 앞에 앉아 한참 동안 손으로 얼굴을 비비며 괴로워하다가 "건축이 평화의 행위인데 오늘 같은 날은 정말 수업을 하기 힘드니 이해해주길 바란다."며 양해를 구하고 자리를 떴다.

노먼 포스터의 뮤지엄에 나타나는 기술적 이미지와 맥락적 조화

1 Norman Foster, "Studio in Norman Foster", *GA Document* Extra 12, 1989, p. 25.

2 진경돈 등, 「카레 다르」, 『미술관 건축』, 황토, 2003, p. 203.

3 Kenneth Powell, *Foster Associates, recent works*, Academy Editions, 1992, p. 9.

4 Norman Foster, "Inaugural Academy Architecture Lecture", *Architectural Design*, Academy Editions, 1991, p. 29.

5 Deyan Sudjic, 『노만 포스터의 건축 세계』, 곽재은 역, 동녘, 2010, p. 142.

6 Norman Foster, *Letter to the Sunday Times*, 6 Dec. 1987.

7 Deyan Sudjic, 『노만 포스터의 건축 세계』, 곽재은 역, 동녘, 2010, p. 202.

8 Norman Foster, "Studio in Norman Foster", *GA Document* Extra 12, 1989, pp. 38 & 60.

9 Norman Foster, *Foster 40 Projects*, Prestel Verlag, 2007, p. 68.

10 1851년 런던에서 개최된 만국박람회에 전시된, 기계로 생산된 제품들의 형편없는 미적 수준에 충격을 받아 19세기 후반에 영국에서 수공예와 일용품의 높은 디자인 수준을 추구한 운동이다. 그 전까지 생활용품 디자인에 냉담했던 순수 예술가들이 제품 디자인이라는 응용예술에 뛰어드는 계기가 됐다.

11 Kenneth Powell, *Foster Associates, recent works*, Academy Editions, 1992, p. 8.

12 애초 대학 내 다른 곳에 대지가 예정되어 있었으나 포스터가 이곳을 제안했다. 조경면적도 더 확보할 수 있고 필요시 증축도 쉬웠기 때문이다. Deyan Sudjic, 『노만 포스터의 건축 세계』, 곽재은 역, 동녘, 2010, pp. 191-192.

13 Norman Foster, *Foster Works 2*, Prestel, 2005, p. 484.

14 Norman Foster, *Foster 40 Projects*, Prestel Verlag, 2007, p. 68.

15 스머크Sydney Smirke, 1797-1877의 설계로 1854년에 착공되어 1857년에 완공된 영국박물관 중정의 리딩룸은 리노베이션 후 2000년에 재개관됐지만 2007년에서 2014년까지는 기획 전시공간으로 사용됐다. 현재는 닫힌 채 미래의 용도를 논의 중이다. 리딩룸의 본래 역할은 런던의 세인트판크라스에 새롭게 마련된 영국도서관 건물로 옮겨갔다.

16 Norman Foster, "Inaugural Academy Architecture Lecture", *Architectural Design*, Academy Editions, 1991, p. 30.

17 Raul A. Barreneche, *New Museums*, Phaidon, 2005, pp. 66-77.

프랭크 게리의 대중화된 문화로서의 뮤지엄

1 프랭크 게리 방한 인터뷰에서, 곽아람, 「뻔한 것은 건축이 아니다」, chosun.com, 2012. 09. 06.

2 Gerhard Mack, *Art Museums Into the 21st Century*, Birkhäuser, 1999, p. 24.

3 특히 게리 사무실에서 컴퓨터를 이용한 작업이 확대되고 큰 주목을 받은 디즈니 콘서트홀과 빌바오 구겐하임 미술관 등이 진행된 1990년대 이후에 Children's Museum in Boston, Corcoran Gallery of Art, Jerusalem Museum of Tolerance, Museo Puente de Vida, Leeum 등 다수의 뮤지엄이 계획됐으나 실현되지 못했다.

4 V. Newhouse, *Towards a New Museum*, The Monacelli Press, 2006.

5 J. M. Montaner, *Museum for the 21st Century*, Ed. Gustavo Gili, S.A., Barcelona, 2003.

6 김은경, 「트렌드로 이해하는 현대 미술관 건축」, 『국립현대미술관연구논문』, 2009, pp. 219-236.

7 게리는 1929년 토론토 태생으로 1947년 LA로 이주했다. 1956년부터 이듬해까지 하버드 건축대학원에서 수학하고 1961년 1년간 파리에 체류하며 일한 기간을 제외하고 지금까지 LA에서 작업 중이다.

8 Rafael Moneo, 『라파엘 모네오가 말하는 8인의 현대건축가』, 이영범 외 3인 역, 공간사, 2008, p. 310.

9 이일형, 『최초의 해체주의 건축가 프랭크 게리』, 살림, 2004, p. 38. 하지만 게리는 역사적인 요소와 상세의 수사적인 사용이나 모방이라는 측면에서는 탈근대에 대해 분노의 감정을 가졌다. Pilar Viladas, 「1980년대의 프랭크 게리」, 『프랭크 게리』, 김인철 역, 집문사, 1998, p. 112.

10 B. Isenberg, 『프랭크 게리와의 대화』, 이상근 역, 위즈덤피플, 2011, pp. 67-68.

11 M. Friedman, 『게리』, 이종인 역, 미메시스, 2010, p. 60.

12 정인하, 『현대건축과 비표상』, 아카넷, 2006, 103 & 121쪽. 저자는 이 책에서 물질의 존재 방식, 운동과 시공간, 그리고 인간 존재와 세계라는 관점에서 주름 개념을 설명한다.

13 들뢰즈는 일종의 상호관계적인 발작interrelational paroxysm 안에서 라이프니츠Leibniz가 말한 주름fold 개념의 규정에 따라 과학과 문화의 다양한 양상들을 고찰했다. Irving Lavin, "Going for Baroque: Frank Gehry and the post-modern drapery fold", *Frank Gehry 1996-2003*, El Croquis, n°117, 2003, p. 41.

14 M. Friedman, 『게리』, 이종인 역, 미메시스, 2010, pp. 42-43.

15 B. Isenberg,『프랭크 게리와의 대화』, 이상근 역, 위즈덤피플, 2011, p. 236.

16 정인하,『현대건축과 비표상』, 아카넷, 2006, pp. 166-168.

17 M. Friedman,『게리』, 이종인 역, 미메시스, 2010, p. 33.

18 Rafael Moneo,『라파엘 모네오가 말하는 8인의 현대건축가』, 이영범 외 3인 역, 공간사, 2008, p. 315.

19 Beatriz Colomina, "A Conversation with Frank Gehry", *El Croquis*, n°117, 2003, p. 10.

20 M. Friedman,『게리』, 이종인 역, 미메시스, 2010, p. 36.

21 Frank Gehry, *Frank Gehry 1996-2003*, El Croquis 117, 2003, p. 132.

22 'Sky Church', 'Crossroads', 'Sound Lab', 'Artist's Journey', 'Electric Library', 'Ed. House'의 여섯 요소가 EMP의 전시와 공공 프로그램을 구성한다. 각 요소에 대한 설명은 위의 책, p. 136 참조.

23 Ben van Berkel의 Valkhof 미술관, 뉴욕 MOMA의 아트리움, Tate Modern의 터빈홀 등이 여기에 속한다.

24 멘디니의 주도로 프랑스의 산업 디자이너 필립 스탁Philippe Stark, 1949-, 밀라노 출신 건축가 미셸 드 루치Michelle de Lucchi, 1951-, 오스트리아의 해체주의 설계회사인 쿱 힘멜블라우Coop Himmelblau 등이 협력했다.

25 J. M. Montaner, *Museum for the 21st Century*, Ed. Gustavo Gili, S.A., Barcelona, 2003, pp. 94-107.

26 L. Allegret, *Musées*, Electa Moniteur, Milan-Paris, 1987, p. 8.

27 건축가 모네오가 계획 시 가장 중점을 둔 부분이라고 언급했다. "The Almost Vanishing Museum", in G. Mack, *Art Museums Into the 21st Century*, Birkhäuser, 1999, p. 65.

28 "A Museum Made of Light", 위의 책, pp. 98-107.

29 위의 책, pp. 24-25.

30 B. Isenberg,『프랭크 게리와의 대화』, 이상근 역, 위즈덤피플, 2011, p. 223.

31 Jan Jelinek, *Museum* 25, n°1-2, 1975, p. 112.

32 E. H. Gurian, "A Blurring of Boundaries", *Curator* 38, n°1, 1995, p. 31.

33 K. Hudson, "The Museum Refuses to Stand Still", *Museum International* 50, n°1, 1998, p. 46.

34 E. P. & M. Alexander, Museums in Motion, 2nd Edition, Altamira Press, 2008과 G. Anderson(ed.), *Reinventing the Museum*, Altamira Press, 2004. 이와 같은 책은 많은 연구자에 의해 수행된 뮤지엄의 기능과 패러다임의 변천에 대한 역사적·현대적 전망을 다양한 각도에서 보여준다.

35 앞서 거론된, 독일 내 방문자 수 50위권이었다가 증축 후 1위로 뛰어오른 슈투트가르트 주립갤러리 신관이나, 전시물 설치 20개월 전에 미리 공개돼 35만 명의 유료 입장객이 들렀고 개관 후 18개월 동안 100만 명이 몰려 건물만으로 이미 존재 목적을 충분히 드러낸 베를린 유대인 박물관Jüdisches Museum Berlin, D. Libeskind, 1989-1997의 사례 등을 들 수 있다.

36 이 뮤지엄이 가져온 사회문화적 영향을 다수 관련 학자들이 공동 기술한 *Learning from the Bilbao Guggenheim*이라는 책까지 발간됐다. 미국 건축가 필립 존슨Philip Johnson, 1906-2005은 이 미술관을 "우리 시대의 최고 걸작"으로, 뉴욕타임스는 "전 세계에서 가장 높은 찬사를 받는 새로운 빌딩"이라며 빌바오

의 경제적 활력을 되찾게 했다고 논평했다. 개관 후 10년간 천만 명에 가까운 방문객이 다녀갔고 19억 유로의 관광 수입을 올렸다.

37 Charles Jencks and others, *Contemporary Museums,* Architectural Design, vol. Nov./Dec. 1997, p. 33.

38 Pilar Viladas, 「1980년대의 프랭크 게리」, 『프랭크 게리』, 김인철 역, 집문사, 1998, p. 161.

39 G. Mack, *Art Museums Into the 21st Century*, Birkhäuser, 1999, p. 23.

40 L. Allegret, *Musées*, Electa Moniteur, Milan-Paris, 1987, p. 8.

41 Laura Hourston, *Museum Builders II*, Wiley Academy, 2004, p. 131.

42 Alejandro Zaera, "Conversations with frank O. gehry", *El Croquis* 74/75, 1995, p. 13.

참고문헌

국내 단행본 및 잡지

곽아람,「뻔한 것은 건축이 아니다」, chosun.com, 20120906, 2012.
김광현,「건축과 공간」,『이상건축』, 1998.
김억중,『읽고 싶은 집, 살고 싶은 집』, 동녘, 2003.
김원기,「유태인 박물관, 그 이후」,『공간』425호, 2003.
데얀 수드직,『노만 포스터의 건축 세계』, 곽재은 역, 동녘, 2010.
라파엘 모네오,『라파엘 모네오가 말하는 8인의 현대건축가』, 이영범 외 3인 역, 공간사, 2008.
르코르뷔지에,『건축을 향하여』, 이관석 역, 동녘, 2002.
르코르뷔지에,『프레시지옹』, 정진국·이관석 공역, 동녘, 2004.
르코르뷔지에,『오늘날의 장식예술』, 이관석 역, 동녘, 2007.
밀드레드 프리드만,『게리』, 이종인 역, 미메시스, 2010.
바버라 아이젠버그,『프랭크 게리와의 대화』, 이상근 역, 위즈덤피플, 2011.
서민우·서상우·이성훈,『21세기 새로운 뮤지엄건축』, 기문당, 2014.
서상우,『현대의 박물관 건축론』, 기문당, 1995.
스타니슬라우스 폰 무스,『르꼬르뷔제의 생애』, 최창길·예명해 공역, 기문당, 1994.
아르놀트 하우저,『예술과 사회』, 한석종 역, 홍성신서, 1981.
안도 타다오,「안도 타다오 건축의 사유」, New World Architect, 건축과 환경, 1991.
안도 타다오,「안도 타다오의 공간구성과 자연」,『박물관 건축』, 황토, 2003.
안도 타다오.,『연전연패』, 우동선 역, 까치, 2004.
이관석,『빛을 따라 건축적 산책을 떠나다』, Spacetime, 2004.
이관석,『건축, 르코르뷔지에의 정의』, 동녘, 2011.
이관석,『현대 뮤지엄 건축』, 열화당, 2014.
이일형,『최초의 해체주의 건축가 프랭크 게리』, 살림, 2004.
이재훈,「동경 서양 미술관의 건축 공간구성」,『Le Corbusier 건축작품읽기』, 기문당, 1999.
정인하,『현대건축과 비표상』, 아카넷, 2006.
정진국,『르 코르뷔지에가 선택한 최초의 색채들』, 공간사, 2001.
조셉 리크웰트,「Hans Hollein의 건축사고방식: 아이러니」,『미술관 건축』, 황토, 2003.
진경돈 등,「카레 다르」&「Hans Hollein의 건축사고방식: 아이러니-한스 홀라인의 접근방식」,『미술관 건축』, 황토출판사, 2003.
케네스 프램턴,『현대건축사』, 정영철 외 1인 역, 세진사, 1994.
필러 빌라다스,「1980년대의 프랭크 게리」,『프랭크 게리』, 김인철 역, 집문사, 1998.

논문

강민구 외 1인, 「안도 다다오 건축의 기하학을 통한 공간구성방식에 관한 연구」, 『대한건축학회 추계학술발표대회논문집』, vol. 21, no. 2, 2001.

김영훈, 「안도 타다오의 작품에 나타나는 수공간의 공생적 해석에 관한 연구」, 『대한건축학회논문집』, 17권 9호, 2001.

김은경, 「트렌드로 이해하는 현대 미술관 건축」, 『국립현대미술관연구논문』, 2009.

김홍일, 「콜린 로우 "투명성 이론"의 건축 공간분석 적용에 관한 연구」, 『대한건축학회논문집』, 18권 9호, 2002.

이관석, 「앙리 시리아니의 박물관 건축에 있어서 공간적 특성에 대한 연구」, 『대한건축학회논문집』, 제12권 제7호, 1996.

이관석, 「현대 박물관에 나타나는 '건축적 산책'의 유형」, 『대한건축학회논문집』, 제14권, 제3호, 1998.

이관석, 「'이상적인 단위전시공간' 개념으로 고찰한 전시공간의 변천」, 『대한건축학회논문집』, 제16권, 제3호, 2000.

이관석, 「James Stirling의 초기 미술관 계획안에 나타나는 도시 맥락성」, 『대한건축학회논문집』, 제17권 5호, 2001.

이관석, 「현대 박물관 건축에서 고전적 전시공간이 재현된 배경과 그 특성」, 『대한건축학회논문집』, 제17권 11호, 2001.

이관석, 「'건축적 산책' 개념으로 본 건축에서의 시·공간」, 『프랑스학연구』, 제19권, 프랑스학회, 겨울 특집호, 2002.

이관석, 「리처드 마이어의 박물관에 나타나는 건축적 특성과 그 의미」, 『대한건축학회논문집』, 20권 6호, 2004.

이관석, 「안도 다다오의 박물관에 나타나는 건축적 특성과 그 의미」, 『대한건축학회논문집』, 제21권 11호, 2005.

이관석, 「르 꼬르뷔지에의 무한성장박물관 연구」, 『대한건축학회논문집』, 제23권 제7호, 2007.

이관석, 「프랭크 게리의 뮤지엄들이 현대 뮤지엄 건축에서 갖는 의미」, 『대한건축학회논문집』, 제29권 11호, 2013.

이관석, 「한스 홀라인과 아라타 이소자키의 상이한 건축이론이 적용된 두 미술관에 나타나는 건축적 공통점과 그 의미에 관한 연구」, 『한국문화공간건축학회논문집』, 2015. 08.

이관석, 「노먼 포스터의 뮤지엄들에 나타나는 기술적 이미지와 맥락적 조화」, 『대한건축학회논문집』, 제32권 5호, 2016.

이관석, 「르코르뷔지에 종교건축의 예배공간에 유입된 자연광의 역할과 의미」, 『대한건축학회논문집』, 33권 8호, 2017.

이관석, 「뮤지엄 건축 역사의 공백기 보완을 위한 1930년대까지의 초기 근대 뮤지엄 건축 연구」, 『대한건축학회논문집』, 제36권 3호, 2020.

임석재, 「마이클 그레이브스의 네오 모더니즘 건축에 나타난 후기 구조주의적 가능성과 현상적 투명성」, 『대한건축학회논문집』, 16권 10호, 2000.

정진국, 「르 코르뷔지에의 "입방체 구성"에 나타난 기둥의 존재방식과 의미변환」, 『대한건축학회논문집』, 13권 1호, 1997.

채호병, 이관석, 「현대 박물관에서의 입구 홀 구성방식에 관한 연구」, 『대한건축학회 대전·충남지회논문집』, 10권 1호, 2002.

해외 단행본 및 잡지

Achleitner, F., "des Viennois Positions", *Lotus*, 29, 1981.

Alexander, E. P. & Alexander M., *Museums in Motion*, 2nd Edition, Altamira Press, 2008.

Allain-Dupre, E., "Henri Ciriani: le concept muséographique", *Moniteur des Travaux Publics et du Bâtiment*, 14 Avril 1995.

Allegret, L., *Musées*, Electa Moniteur, Milan-Paris, 1987.

Anderson, G.(ed.), *Reinventing the Museum*, Altamira Press, 2004.

Ando, T., "Interior, Exterior", Introduction in *Tadao Ando*. Buildings, Projects, Writings, Rizzoli, 1984.

Ando, T., "Spatial Composition and Nature", *El Croquis*, 44, 1990.

Ando, T., "Tadao Ando", interview with Yoshio Futagawa, *GA Document Extra* 01, A.D.A. Edita, 1995.

Ando, T. *Tadao Ando Complete Works*, Francesco Dal Co, Phaidon, 1995.

Arnell P. & Bickford T., *James Stirling*, Construction & Projects, Philippe Sers, 1993.

Barreneche, R. A., *New Museums*, Phaidon, 2005.

Barrière, P., "l'harmonie dans le paradoxe", Entretien avec Robert Venturi et Denis Scott Brown, *Architecture Intérieure* n°246, Déc. 1991–Jan. 1992.

Blake, P., *Frank Lloyd Wright*, *Architecture and Space*, Harmondsworth, 1960.

Boesiger, W.(ed.), *Le Corbusier*, Birkhauser-Verlag fur Architectur, 1988.

Brook, H. A.(éd.), "Ahmedabad, 1953-60", *The Le Corbusier Archive*, vol. XXV, vol. XXVI & vol. XXX, Garland Publishing, Inc. & Fondation Le Corbusier, 1983.

Brook, H. A.(éd.), "Musée d'Art Occidental, Tokyo and Other Buildings and Projects, 1957-1961", *The Le Corbusier Archive*, vol. XXX, Garland Publishing, Inc. & Fondation Le Corbusier, 1984.

Carter, P., *Mies van der Rohe at work*, Phaidon, 1999.

Cavalcanti, G., *Musée d'Art Moderne*, vers une architecture éclatée, in documentation ICOM(ref. 525 CAU), 1974.

Charron, A., *Archéologia*, Avril 1995.

Chaslin, F. & Dumont, M.-J., "Faire la lumière", *Architecture d'Aujourd'hui* n°282, Sept. 1992.

Ching, F. D. K., *Architecture: Form, Space & Order*, 2nd edition, Van Nostrand Reinhold, 1996.

Ciriani, H., "La Leçon d'Architecture Moderne", le 30 Jan. 1988.

Ciriani, H., & Vié, C., *l'Espace de l'Architecture Moderne*, Rapport Final de Recherche, Ministère de l'Urbanisme du Logement et des Transports, 1989.

Ciriani, H., "Tableau des clartés", *Architecture d'Aujourd'hui*, n°274, Avril 1991.

Ciriani, H., "Radieux Meier", *l'Architecture d'Aujourd'hui*, n°274, Avril 91.

Ciriani, H., "Construire un musée", *architecture intérieure Crée*, Déc. 1991-Jan. 1992.

Ciriani, H., "Deux musées une pensée", *d'Architectures*, n°27, Juillet-Août 1992.

Ciriani, H., "Faire la lumière", *Architecture d'Aujourd'hui*, Sept. 1992.

Ciriani, H., "le lieu de la vérité", *Le Monde*, 4 Fev. 1993.

Ciriani, H., "Deux pères pour l'Irpa", *Les Nouvelles Publications Economiques et Juridiques*, 31 Mars

1995.

Cladders, J., *Catalogue d'exposition de la Galerie Ulysses*, Vienne, 1979.

Colomina, B., "A Conversation with Frank Gehry", *El Croquis*, n°117, 2003.

Curtis, W. J. R., "Virtuosity Around a Void", *The Architectural Review*, Vol. CLXXVI, n°1054, Dec. 1984.

Dal Co, F., "Development of Stirling's Style, Recent Work of James Stirling, Michael Wilford and Associates", *a+u* special issue.

Davis, D., *The Museum Transformed*, Abbeville Press, 1990.

De Varine, H., "Le musée peut tuer ou... faire vivre", *Techniques & Architecture* n°326, Sep. 1979.

Devillers, Ch., "La lumière selon Kahn", *l'Architecture d'Aujourd'hui*, Avril 1991.

Doshi, B., "Maître & Modèles", *CORVU VU* PAR, Pierre Mardaga Éditeur, 1987.

Dumont, M.-J., "Le Ciriani sans peine, un vocabulaire illustré", *l'Architecture d'Aujourd'hui*, n°282, 1992.

Filler, M., "Cultural Centering", *Architectural Record*, Sep. 1984.

Foster, N., *Letter to the Sunday Times*, 6 Dec. 1987.

Foster, N., "Studio in Norman Foster", *GA Document* Extra 12, 1989.

Foster, N., "Inaugural Academy Architecture Lecture", *Architectural Design*, Academy Editions, 1991.

Foster, N., *Foster Works 2*, Prestel, 2005.

Foster, N., *Foster 40 Projects*, Prestel Verlag, 2007.

Foucault, M., *The Order of Things: An Archeology of the Human Sciences*, Vintage, New York, 1973.

Frampton, K., "Works in Transition", *Richard Meier Architect 1985-1991*, Rizzoli, 1991.

Furuyama, M., "Lotus", *Tadao Ando*, Birkhäuser, 1996.

Gehry, F., *Frank Gehry 1996-2003*, El Croquis 117, 2003.

Giedion, S., *Space, Time and Architecture*, 5th edition, Harvard, 1967.

Glancey, J., "Museum, Mönchengladbach, West Germany", *The Architectural Review*, 1030, Dec. 1982.

Gresleri, G. & Matteoni, *D., La Città mondiale, Andersem, Hébrard, Otlet, Le Corbusier*, Venice, 1982.

Gropius, W., *Apollo in the Democracy-The Cultural Obligation of the Architect*, McGraw-Hill, New York, 1968.

Guasch, A. M. & Zulaika, J.(ed.), *Learning from the Bilbao Guggenheim*, Basque Studies Program, 2005.

Gurian, E. H., "A Blurring of Boundaries", *Curator* 38, n°1, 1995.

Hamlin, T., "Modern Display for Works of Art", *Pencil Points*, 20, Sept. 1939.

Hautecoeur, L., *Architecture et aménagements des musées*, RMN, 1993.

Holl, S., "le texte du concours", *l'Architecture d'Aujourd'hui* n°291, Fév. 1994.

Hollein, H., "Tradition and Context", *The Japan Architect* 59(10), 1984.

Hollein, H., "Le Guggenheim Museum Salzburg", *GA Document* n°29, 1991.

Hollein, H., "Paroles d'Acceptance pour le prix Pritzker en 1985", *Zodiac* 12, 1994.

Hourston, L., *Museum Builders II*, Wiley Academy, 2004.

Houzelle, B., "L'Epure retrouvée: le nouveau musée, Grenoble", *Techniques and Architecture* n°408,

Juin 1993.

Hoyet, J.-M., "Musées", avant-propos in *Techniques & Architecture* n°408, Juin-Juillet, 1993.

Hudson, K., "The Museum Refuses to Stand Still", *Museum International* 50, n°1, 1998.

Huxtable, A. L., "Architecture of Museums", *The Museum News*, vol. 47, n°3, Nov. 1968.

Isozaki, A., "La métaphore du cube", Architecture n°402, Avril 1977.

Isozaki, A., "entretien avec Geneviève Monnier", *Techniques & Architecture*, Nov. 1986.

Isozaki, A., "A Chain of Subtle Changes", *The Japan Architect*, vol.62, 1987.

Isozaki, A., "l'entretien avec Francis Rambert", *Architectures* n°12, Jan.-Fév. 1991.

Jelinek, J., *Museum* 25, n°1-2, 1975.

Jencks, Ch., "Hans Hollein", *Architectural Design* 53, 1983.

Jencks, Ch., "An Aesthetic of Richard Meier-Liminal Space", *Richard Meier, Buildings and Projects 1979-1989*, Academy Editions, 1990.

Jencks, Ch. & others, *Contemporary Museums*, Architectural Design, vol. Nov./Dec. 1997.

Jodidio, Ph., "Architectures sur un volcan", *Connaissance des Arts*, S.F.P.A., 1994.

Jodidio, Ph., *Richard Meier*, Taschen, 1995.

Jodidio, Ph., "The Simplicity of Perfection", *ANDO, Complete Works*, Taschen, 2004.

Kepes, G,, *Language of Vision*, Dover Publication, 1995.

Kishida, S., "Analysis of the plan of Frank Lloyd Wright", *a+u*, July, 1981.

Klotz, H., *Moderne une Postmoderne*, Viewegs, 1984.

Klotz, H. & Krase, W., *New Museums in the Federal Republic of Germany*, Academy Editions, 1986.

Koyama, H., "Louis I. Kahn and His Times", *a+u*, Nov. 1983.

Lavin, I., "Going for Baroque: Frank Gehry and the post-modern drapery fold", *Frank Gehry 1996-2003*, El Croquis, n°117, 2003.

Le Corbusier, *Almanach d'Architecture Moderne*, Les Éditions Crès et Cie, 1925.

Le Corbusier, "Lettre to Christian Zervos", *FLC*, F1(9), 1930.

Le Corbusier, "Défence de l'architecture", *l'Architecture d'Aujourd'hui*, IV, Oct.-Déc. 1933.

Le Corbusier & Pierre Jeanneret, *Oeuvre complète 1929-1934*, vol. 2, Girsberger, 1934.

Le Corbusier, *Oeuvre complète 1946-1952*, vol. 5, Girsberger, 1953.

Le Corbusier, *Oeuvre complète 1952-1957*, vol. 6, Girsberger, 1957.

Le Corbuier, *La Charte d'Athène*, Les Editions de Minuit, Paris 1957.

Le Corbusier, *Oeuvre complète 1957-1965*, vol. 7, Les Editions d'Architecture, 1965.

Lee, K. S., *La Contribution d'Henri Ciriani à l'Architecture du Musée Contemporain*, Thèse de doctorat, Université de Paris 1-Panthéon Sorbonne, 1997.

Lemoine, P., *Le Musée des Beaux-Arts et d'Archéologie de Besançon*, Fondation PARISBAS, 1994.

Levin, M. D., *The Modern Museum*, Dvir Publishing House, Jerusalem, Tel Aviv, 1983.

Mack, G., *Art Museums Into the 21st Century*, Birkhäuser, 1999.

Manson, G. C., *Frank Lloyd Wright to 1910-The First Golden Age*, Litton Educational Publishing, New York, 1958.

Maria, A. M. & Zulaika, J., *Learning from the Bilbao Guggenheim*, Basque Studies Program, 2005.

Meier, R., *Richard Meier Architect*, Rizzoli, 1984.

Meier, R., "Entretien avec Jean Mas", *l'Architecture d'Aujourd'hui*, n°284, April 1991.

Metz, T., "A Circle in the Square", *Architectural Record*, Oct. 1995.

Miquel, L., *Note sur l'aménagement du Musée des Beaux-Arts de Besançon*, Sète, le 22 Mai 1984, A.M.B.A.A.B.

Monnier, G., *Histoire critique de l'architecture en France 1918-1950*, Philippe Sers Editeur, Paris, 1990.

Montaner, J. M. & Oliveras, J., *The Museums of the Last Generation*, Ed. Gustavo Gili, S.A., Barcelona, 1986.

Montaner, J. M., *Museums for the New Century*, Ed. Gustavo Gili, S.A., Barcelona, 1995.

Montaner, J. M., *Museum for the 21st Century*, Ed. Gustavo Gili, S.A., Barcelona, 2003.

Newhouse V., *Towards a New Museum*, The Monacelli Press, 2006.

Oxenaar, R. W. D., Hammacher, A. M., van der Wolk, Johannes, van Kooten, T., Bremer, J. & Brouwer, M., *Kröller-Müller The First Hundred Years*, Haarlem, 1989.

Paczowski, B., "la complexité hétérogène de hans hollein", *Architecture intérieure CREE*, n°190, 1982.

Pehnt, W., *German Architecture, 1960-1970*, Praeger, London, 1970.

Pélissier, A., "Entretien avec Richard Meier", *Techniques and Architecture* n°352, Mars 1984.

Pélissier, A., "James Stirling, sa conception du musée", *Techniques & Architecture* n°368, Nov. 1986.

Pfeiffer, B. B., *Frank Lloyd Wright, les Chef-d'oeuvre*, Seuil, 1993.

Pinette, M., *De Bellini à Bonnard: chefs d'oeuvres de la peinture du Musée des Beaux-Arts et d'Archéologie de Besançon*, Le temps Apprivoisé, Paris, 1992.

Plagens, P., "Flights of Folly", *Newsweek*, Aug. 12, 2002.

Ponti, G., "Denver Art Museum: Spirited and Unconventional", *Architectural Record.* vol. 151, n°3, March 1971.

Pousse, J.-F., "Spirale et Géométrie", *Techniques & Architecture* n°408, Juin-Juillet 1993.

Powell, K., *Foster Associates, recent works*, Academy Editions, 1992.

Ragot, G., "Musée à croissance illimitée", *Le Corbusier, une encyclopédie*, Centre Georges Pompidou, 1987.

Rivière, G. H., *LA MUSÉOLOGIE*, Dunod, 1989.

Rowe, C.(int.), *James Stirling, Constructions & Projets*, Philippe Sers, 1984.

Rowe, C. & SLUTZKY, R., *Transparence Réelle et Virtuelle*, les Editions du Demi-Cercle, 1992.

Rykwert, J., "Mönchengladbacher Kunstkolonie auf dem Abteiberg", *Domus* n°632, Oct. 1982.

Searing, H., *New American Art Museum*, Whitney Museum of Art, 1982.

Searing, H., "Hypothesis on the development of the typology of the museum", *Lotus*, n°55, Electa, 1988.

Speyer A. J., & Frederick Koeper, F., *Mies van der Rohe*, Art Institution of Chicago, 1968.

Steele, J., *Museum Builders*, Academy Editions, 1994.

Stein, C., "The Art Museum of Tomorrow", *Architectural Record*, vol. 67, n°1, Jan. 1930.
Stein, C., "Making Museum Function", *Architectural Forum*, vol. LVI, n°6, June 1932.
Stella, F., "Light is Life", *Richard Meier*, Taschen, 1995.
Stephens, S., *Building the New Museum*, The Architectural League of New York, Princeton Architectural Press, 1985.
Stirling, J., "Topping Out Ceremony Stuttgart 12 February 1982", *Architectural Design Profile*, Academy Editions, 1982.
Taylor, F. H., "Babel's Tower", *The Dilemma of the Modern Museum*, New York, 1945.
Teige, K., "Mundaneum", *Arte e ideologia*, 1922-1933, Turin, 1982.
Tréand, V., "Naturalism Scandinave", *Techniques & Architecture* n°408, Juin-Juillet 1993.
Werner, F., "The New Acropole of Stuttgart", *Lotus* 43, Electa, 1984.
Willis, A., *The Esoteric and Esoteric Functions of Le Corbusier's Mundaneum*, Modulus, 1980-1981.
Wright, F. L., *A Testament*, Horizon Press, New York, 1966.
Zaera, A., "Conversations with frank O. gehry", *El Croquis* 74/75, 1995.

"The Open Nordic/Baltic Competition for the Museum of Contemporary Art", *The Finnish Architectural Review*, June 1993.
新建築, 미술관, 박물관 계획, 2월호, 1982.
시리아니의 두 박물관을 위한 스케치 및 작품설명서.
Programme Scientifique pour le Musée de l'Arles Antique, Ville d'Arles.
Deuxième degré du concours de conception pour la réalisation d'un Musée Archeologique en Arles, Ville d'Arles.
아를 고대사박물관 관장 Claude Sintès가 저자에게 보낸 편지.
Dossier-Programme du concours de l'Historial de la Grande Guerre.

그림 출처

김관수 81(아래, 오른쪽); 김도한 43, 181(가운데); 김동일·이서주 86(가운데), 129, 130, 286(위), 308(위); 김은광 39(위), 39(가운데), 45(가운데), 45(아래), 46(위, 왼쪽), 46(위, 우), 47(위), 47(아래); 앙리 시리아니 203(아래), 208, 209(위), 219(위), 221, 222(위), 225(위), 230(위), 235(위); 유환주 228; 윤재석 56(위, 오른쪽); 이관석 31(위), 42(좌), 42(우), 49(위), 49(아래), 69(아래), 70(위에서 두 번째), 98(위), 106(아래), 118, 119(아래), 120, 121, 123, 126(아래), 127, 134, 138(위), 139(아래), 142(위), 143(위), 151(아래), 154(아래), 158(위), 159(아래), 160(아래, 오른쪽), 161(위), 161(아래, 오른쪽), 165, 166, 184(아래), 186(가운데), 186(아래), 190(위), 193, 195, 196, 199, 210, 212, 213, 214, 215, 217, 218, 219(아래), 222(가운데와 아래), 223, 227(위), 229(위), 230(아래), 231, 233, 234, 235(아래), 236, 237, 238, 255, 299(아래), 303(아래), 306, 310, 311(위); 이다은 176; 이다혜 85(가운데, 왼쪽); 이상황 51(위), 51(아래), 67, 80(위), 80(아래); 이은석 49(가운데); 정재헌 289(아래), 314(위와 아래 왼쪽); 채호병 156(위, 왼쪽); 천장환 19(좌, 우), 158(가운데)

commons.wikimedia.org/wiki/Category:Images 위키피디아

Adam Jones 79(아래), 252(아래); A Gude 302; Aleksandr Zykov 69(위), 154; Andrew Dunn 205(위에서 두 번째); Antony-22 21; ArchiModerne 229(아래); Arnaucc 80(아래, 왼쪽); Atlant 245(오른쪽); Benjamin Gilde 72(아래, 오른쪽); Bernie Ongewe 174; Bjarte Sorensen 303(가운데); Bobak Ha'Eri 283; Brian Robert Marshall 245(왼쪽, 위); Carol M. Highsmith 78(위), 152(아래); Celou 11; Chad K 76(가운데); Charles Chipiez 29(아래, 좌); Chris 225(가운데); Cliff 295(위); David 301; David Hawgood 265(위); Diliff 244(아래); Enriquecornejo 64; Fred Romero 111, 266(위); Gertrude Bell 29(아래, 우); G. Lanting 87; Greg O'Beirne 245(왼쪽, 아래); Gryffindor 117; Guilhem Vellut 138(아래); Gunnar Klack 76(위), 79(위); Hans Peter Schaefer 135(아래); High Contrast 270(아래); Holger.Ellgaard 262; Hps-poll 132, 135(가운데); Hugh Ghevallier 263; IK's World Trip 285(위); Jaimrsilva 106(위); Javier Hinojosa 76(아래, 오른쪽); Joe Ravi 57(위); Joseolgon 264(위, 오른쪽); lenbachhaus User Mattes 273; Lexaxis7 81(위); local louisville 158(아래); ludger1961 292 가운데; Lufus46 274(아래); Marsupium 308(아래); Martin Kraft 253(아래); MaybeMaybeMaybe 260; M.chohan 259(아래); MFAH archives 60(위); Mfield 266(아래); Michael Barera 78(아래); minkey8885 264(위, 왼쪽); News Oresund 139(위); Parsifall 205(위에서 세 번째); Pedelecs 84(아래); Peter Berger 160(위); Philip Maiwald 303(위); Pirje Mykkänen 73(가운데); Popolon 76(아래, 왼쪽); Raimond Spekking 58, 85(가운데, 오른쪽), 98(아래); Ralph.schneider 163(위); Rdsmith14 271; Rasmit 296(아래); Reg Natarajan 315(위); Robertgombos 156(아래, 왼쪽); Robert Schediwy 85(위); Schlaier 270(위, 왼쪽); Schreibkraft 75(가운데, 오른쪽); Sietze Kraak 133(위); Sss g00 128; Teemu08 20(위); Tetris L 227(가운데); Thomas Robbin 99(아래); Tristan surtel 246; Turelio 259(위); Ungaroo-Udo Ungar 85(아래); User-Mahlum 72(위, 왼쪽); User:Miaow Miaow 175(위); Valtion taidemuseo/Kuvataiteen keskusarkisto/Joel Rosenberg 73(위); Véronique PAGNIER 251(아래), 256(아래, 오른쪽); Victoriano Javier Tornel García 163(아래); Village Hero 20(아래); Walking Tractor 249(위); Warren Whyte 75(아래); Wiiii 124; Wittekind-Marta 292(위); Wolfgang Staudt 250(아래); Woodlot 293(아래), 294; (WT-shared)

Albion 245(왼쪽, 가운데), 250(위); Zampkelp 73(아래, 왼쪽); 663highland 41(가운데), 172(아래), 184(위), 187(위)

www.bing.com/images

@roryrory12520905260 84(가운데); @sashafatatcat/4701776071 86(아래); @byricardomarcenaro.blogspot.com 203(위)

http://upload.wikimedia.org/wilipedia/commons

a/a3/Guggenheim_di_new_york%2C_ext_01.JPG 18(위); b/b3/Kitakyushu_Municipal_Museum_of_Art_02.jpg 126(위); b/b5/Mus%C3%A9e_Matisse_Nice_Front.jpg 143(아래); c/cc/The_National_Gallery_London%3B_RM36_-_%28Paintings_1700-1900%29%2C... 142(아래); c/cd/Des_Moins_106.jpg 150(아래); d/d2/Denver_Art_Museum_2.jpg 75(위, 오른쪽); d/d3/British_infantry_Morval_25_September_1916.jpg 224; f/fc/Royal_Ontario_Museum2.jpg 75(가운데, 왼쪽); f/fe/Nariwa-cho_museum01s4000m.jpg 190(아래); thumb/c/c0/Krapina_Neanderthal_Museum_in_Krapina%2C_Croatia%2C_Interior_2015-05-06_%281443%29.JPG 73(아래, 왼쪽); thumb/1/17/AGO_at_dusk.jpg/1200px-AGO_at_dusk.jpg 292(아래); thumb/2/26/Getty_Center_patio.jpg/1200px-Getty_Center_patio.jpg 151(위); thumb/7/77/Mus%C3%A9oParc_Al%C3A9sia.jpg 74(위); thumb/8/8e/30_St_Mary_Axe2%2C... 265(아래); thumb/9/98/Vitra_Desigh_Museum%2C_front-view.jpg 286(아래); 0/04/KUNSTEN_interior.jpg 202(왼쪽); 1/1d/BCN_Mies-van-der_Rohe_Pavillon.jpg 56(위, 왼쪽); 1/14/Hirshhorn_Museum_DC_2007.jpg 71(위); 3/34/Neue_Nationalgalerie.jpg 57(아래); 4/4c/Himeji_city_Museum_of_Literature03s3200.jpg 186(위); 5/56/Hall_d%27accueil_-_Mus%C3%A9e_de_Grenoble.JPG 70(위에서 세 번째); 6/6e/Frankfurt_Museum_Angewandte_Kunst_innen_01.jpg 159(위); 7/7c/Sanskar_Kendra_Museum.JPG 38(위); 7/72/ATMA_House_187.jpg 39(아래, 왼쪽); 7/78/Hitshhorn_Museum_(inner_gallery).jpg 71(가운데); 8/8f/Shodhan_Villa2.jpg 39(아래, 오른쪽)

http://blogs.getty.edu/iris/files

2013/06/gtc_1997-08-22vert06711.jpg 157(위, 오른쪽); 2016/08/Date-Post-image-1.jpg 160(아래, 왼쪽)

http://c1.staticflickr

a/8658/16343926948_15a370a8e3_b.jpg 252(위); 1/108/287571814_1f99eaa495.jpg 70(아래, 왼쪽); 1/543/19227828749_b54e17cf27_b.jpg 295(아래); 5/4001/4164187090_b8428c1ec1_b.jpg 299(위); 5/4274/34766588315_f8ef36b2f6_b.jpg 187(아래, 왼쪽); 7/6098/6212766739_eb6524759b_b.jpg 177(아래); 7/6121/6007203709_ffd5399906_b.jpg 161(아래, 왼쪽); 7/6173/6171796508_f64c0ef027_b.jpg 137(아

래); 9/8486/8242832401_2ac59e7b2f_b.jpg 69(가운데); 34/30684886133_efd7345ebd_b.jpg 99(위)

http://c2.staticflick.com

2/1006/1198411557_36b7716e48_z.jpg?zz=1 254(아래, 왼쪽); 4/3767/11478130635_2b96d8221b-b.jpg 60(아래); 6/5010/5317961821_b4a6bc6453_b.jpg 75(위, 왼쪽); 6/5326/9678892630_097d73e018_z.jpg 57(가운데)

https://i.pinimg.com/originals

ae/b1/7d/aeb17d7b94595a9abd569e38ae9473e2.jpg 164(아래, 오른쪽); b8/86/27/b886274d415dc8eba ab8e07d4ad7bef4.jpg 190(가운데); e6/7c/b9/e67cb902f62dd4a8ba8ecb95b75a5593.jpg 268; 3f/90/1e/3f901eb80395d0d6549f7cfa6243ce9f.jpg 311(아래); 4c/f4/6a/4cf46a9af6b6b907aa4eabe87b8db8f4.jpg 196(아래); 4c/21/90/4c2190c3670e2eda30eb417ad30625ba.jpg 244(위); 57/2f/05/572f056dc00bcbe278 3c422518814598.jpg 164(아래, 왼쪽); 60/0b/71/600b718510760d024ddaa080fadaf7d9.jpg 192; 78/1f/62/781f62c51c686168edab693c0a782355.jpg 180(위)

http://live.staticflickf.com

209/5251564200_a13b46b942_b.jpg 182(위); 1759/28565195498_81a6da047f)b.jpg 104(위); 4362/36534068213_1c8cb_b.jpg 154(가운데)

http://:blogs.getty.edu/iris... 22vert06711.jpg 157(위, 오른쪽); bluesyemre.files.wordpress.com.library-at-the-shiba-ryotaro-museum... 188(아래, 왼쪽); docomomo-us.org... 5lvjp7okbuzcv5l.jpg 56(가운데); dms07.dimu.org/image/02349x6cTuN7?... 72(위, 오른쪽);

fall2017.thedude.oucreate.com... 000G6J9PJUFH.3-0.jpg 225(아래); farm4.staticflickr.com/3547/3768411862_9543749536_b.jpg 234(아래); farm8.staticflickr.com/7002/6679499295_ 4f8b9a9f79_z.jpg 183(위); https://kamelmennour.com... dscf0020-1200x.jpg 86(위); hkunstblik.files.wordpress.com/2015/09/t00783_10.jpg 175(아래); ikidane-nippon.com/upload/spot/1063/31729.jpg 191; imgs.abduzeedo.com... dd9f1629e4_o.jpg 150(위); larryspeck.com... 46031.jpg 176(가운데); lkaaarchitecturalreferences.files.wordpress.com... 46.jpg?w=81 164(위); my.cappex.com... 32.978.jpg 61; nsunews.nova.edu... MUSEUM.jpg 71(아래, 왼쪽); nsuartmuseum.org... 1030x632.jpg 71(아래, 오른쪽); pictruct.com/media/photos... 3b5f9554bc7a.jpg 187(아래, 오른쪽); stmedia.startribune.com... 143207129650485.jpg 285(아래); htapchiai.net/wp-content... Louvre-Abu-Dhabi.jpg 12(위); tile.loc.gov/storage-services... 11547v.jpg 59; visitposeycounty.com... Athenium-and-Visitor-Center-Space.jpg 152(가운데); weburbanist.com... Fujimi-Country-Club.jpg 125(아래); www.ac-grenoble.fr/college/vivarais.lamastre... 84(위); www.amc-archi.com/mediatheque/2/8/8/000046882... 125(위); www.

atlasofplaces.com... RELIANCE-CONTROLS-IMG-8.jpg 243; www.e-architect.com... fp270509_3.jpg 269(위); www.inexhibit.com... Museum-Fine-Arts-Boston-MFA-04.jpg 269(아래); www.thecityreview.com/safe.htm 25; www.wprldbuildings.com... m04s9j1g.jpg 12(아래); www.yatzer.com... ashiya_hyogo_yatzer.jpg 185; 1.bp.bolgspot.com... scan1%2Bcopy.jpg 183(아래); 2.bp.blogspot.com... Frank+Gehry09.jpg 315(아래); 4.bp.blogspot.com... ShA56lwLM 18(아래); 66.media.tumblr.com... n976oryA7S1t51cv6o1_1280.jpg 149(위); 78.mediㅋa.tumblr.com... n976oryA7S1t51cv6o2)500.png 149(아래)

Le Corbusier, *Oeuvre Complète*:

vol. 1, 1910-29, Girsberger, 1937, 29(가운데); *vol. 2, 1929-1934*, Girsberger, 1935, 33; *vol. 3, 1934-1938*, Artemis, 35; *vol. 4 1938-1946*, Artemis, 1947, 32(위), 32(아래), 36(위); *vol. 5, 1946-52*, Artemis, 38(아래, 왼쪽), 40

F. Schulze, *Mies van der Rohe*, *A Critical Biography*, The Press of Chicago Press, 1985, 62

P. Arnell & T. Bickford, *James Stirling*, *Construction & Projects*, *Philippe Sers*, 1993, 94(위), 94(아래), 95, 96(위), 97, 100, 101(아래), 104(아래), 110

P. Saddy, *Le Corbusier*, *le passé à réaction poétique*, Caisse nationale des Monuments historiques et des Sites, 1988, 29(위)

지은이

이관석 李官錫

건축설계를 하고 싶어 잘 다니던 대기업 건설회사를 그만두고 떠난 유학길에서 파리벨빌건축대학의 교수이자 건축가인 앙리 시리아니를 만나 건축에 눈을 떴고, 르코르뷔지에를 알게 됐다. 건축역사와 이론에 결핍을 느껴 파리1-판테온소르본대학교 박사과정에서 근현대 건축사와 현대 뮤지엄 건축을 연구했다. 프랑스 정부공인 건축가이자 예술사학 박사로서 한남대학교를 거쳐 현재는 경희대학교 교수로 후학들과 건축을 교감하고 있다.

엔지니어로 리비아와 사우디아라비아에서 건설현장을 경험했고, 건축설계의 참맛을 본 후 건축역사와 이론에 관한 관심을 이어가 현대 뮤지엄 건축과 르코르뷔지에 건축을 주제로 한 책들과 인연을 맺게 됐다.

저서로는 『빛을 따라 건축적 산책을 떠나다』, 『한국현대건축편력』, 『르코르뷔지에, 근대건축의 거장』, 『건축, 르코르뷔지에의 정의』, 『빛과 공간의 건축가 르코르뷔지에』, 『현대 뮤지엄 건축』, 『르코르뷔지에의 건축 수업』이, 역서로는 『건축을 향하여』, 『프레시지옹』, 『오늘날의 장식예술』, 『느림의 건축을 위하여』, 『작은 집』 등이 있다.

뮤지엄, 공간의 탐구

초판1쇄 발행 2021년 6월 30일
초판2쇄 발행 2021년 10월 6일

지은이 이관석
책임편집 최정미
디자인 양송희

펴낸이 한균태
펴낸곳 경희대학교 출판문화원
주소 서울시 동대문구 경희대로 26
전화 02-961-0106~8
팩스 02-961-0291
설립 1960년 9월 16일 제5-8호
등록 1977년 11월 8일 제6-5호
홈페이지 www.khupress.com
전자우편 press@khu.ac.kr

ISBN 978-89-8222-699-1 (03600)

* 이 책에 사용된 이미지는 모두 저작권자의 동의를 얻어 수록하였거나, 공공저작물로 무료 사용이 가능한 이미지입니다. 일부 저작권자를 찾지 못한 사진은 확인되는 대로 통상의 사용료를 지급하겠습니다.